Management of Itaku Automotive Production and Development

自動車委託生産・開発のマネジメント

塩地　洋／中山健一郎〔編著〕

三嶋恒平／佐伯靖雄／磯村昌彦／菊池　航
李　在鎬／ブングシェ・ホルガー〔著〕

中央経済社

はしがき

　もう20年前のこととなったが，ロンドン・スクール・オブ・エコノミクス・アンド・ポリティカル・サイエンスのビジネス・ヒストリー・ユニットが1994年4月に開催した第4回アングロ/ジャパニーズ・カンファレンスにおいて，本書の編者である塩地が"Combining Mass Production with Variety：Itaku Automotive Production in 1960s"という論題で報告を行ったのが本書の出発点の1つである。「トヨタ自動車の国内生産台数400万台のうち，半分の200万台以上が委託企業によって生産されている」「ボディ開発工数の40％程度はトヨタではなく委託企業によって行われている」「委託企業が設計図面を書き，トヨタ自動車が生産を担当する『逆委託』もある」との報告は海外の研究者のみならず，参加していた日本人研究者にとっても新鮮で興味深いものであったと思われる。

　このカンファレンスの報告は，後にオックスフォード大学出版から上梓されたAbe, E. and T. Gourvish [eds] (1997) *Japanese Success? British Failure?* の1つの章となり，自動車産業研究の領域において著名なS.トリディ教授（リーズ大学）やU. ユルゲンス教授（ベルリン社会科学研究所）をはじめ多くの研究者からコメントを頂き，引用されることとなった。

　とはいえ以降，編者は自動車流通に研究の重点を移していったため，委託生産に関する研究を本格的に再開することはなかった。

　だが2000年代後半になって，京都大学大学院経済学研究科で編者が指導教員を担当していた留学生（博士課程院生）がトヨタ自動車の委託生産をメインテーマとして博士論文に取組むことになり，埃のかぶった古い文献や資料を見つけ出してきて議論する中で，委託生産研究は現在なおも経営学上の実証的理論的意味が大きいことを再認識するに至った。そうした中で2009年11月に本書の執筆者からなる委託生産研究会を立ち上げ，研究成果を1冊の著書として公表することを確認した。以降，研究会と工場調査を並行的に継続し，この6年間で10数回の研究会と工場調査（極東開発工業，モリタ，日産車体・京都工場，ダイハツ九州，日産自動車・九州工場，関東自動車工業・東富士工場，トヨタ

車体・刈谷工場，トヨタ自動車東日本・宮城大衡工場，トヨタ自動車九州，岐阜車体工業等）を積み重ねてきた。2012年6月にはポーランド・クラクフでの国際学会（Gerpisa）での報告の後，中欧を自動車で縦断して，オーストリア・グラーツにある，欧米最大の委託開発・生産企業であるマグナ・シュタイヤーの取材をこころみた。

　委託生産研究会の運営を中心的に担ったのは，本書のもう1人の編者である中山健一郎（札幌大学）である。本田技研工業の委託組立拠点である八千代工業に関する実証研究を丹念に進めていた蓄積を活かして，本書の全体構成と各章の論点整理に関わった。

　本書において多様な側面から委託生産・委託開発の分析が可能となったのは，次に述べる執筆者たちのバックグラウンドによっている。部品メーカーに勤務経験があり，実務家的能力を有している佐伯靖雄（元日本精機・現立命館大学）と，現在も実務に関わっており，さらに日系部品メーカーの米国製造拠点に駐在している磯村昌彦（アイシン精機）が加わることにより，車体開発実務や部品調達実務の観点から委託生産・委託開発の深掘りを行うことができた。また自動車産業における賃金水準を専門分野の1つとしている菊池航（阪南大学）が参画することにより，委託生産の重要な機能の1つである賃金水準格差を明確にすることができた。研究会発足時には熊本学園大学に赴任していた三嶋恒平（慶應義塾大学）は，トヨタ自動車九州と日産自動車・九州工場，ダイハツ九州という九州地区の委託生産企業に関して系統的に調査を行い，その特質を明らかにした。

　従来の研究で全くふれられていないのが，海外における委託生産・委託開発の実態である。本書では李在鎬（広島市立大学）が韓国における東熙オートでの現代自動車/起亜自動車の委託生産を明らかにした。さらに中山が台湾における裕隆汽車の委託生産と自主開発方式への移行過程を分析し，加えてブングシェ・ホルガー（関西学院大学）がマグナ・シュタイヤーにおけるBMW等の委託生産と委託開発に関する分析を行った。

　このように本書は従来の自動車産業研究にはあまり見られなかったユニークな分析テーマを取り上げており，これまでの委託生産・委託開発に関する実証的理論的水準を大きく引き上げるものと自負するものである。

はしがき

　少なくとも本書は「トヨタにおいては委託生産・委託開発比率が他に見られないほど高い」事実を指摘した点だけでも意義があると考えている。さらに実務面にまで踏み込んで，委託生産，委託開発，部品調達等について深掘りがなされ，多くのファクトファインディングが見られることも評価されると信じている。

　最後に，中央経済社編集部の酒井氏には，書名と章構成に関するアドバイスや，原稿が遅れがちな執筆者への励ましなど，言葉ではいい尽くせないほどお世話になった。心からお礼を申し上げたい。

2016年3月

執筆者を代表して

塩地　洋

目　　次

はしがき

序　章　委託生産・委託開発の実態と機能 ―――――― 1
1　委託生産の実態　1
1.1　委託生産比率の高さ　1
1.2　車体開発でも委託比率が高い　3
1.3　海外工場の生産準備プロセスの委託　3
2　委託生産の生成要因と継続要因＝競争優位要因　4
2.1　生成要因─量産化と多銘柄化/多仕様化を統一的に進めるための委託生産　4
2.2　委託が継続された要因＝競争優位要因　6
2.2.1　競争優位要因①：プロフィットセンター　6
2.2.2　競争優位要因②：トヨタ工場と委託工場間の競争組織化　7
2.2.3　競争優位要因③：グループ内の市場変動対応　9
2.2.4　競争優位要因④：グループ内の生産車種の共通化　9
3　委託生産・開発の基本的枠組み　10
3.1　車両生産の委託　10
3.1.1　工　　程　10
3.1.2　商流と物流　11
3.1.3　車両の所有権　11
3.1.4　取引価格　11
3.1.5　架装企業と委託生産の相違　12
3.2　部品調達　12
3.2.1　内　　製　12
3.2.2　外　　注　13
3.2.3　外注・完全自給　13
3.2.4　外注・管理自給　13
3.2.5　外注・有償支給　13
3.2.6　外注・無償支給　13

I

3.3　委託開発　13
　　　　　3.3.1　商品企画　14
　　　　　3.3.2　製品企画　14
　　　　　3.3.3　デザイン　14
　　　　　3.3.4　製品エンジニアリング　14
　　　　　3.3.5　工程エンジニアリング　15
4　委託生産企業の定義　15
　　　4.1　国内における委託生産・委託生産企業の定義　15
　　　4.2　国外における委託生産企業の定義　16
　　　4.3　グローバル分業システムの歴史的先行形態としての委託生産方式　17
5　先行研究　18
6　本書の章構成　19

第Ⅰ部　委託生産・開発の歴史と実態

第1章　委託生産の生成期の歴史分析
　　　——いつ・なぜ・いかに委託生産が始まったか——　25

はじめに　25
1　1940年代〜1950年代のトヨタと日産の委託生産関係　27
　　　1.1　両社の委託生産企業の生成要因　28
　　　　　1.1.1　トラック特需への量産対応　29
　　　　　1.1.2　量産技術開発への貢献　30
　　　　　1.1.3　特殊車両の需要拡大　30
　　　1.2　委託生産企業の取引関係　30
　　　　　1.2.1　トヨタの委託生産企業の関係性　31
　　　　　1.2.2　日産の委託生産企業の関係性　32
2　1960年代のトヨタの委託生産関係　32
　　　2.1　量産体制へのロードマップ　33
　　　2.2　多銘柄・多仕様化への対応　34
　　　2.3　トヨタの委託生産企業の利用　35
　　　2.4　トヨタ系委託生産企業のインセンティブ　35

3 1960年代の日産の委託生産企業関係　36
- 3.1　プレス工業のケース　37
- 3.2　富士重工業のケース　39
- 3.3　愛知機械工業のケース　40

4 日産の量産体制構築，多銘柄・多仕様化対応　43
- 4.1　量産体制の構築　44
- 4.2　多銘柄・多仕様化の追求　46

5 後発メーカー ホンダの委託生産企業の利用　47
- 5.1　委託生産の生成要因：ホンダ　47
- 5.2　ホンダの取引継続要因　49
- 5.3　委託生産企業のインセンティブ　51
  - 5.3.1　事業拡大に伴う経営多角化　51
  - 5.3.2　ホンダとの分業化　52
- 5.4　多銘柄・多仕様化の非追求　53

おわりに　55

第2章　専属的な委託生産企業の生成と継続メカニズム
── トヨタ自動車九州をケースとして ── 59

はじめに　59

1 トヨタ九州の生成メカニズム　64
- 1.1　中核企業側からみた生成要因　64
- 1.2　九州における生成要因　66
- 1.3　トヨタがトヨタ九州を分社化した理由　68
- 1.4　トヨタ九州とトヨタとの一体性　70
- 1.5　トヨタ九州の設立とビジネス・モデル　71
  - 1.5.1　トヨタ九州の設立と企業概要，理念　71
  - 1.5.2　トヨタ九州のビジネス・モデル　74
- 1.6　小　括　76

2 トヨタ九州の継続メカニズム　76
- 2.1　トヨタ九州の立地に起因する優位性　76
- 2.2　第1期（量産立ち上がり期；1992-1996年）の課題と企業行動　78
  - 2.2.1　トヨタ九州の第1期の課題　78

        2.2.2 新たな生産システムの導入とルーチン的な量産能力の確立　79
        2.2.3 トヨタとトヨタ九州との関係　79
    2.3 第2期（完成車生産の自立模索期；1997-2004年）の課題と企業行動　82
        2.3.1 トヨタ九州の課題　82
        2.3.2 能力構築行動（1997年～2004年）　84
        2.3.3 トヨタとトヨタ九州の関係　89
    2.4 小　　括　91
 おわりに　91

第3章　委託生産企業の撤退と存立に関する要因分析
　　　──日産系の事例── 101

 はじめに　101
 1　日産系委託生産企業を分析する意義　102
 2　撤退のケース：愛知機械工業の事例　102
    2.1 創業から独立系完成車メーカー転身までの軌跡　102
    2.2 日産系委託生産企業としての発展と多様な機能的分業　104
    2.3 委託生産からの撤退と基幹部品メーカーとしての再出発　108
 3　存立のケース：日産車体の事例　110
    3.1 創業そして日産系委託生産企業としての発展　110
    3.2 委託生産企業としての存立基盤の確立　113
 4　考　　察　114
 おわりに　116

第Ⅱ部　委託生産・開発のマネジメント

第4章　委託生産企業の製品開発
　　　──関東自動車工業とトヨタ車体の委託開発事例にみる
　　　　完成車メーカーとの異同── 121

はじめに 121

1 自動車産業における製品開発の管理 122
　1.1 製品開発組織とプロジェクトの管理 122
　1.2 製品開発と組織間関係 126
　1.3 委託生産企業の開発への関与 129

2 関東自動車工業とトヨタ車体における製品開発組織とプロジェクトの管理 130
　2.1 企業概要 130
　2.2 製品開発組織の管理 133
　　2.2.1 関東自動車工業の場合 133
　　2.2.2 トヨタ車体の場合 135
　2.3 プロジェクトの管理 137
　　2.3.1 関東自動車工業の場合 137
　　2.3.2 トヨタ車体の場合 139

3 関東自動車工業とトヨタ車体の組織間関係 140
　3.1 組織間分業の実態 140
　　3.1.1 委託生産企業の素材・部品調達構造 140
　　3.1.2 関東自動車工業の場合 142
　　3.1.3 トヨタ車体の場合 143
　3.2 組織間競争の実態 145

4 考　察 149
　4.1 委託開発の現状と展望 149
　4.2 委託生産企業存立のための提言 153

おわりに 155

第5章　委託生産企業の部品調達方式
　——集中と分散：その変遷—— 161

はじめに 161

1 集中購買システムとは 162
　1.1 支給方式 162
　1.2 管理自給方式 163
　1.3 完全自給方式 163

2　委託生産企業における調達　164
　　　　2.1　委託生産企業3社の歴史　164
　　　　2.2　委託生産企業における部品調達方式の変遷　165
　　おわりに　173

第6章　委託生産と賃金格差 ―――――――――― 176

　　はじめに　176
　　1　トヨタと委託生産企業の賃金格差　177
　　2　委託生産の展開と賃金格差　182
　　　　2.1　国内生産拡大期　182
　　　　2.2　海外生産拡大期　183
　　3　委託生産と地域間賃金格差　188
　　おわりに　191

第Ⅲ部　海外における委託生産

第7章　韓国ドンヒオートによる軽自動車の組立
　　　　――コスト削減と労務管理―――――――――― 197

　　はじめに　197
　　1　自動車産業における分業　199
　　　　1.1　異種分業　199
　　　　1.2　同種分業　199
　　2　現代自動車・グループの自動車委託生産　201
　　　　2.1　韓国自動車産業と委託生産　201
　　　　2.2　韓国現代自動車・グループとドンヒオートとの委託生産取引関係　202
　　　　2.3　ドンヒオートのパフォーマンスと評価　204
　　3　韓国と日本における自動車委託生産の比較　208
　　　　3.1　委託生産の歴史（生成論）　208

3.2 自社ブランドを保有する自動車メーカー（委託元）と委託生産企業との関係（構造論） 209
3.3 委託生産の役割と意義（機能論） 209

おわりに 210

第8章　台湾裕隆汽車における日産車委託生産と自主ブランド車開発 ── 214

はじめに 214

1 裕隆汽車の乗用車市場への参入と展開 215
    1.1 日産のライセンス生産企業への編入プロセス 216
2 自主ブランド化，自主開発能力の構築過程 221
    2.1 裕隆汽車の自主開発車への挑戦 221
    2.2 自動車メーカーによる開発能力支援 222
    2.3 自主ブランド化，自主開発能力構築への契機 223
        2.3.1 内的要因(1)：風神汽車設立に向けた技術支援 225
        2.3.2 内的要因(1)の副次的効果 225
        2.3.3 内的要因(2)：持株会社化による経営自主権の拡大 226
        2.3.4 内的要因(3)：アジア市場への戦略的設計開発拠点設立 228
        2.3.5 内的要因(4)：自主開発車拠点の整備 228

おわりに 229

第9章　単一自動車メーカー・ブランドに依存しないサービス業──マグナ・シュタイヤーの事例 ── 233

はじめに 233

1 欧州における委託生産・開発の歴史と現状 233
2 マグナ・シュタイヤー：100年以上の自動車生産の歴史 236
    2.1 自動車メーカーの時代（1901-1973年） 237
    2.2 委託生産企業の時代 238
3 マグナ・シュタイヤーのビジネス・モデル 241
    3.1 企業組織構造，経営と企業能力開発 241

3.2　技術開発能力　243
　　3.3　経営モデルを支える生産拠点の要因　246
　4　ビジネス・モデルの課題　247
おわりに　249

■参考文献 ———— 253
　索　　引 ———— 265

序章

委託生産・委託開発の実態と機能

　本書の課題は，自動車産業における委託生産・委託開発の実態とその機能を，様々なケースを取り上げながら多様な側面から明らかにすることにある。ここで委託生産・委託開発とは，通常は自動車メーカーが行っている車体開発や車両生産を，自動車メーカーに代わって委託企業が担うことを指している。

　本章では，そうした委託生産・委託開発の実態と機能を，まず概括的に明らかにすることとする。

1　委託生産の実態

　自動車産業以外の産業（製造業）においては中核企業[1]以外の組織，例えば子会社が中核企業に代わって全面的に製造機能を担当することはよく見られる。ところが自動車産業においてはゼネラル・モータースやフォルクス・ワーゲン等の中核企業が車体開発と車両生産のほぼすべてを担っている場合がほとんどである。中核企業以外の会社が車体開発と車両生産を担うことはあまり見られない。

　しかしながら，本書で我々が取り上げる委託企業はそうした稀なケースに相当する。自動車産業において中核企業以外の会社が車体開発と車両生産を担っているケースである。そしてこうした自動車産業における委託生産・委託開発は一般にはよく知られていない。

1.1　委託生産比率の高さ

　そこでまずその実態の一端を紹介しよう。例えばトヨタ自動車では**図表序-**

1に示したように、トヨタの2012年総生産台数349万台の56％に当たる196万台が委託企業で生産（プレス・溶接・塗装・組立）されている。これは近年に始まったことではなく、1950年代から行われている方式である。こうした委託生産比率を推定すると、1950年代には30％程度、1960年代以降は50％以上がトヨタでなく、委託生産企業で組立てられている。他の日本の自動車メーカーではトヨタほども高くはないが10～30％程度が委託に出されている[2]。

図表序-1 トヨタにおける委託生産・委託開発

企業名	委託生産開始時期	委託生産台数（2012年）	トヨタの国内生産台数に占める比率	委託開発の有無	自社ブランド自動車の有無	トヨタの持株比率
トヨタ車体	1945年	64万台	18％	○	（注）1	55％
関東自動車工業（注）2	1949年	36万台	10％	○		55％
豊田自動織機	1957年	28万台	8％	○		25％
トヨタ自動車九州	1992年	30万台	9％			100％
ダイハツ工業	1969年	22万台	6％	○	○	51％
日野自動車	1967年	15万台	4％	○	○	52％
富士重工業	2010年	1万台	0.3％	○	○	5％
計		196万台	56％			

(注) 1　トヨタ車体ブランドで製作・販売している小型電気自動車コムスがあるが、生産台数はきわめて少ない。
　　 2　関東自動車工業は2012年7月に、セントラル自動車とトヨタ自動車東北と合併し、トヨタ自動車東日本と社名を変更している。
(出所) 各社有価証券報告書等から作成。

従来、自動車産業研究においては日本では部品生産の外製率（部品メーカーに対する外注率）が高いことが指摘されてきたが、実は組立生産においても外製率はきわめて高いのである。これは日本的特徴の1つであるが、従来の研究においては委託生産の実態は体系的には取り上げられてこなかったといえよう。

一方、我々の調査では海外ではこうした委託生産は稀であり、韓国のドンヒオートや台湾の裕隆汽車、オーストリアのマグナ・シュタイヤー等にすぎない。

このように見てくると、日本における委託生産比率が高いことを知らないま

まで，例えば「作業者1人当たりの年間生産台数」という数値を用いて自動車メーカーの生産性に関する国際比較を行うことは全く無意味となることが分かる。すなわち仮にトヨタの年間生産台数を300万台とすると，それをトヨタ自動車の作業者数のみで割るのか，それとも委託生産企業の作業者も加えた人数で割るのかとでは，トヨタの「作業者1人当たりの年間生産台数」の数値が大きく異なってくる。しかしながらそうした前提的事実を無視した研究が多く存在することは事実である。

1.2 車体開発でも委託比率が高い

　車両生産において委託生産比率が高いだけでなく，トヨタでは1950年代から車体開発の一部も委託企業に外注化されてきている。現在においては車体のアッパーボディ開発工数の30％程度が委託企業に外注されている。すなわち車体のアンダーボディ（プラットフォーム）の設計と開発はトヨタ自動車本体の開発部門で行われているが，車体のアッパーボディの開発が部分的に委託企業の開発部門で行われている車種が多く存在する。そしてこうした委託開発の存在も従来の大半の研究が見過ごしてきている。

　だが1950年代以降，トヨタ以外でも委託生産・委託開発は見られるようになり，日本の自動車産業研究においてぜひとも検討すべき課題となっている。本書はトヨタの事例研究を中心としつつ，適宜，国内外の他社の事例を含め委託生産・委託開発の実態と機能を比較視座から明らかにする。

1.3 海外工場の生産準備プロセスの委託

　なお本書では主たる分析対象に含めていないが，自動車メーカーの海外工場の生産準備プロセスの一部をも委託生産企業が引き受けている。例えば2000年代前半にトヨタが年間約50万台純増という速いペースで海外現地工場の新規立ち上げや生産能力増強を進め，トヨタ自動車本体の生産準備部門の要員が絶対的に不足していた局面において，委託生産企業の生産準備部門がそうした海外工場の立ち上げや能力増強において一部工程を丸抱え的に引き受けることが見られた。ここでは車両生産や車体開発のみでなく，海外工場の生産準備プロセスにも委託企業は関わっていることを付記しておきたい。

2 委託生産の生成要因と継続要因＝競争優位要因

2.1 生成要因——量産化と多銘柄化/多仕様化を統一的に進めるための委託生産

ではなぜ日本で委託生産・委託開発比率が高くなったのか。それは一方で戦後，国内販売台数や輸出台数の急激な拡大に対して，経営資源（技術者，技能労働者，生産設備，資金等）の蓄積が未だ小さかった自動車メーカーの生産能力拡充が追いつかず，自動車メーカー本体以外（関係会社等）に車両生産や車体開発を外注化せざるを得なかった故である。他方，委託生産・委託開発を引き受ける側において組立生産や車体開発を行うための基本的能力が存在していたことも見逃してはならない。

加えて1960年代後半にトヨタ＝日野の提携，トヨタ＝ダイハツの提携などの自動車メーカー間の提携がなされたが，そうした提携企業先で委託生産が行われたことも委託生産比率が高くなった１つの要因である。なお提携企業でトヨタ車の委託生産が行われた，提携企業側の理由は，自社ブランド車（日野，ダイハツ）の販売が伸びずに生産設備と人員が過剰となり，その過剰分にトヨタからの委託生産を割り当てるためであった。

これらの背景を簡単に振り返ってみよう。日本の自動車生産台数は1950年の３万台強から1960年48万台，さらに1970年529万台へと20年間で165倍に増大し，大量生産化が急速に進んだ。業界で上位の自動車メーカー（トヨタ，日産自動車）では自らの量産能力の拡大が市場拡大に追いつかず，委託生産を活用せざるを得なくなる事態が生じた。トヨタは本社工場に加えて元町，高岡，堤と工場の新設を進めたが，それでも追いつかず，過剰負荷分の車両生産を委託生産企業（トヨタ車体，関東自動車工業，セントラル自動車工業，豊田自動織機製作所，荒川車体工業，岐阜車体工業，ヤマハ発動機，日野自動車工業，ダイハツ工業等）に任せることで量産能力の拡大を図った。1970年時点でトヨタの生産台数168万台の半数以上の86万台が委託に出されていた[3]。

かつこの間には上位メーカーは大衆車から高級車までの製品系列の多銘柄化（フルライン化）を進め，さらに同時並行的に量販車種において多仕様化（ワイドセレクション化）を展開した。塩地（1986）において３要因同時並行展開

と特徴づけられた量産化・多銘柄化・多仕様化の3つの要因が同時に進められたのである。そしてフルライン化とワイドセレクション化が急速に進められた結果，モデル数と仕様数が急激に増大する中で最適量産水準に達しないモデル/仕様が生じることとなった。トヨタは量産水準に達しているモデルは自社工場で集中生産したが，一部の非量産モデル/仕様は委託生産へと回すこととなった。この意味において委託生産は，自動車メーカーが大量生産化を進める上での量的面での補完的役割を果たしたのみでなく，ここで強調されるべきはフルライン化・ワイドセレクション化を実現する上においても不可欠な重要な役割を果たしたことである。

いい換えると3要因同時並行展開の中でフルライン化・ワイドセレクション化の結果，量産効果が低下する傾向，すなわち多種少量生産化の傾向が顕在化しがちな中で，いかにして多銘柄化/多仕様化と量産化を統一的に推進するのかという難題が内在していた。こうした難題を解決するための1つの方策が「日本的風土である多種少量生産を前提に練り上げてきたトヨタ生産方式[4]」であったが，もう1つの重要な方策が委託生産企業における非量産モデル/仕様の生産であったのである。

1965年時点のトヨタと委託生産企業のモデル分担は，トヨタの工場は量産乗用車セダンに集中（元町工場：クラウン/コロナ，高岡工場：カローラ，堤工場：カリーナ/セリカ）し，委託生産企業は①乗用車バン，ピックアップ，②トラック，③少量乗用車（センチュリー，トヨタ2000GT等），④特装車/特殊車両，の4領域を担当していた。

このように委託生産・委託開発は1950年代～1960年代の国内自動車市場と輸出の爆発的拡大に対して，当初は急拡大する市場に自動車メーカーの多種・多仕様・量産能力が追いつかないという状況に対応するために行われた方式であった。いい換えると自動車メーカーが様々な経営資源が不足し，関係会社や提携関係を結んだ自動車メーカーに対して，そうした経営資源の補填を求めたところからきている。

あえていえば，こうした外部での委託生産・開発方式が，本体の自動車メーカー内部での生産・開発よりも効率性が高いという理由で行われたのではなく，当時の自動車メーカーの経営資源不足故に，いわば迫られて受け入れたという

歴史的な要因によってこうした委託生産・開発が始まったのである[5]。

2.2 委託が継続された要因＝競争優位要因

　しかしながら委託生産・委託開発の生成が当初はそうした歴史的要因を持っていたとしても，その後に自動車メーカーの経営資源が豊かになり，外部委託分を内製へと取り戻すことが可能となった時点以降も，トヨタの内部資源のみに頼ることなく，そうした外部（委託生産企業）の資源を有効活用し，委託生産・委託開発が続けられたことに注目しなければならない。ではそれが続けられた理由は何か。それはそうした委託生産・委託開発方式を自動車メーカーが積極的に活用する仕組みを取り入れていき，その結果として委託生産・開発方式にも競争優位が組み込まれたからである。いい換えると自動車メーカーが自らの経営資源が豊かになった後にも内製化に切り換えることなく，外部での委託生産・委託開発方式を自らの競争優位へ結びつけていく戦略を選択したといえよう。こうした戦略に基づいて構築された要因を本書では委託生産が継続された要因もしくは委託生産の競争優位要因と呼んでいる。以下，4点にわたって説明しよう。

2.2.1　競争優位要因①：プロフィットセンター

　第一は，委託企業が独立採算拠点として，プロフィットセンターとして機能し，少量生産車種生産のコスト管理に貢献したことである。その際トヨタよりも委託生産企業の賃金水準の低さが活かされていたことは明白である。1960年代には同じカローラでもセダンはトヨタの最新量産工場（高岡）で生産されたが，他方カローラのバンやピックアップなどの少量生産仕様はコストを削減するために委託に出され，厳しいコスト管理を受けた。トラックや少量乗用車（センチュリー等），特装車や特殊車両が委託に出されたのも同じ理由である。

　もちろん見逃してならない点は，一方で非量産車種を委託に出すことによって，他方でトヨタの工場では最新量産車種のみが集中的に生産できるようになったことである。1950年代から60年代にかけてトヨタはコロナ，パブリカ，カローラ，カリーナ等と次々と戦略車を投入したが，これら戦略車のセダンの組立は委託ではなく，必ずトヨタの工場で集中的に専用生産されたこと，かつこれらの戦略車がニューモデルとして投入された時点の組立工場はトヨタの中

でも最も新鋭で能力の高い工場であった事実である。これらは委託生産が存在したから可能となったのである。

2.2.2　競争優位要因②：トヨタ工場と委託工場間の競争組織化

　1965年以降には量産車種も委託に出され，トヨタと委託生産企業の間，あるいは委託生産企業間での相互競争が組織され，それが自動車メーカー（グループ）全体の競争優位構築に連動させていく仕組みが目指された。生産での品質やコスト，納期での競争が厳しくなされ，また開発での新技術をめぐる競争が行われている。こうした競争を組織化するために，清家（1995b）が指摘しているように各企業の経理情報として競争指標がトヨタ・グループ内で公表されている。例えば1990年代前半にマークⅡはトヨタ自動車・元町工場と関東自動車工業・東富士工場そしてトヨタ自動車九州・宮田工場の3工場で併産（ブリッジ生産ともいう）されていたが，品質・コスト・納期をめぐる競争で優位を占めた工場には次年度の配分台数が多くなるか，次期導入車種に関する発言権が強まる，デザイン工数が増大する，戦略車の委託開発が認められる等の，ボディローテーションにおけるインセンティブが与えられていた[6]。ボディローテーションとは清家（1995b）が詳述しているように，工場間の競争の成績に基づき生産やデザイン，開発の拠点がトヨタ・グループ内で戦略的に調整配分されていく仕組みである。

　なお2004年時点での委託生産企業およびトヨタでの生産車種の分業を**図表序-2**に示す。

図表序-2 トヨタにおける生産車種分業（2004年）

企業		工場	生産車種	生産台数 従業員数
委託生産企業	トヨタ車体	富士松	エスティマ，イプサム，プリウス，ボクシー，ノア	49万台
		刈谷	特装車	
		いなべ	ハイエース，レジアス，ライトエース，タウンエース，アルファード，アルファード・ハイブリッド	
		吉原(旧アラコ)	ランドクルーザー70，ランドクルーザー100，ランドクルーザーシグナス，LX470，コースター	10,164人
	関東自動車工業	東富士	センチュリー，クラウン，クラウンコンフォート，コンフォート，カローラスパシオ，カローラフィルダー，アイシス，セリカ，ソアラ（SC430）	39万台
		岩手	マークX，ウィンダム（ES330），アルテッツァ（IS300）	5,523人
	豊田自動織機	長草	RAV4，ヴィッツ，カローラ	23万台 2,205人
	セントラル自動車	本社	カローラランクス，ラウム，MR-S，pB，アレックス，WiLLCYPHA	12万台 1,082人
	岐阜車体工業	本社	ハイエース，レジアスエース，救急車	5万台 958人
	日野自動車	羽村	ダイナ，トヨエース，タウンエース，ハイラックス，ハイラックスサーフおよび日野ブランド（デュトロ）	25万台
		日野	日野ブランドのみ　主としてトラック	———
	ダイハツ工業	滋賀	ダイハツブランドのみ	———
		池田	パッソおよびダイハツブランド	18万台
		京都	カミ，プロボックス，サクシードおよびダイハツブランド	
	トヨタ自動車九州	宮田	ハリアー（RX330），クルーガー	25万台 5,000人
			委託生産企業小計196万台（53%）	
トヨタ自動車		本社	ランドクルーザー，ランドクルーザープラド（ともにシャシーのみ）	17,403人
		元町	クラウン，プログレス，ブレビス，マークX	6,181人

序　章　委託生産・委託開発の実態と機能

	高岡	カローラ, ヴィッツ, ファンカーゴ, プラッツ, pB, アレックス, イスト, シエンタ, ポルテ	5,370人
	堤	カムリ, カルディナ, プリウス, オパ, プレミオ, アリオン, ウィッシュ	5,111人
	田原	ランドクルーザープラド, クラウン, ハイラックス, セルシオ (LS430), RAV 4	6,833人
		トヨタ自動車　　小計　173万台 (47%)	
		トヨタ・グループ　　総計　368万台 (100%)	

（注）　日野自動車・羽村工場およびダイハツ工業・池田工場/京都工場の生産台数は，トヨタ車委託分のみ。
（出所）　各社有価証券報告書より作成。

2.2.3　競争優位要因③：グループ内の市場変動対応

さらにはトヨタと委託生産企業間，あるいは委託生産企業の間における生産量の調整機能が形成され，そうした機能がトヨタ・グループ全体の競争優位につながったことが考えられる。例えばある車種が市場で急激に売れた結果，それを生産しているトヨタや委託生産企業の工場の負荷が過剰となるとみられる時，その車種の生産を複数の委託生産企業工場で併産することによって，バッファー機能を創り出し，その生産車種の需要の変化に対応できる能力である。

前述したようにマークⅡの販売台数が大きかった時にはトヨタ自動車・元町工場と関東自動車工業・東富士工場そしてトヨタ自動車九州・宮田工場の3工場で併産されていた。他の例ではパブリカは新車開発から製造中止まで8工場に移管されている。試作期は特装車に強い荒川車体工業・外山工場で，1961年発売時は最新鋭のトヨタ自動車・元町第1組立工場で，1960年代前半の需要拡大期はパブリカ専用のトヨタ自動車・元町第2組立工場で，そして60年代後半の需要停滞期にはセダンがトヨタ自動車・高岡第1組立工場（後に高岡第2組立工場）へ移り，バンは豊田自動織機・長草工場と日野自動車工業・羽村工場へ委託され，60年代末にはセダンが高岡からダイハツ工業・池田工場と日野自動車工業・羽村工場へと委託され，バンは生産台数が落ちたため豊田自動織機・長草工場に一本化されるという過程を経てきている[7]。

2.2.4　競争優位要因④：グループ内の生産車種の共通化

最後に自動車メーカーと提携先の自動車メーカー（委託生産企業でもある）

との間で生産車種を共通化し，コスト削減を実現したことである。すなわちトヨタ・グループにおいては，トヨタ車とダイハツ車，日野車の三つ子車化を行うことによって開発コストの削減，製造コストの削減が図られている。例えば2トントラックのトヨタダイナとダイハツデルタ，日野レンジャーの3車種はプラットフォームを共通化した三つ子車となった。製造は3車種をすべて日野の羽村工場で集中生産している。また他の車種においても，プラットフォームが共通化されない場合でも個々の部品においてトヨタ車とダイハツ車，日野車の部品の共通化が行われている。

こうした仕組みが構築されることによって委託生産・委託開発が継続され，それをトヨタ・グループの競争優位へと連動させていく努力が払われたのである。

3 委託生産・開発の基本的枠組み

ここでは委託生産・委託開発の基本的枠組みを説明しよう。その仕組みは自動車メーカーによっても，生産される車種によっても異なるが，最も普及していると思われる方式を説明する。

3.1 車両生産の委託
3.1.1 工　　程

図表序-3は自動車メーカーと委託生産企業の分担関係を示している。委託生産企業は主としてプレス・溶接・塗装・組立の各工程（本書ではこれらを合わせて車両生産工程と名付ける）を担当している。自動車メーカーからの生産計画/生産指示情報に基づいて委託生産企業が組立生産を行う。そうした生産指示情報については委託生産企業の各工場は自動車メーカーの各工場が受けているのと同じ情報を同じタイミングで受けている。

図表序-3 委託生産企業の担当工程

【中核企業】	【委託生産企業】
鋳造工場	
鍛造工場	
機械工場	
プレス工場	プレス工場
溶接工場	溶接工場
塗装工場	塗装工場
組立工場	組立工場

(出所) 塩地（1986）から作成。

3.1.2 商流と物流

　委託生産企業が車両生産を完了させた後は，商流上はその完成車を自動車メーカーに販売・納入することとなる。自動車メーカーは，国内販売分はディーラーに供給し，輸出分は海外のディストリビューターに供給する。一方，物流上は国内販売分は委託生産メーカーから直接に国内ディーラーに出荷され，輸出分は積出し港に輸送されることとなる。

3.1.3 車両の所有権

　車両の所有権は委託生産企業の組立工場における完成車検査が終了した時点でいったん自動車メーカーに移転する。その後，国内ディーラー向け出荷分はただちにディーラーに所有権が移転する。輸出向け車両は自動車メーカー所有のまま港に運ばれた後，たいていの場合は船に積み込まれる時点で自動車メーカーから輸入国側のインポーター/ディストリビューターに所有権が移転することとなるが，小市場国向け車両はメーカーから商社等に引き渡される場合もある。この場合，港渡しのみでなく，工場渡しのケースもある。

3.1.4 取引価格

　委託生産企業から自動車メーカーへの完成車の納入価格は車種によって価格基準が多様であるが，大まかにいうとメーカー希望小売価格の40～50%程度となる[8]。車両の製造原価がメーカー希望小売価格の60%とすると，委託生産企業はその製造原価の65～85%程度を分担していることとなる。

　委託生産企業が開発を担当する場合，その開発費用は完成車の個々の台当たり納入価格に含める場合もあるが，たいていの場合，開発費用は委託開発企業

の利益分を上乗せして一括で自動車メーカーが委託開発企業に支払っている。

3.1.5 架装企業と委託生産の相違

　トラックの荷台等をユーザーの注文に基づいて架装する企業と委託生産企業の相違をここでみておこう。架装企業の場合，まずはユーザーがディーラーから自動車を購入した後にユーザーが架装企業に荷台等の架装を依頼し，架装企業がそれを引き受けるという方式をとる。しかし委託生産企業の場合は，あくまで自動車メーカーの指示に基づいて委託生産企業が車両生産を行い，その車両を自動車メーカーに納入する方式をとっている。ただし，一部の委託生産企業は前者の方式のようにユーザーから架装の依頼を受け，ユーザーに納入するという架装を行っていることもある。ただし売上に占める比率は小さい。あくまで自動車メーカーからの委託生産が大半を占めている。

3.2 部品調達

　部品調達方式については詳しくは第4章および第5章で説明されるが，**図表序-4**に示した複数の方式が行われている。部品調達はまずは内製と外注に分けられる。

図表序-4　委託生産における部品調達方式

内製			高 ↕ 低	委託生産企業の自律度
外注	自給	完全自給		
		管理自給		
	支給	有償支給		
		無償支給		

（出所）図表4-7を簡素化して作成。

3.2.1 内製

　内製とは委託生産企業が自ら社内で製造する部品である。たいていの場合，委託生産企業が設計も担当している。委託生産メーカーの総調達部品数・額に占める内製部品比率は低く，0〜10％程度と推測される。委託生産を始めた時期の古い企業（トヨタではトヨタ車体や関東自動車工業）ほど，内製比率が高くなる傾向がある。

3.2.2　外　　注

他方，外注とは委託生産企業が外部の企業から調達する方式である。外注は自給と支給の2つに分けられる。自給はさらに完全自給と管理自給に分けられる。支給は有償支給と無償支給に分けられる。

3.2.3　外注・完全自給

完全自給とは委託生産企業が主体となって外部から自ら調達する部品である。独自購買と呼ばれる場合もある。外部の企業との価格交渉は委託生産企業の責任で行われる。設計図面の承認も委託生産企業の責任となる場合が多い。この完全自給比率も，内製比率と同様に伝統ある委託生産企業ほど高くなる傾向があり，0～20%程度と推測される。

3.2.4　外注・管理自給

管理自給とは自動車メーカーが部品メーカーの選定や図面承認，価格交渉等の基本プロセスを担うが，詳細仕様の決定やそれに基づく最終価格交渉，搬入指示，部品代支払い等は委託生産企業が担う方式である。この管理自給方式は，次に説明する有償支給方式と並んで，委託生産企業の部品調達において大宗を占めている。その比率は40～60%程度と推測される。

3.2.5　外注・有償支給

有償支給とは自動車メーカーが製造した部品（もしくは調達した部品）を委託生産企業に有償で支給する方式である。委託生産企業は自動車メーカーに部品代を支払う。この比率は10～40%程度と推測される。

3.2.6　外注・無償支給

無償支給とは自動車メーカーが製造した部品を無償で委託生産企業に支給する方式である。この無償支給方式では，委託生産企業が自動車メーカーに納入する完成車の価格から無償支給の部品代金分が差し引かれることとなる。

だがこうした無償支給方式は支給された部品を大事に扱わなくなるリスクを避けるために，1990年代以降ほとんど行われなくなっている。

3.3　委託開発

委託開発については第4章で詳細に分析が加えられる。ここでは**図表序-5**を使ってその概略を説明しておく。

図表序-5 委託開発の関与プロセス

製品開発プロセス			委託開発企業の関与
商品企画			×
製品企画			△
デザイン			○
製品エンジニアリング	設計	アッパー・ボディ	○
		アンダー・ボディ	×
	実験	シャシー	△
工程エンジニアリング		生産準備	○

（出所）図表4-10を簡素化して作成。

3.3.1 商品企画

開発の最初のプロセスである商品企画においては，商品たる車のコンセプト作りが行われる。基本的な車両イメージや基本性能，価格帯，ターゲットユーザー，プロモーション策等のマーケティング戦略構想が決定される。こうした商品企画プロセスは基本的に自動車メーカーがすべてを統括している。現時点では委託開発企業はそうした機能を持っていない。ただ，自動車メーカーのそのプロセスに参画することが多々あり，将来的にこうしたプロセスを委託開発企業が部分的に，あるいは特定の車種については独自で全面的に担っていく可能性がある。

3.3.2 製品企画

このプロセスにおいては製品開発全般の計画が策定される。委託開発企業はそうした製品開発においてデザインや製品エンジニアリング，工程エンジニアリングの重要なプロセスを担うことになるので，当然のこととして製品企画プロセスには参画することとなる。ただし委託開発企業が主導するのではなく，あくまで自動車メーカーの統括の下で製品企画プロセスに参画することとなる。

3.3.3 デザイン

委託開発企業のデザイナーがアッパーボディ図面を作成する。もちろん自動車メーカーによる承認が必ず求められる。

3.3.4 製品エンジニアリング

委託開発企業は主としてアッパーボディの設計を担当する。ここでも自動車メーカーの開発責任者であるプロダクト・マネージャーの統括の下に委託開発

企業の開発責任者が設計プロセスを進める。

3.3.5 工程エンジニアリング

　委託開発・生産企業は自らの工場における生産準備プロセスを進める。製品エンジニアリングプロセスと比較すると，この工程エンジニアリングプロセスでは自動車メーカーに対する委託生産企業の自律度は高くなる。自動車メーカーが採用していない生産技法を積極的に導入することも多々ある。例えば車両へのシート組付工程においてロボットによる車内へのシート搬入が自動車メーカーに先立って委託生産企業で行われたケースがある。

4　委託生産企業の定義

　ここで委託生産企業の定義を行う。委託生産とは，国内の場合においては，前述したように中核企業からの委託に基づいて，中核企業とは異なる別の企業が中核企業ブランド車の車両組立を行うことである。担当する工程は主として車両生産工程（プレス・溶接・塗装・組立）である。

4.1　国内における委託生産・委託生産企業の定義

　国内における委託生産企業の定義はきわめてシンプルである。委託生産企業とは委託生産を行っている企業である。そこには中核企業の関係会社や中核企業と提携関係にある他の自動車メーカー等，様々な企業が含まれている。トヨタの例で示すと，前掲した図表序-1にみられるように7社の委託生産企業が存在する[9]。

　ここで注目すべきは，トヨタによる委託生産企業に対する持株率である。持株率でみると，トヨタの100％子会社（トヨタ自動車九州）もあれば，持株率が40～60％程度の関係会社（関東自動車工業等）もあり，トヨタ・グループに属し，トヨタの持株率が50％を超える自動車メーカー（ダイハツ工業，日野自動車）もあれば，トヨタと業務提携関係にあるが持株比率（％）は低い自動車メーカー（富士重工業）も含まれている。

　以上みたように，国内における委託生産企業の定義には中核企業による持株率の多寡は無視している。たとえ持株率が0％でも100％でも，中核企業ブラ

ンドを生産している他の企業は委託生産企業の範疇に含めている。

4.2 国外における委託生産企業の定義

ところが国外における委託生産企業の範疇を定めるためには異なる定義を要する。例えばトヨタは，タイにトヨタ・モーター・タイランドという現地法人を設立し，そこでトヨタ車の生産を行っている。こうした海外においてトヨタ車を生産している他企業を委託生産企業に含めるべきであろうか。日本国内での定義として用いた「中核企業ブランドを生産している他の企業」の観点からすると，トヨタ・モーター・タイランドは委託生産企業となってしまう。だが国外でトヨタ車生産を行っているそうした企業を委託生産企業に含めるべきであろうか。

本書では，国外においてトヨタ車を生産している他企業（子会社）を委託生産企業の範疇に含めないこととする。その理由は，日本国内ではトヨタ自動車が自社の工場を増設し，そこで生産することが法的には可能であったにもかかわらず，あえて他企業に生産を委託しているが故に委託生産企業とみなしているが，国外ではトヨタ自動車という日本法人が現地工場を設立すること自体，法的に不可能であるからである。国外で工場を設立するためには，その工場の所有/運営法人はトヨタ自動車（日本法人）の駐在事務所や国外支店では不可能であった。工場の所有/運営法人は国外に設立した現地法人（トヨタが出資している法人）とならざるを得なかったのである。トヨタとは法人が異なる事業体が当初から生産を担わざるを得なかったのである。そしてトヨタは大半の国においてトヨタ（およびトヨタの関係会社）等が出資（生産規模が増大するほど出資比率は大きくなる傾向がある）をして工場運営に携わっている。

このように日本国内においてトヨタによる工場増設が可能であったにもかかわらず，あえて他企業に生産を委託した事情と，国外で現地法人による生産が始まった事情は，その背景的事情が大きく異なっている。

したがって国外においてトヨタ車を生産している，トヨタが出資をしている現地法人は委託生産企業の範疇には本書では含めていない。実際にも国外現地法人での生産は委託生産と呼ばれることはない（次に述べる例外を除く）。

ただし国外生産においてトヨタ等の出資が可能であるにもかかわらず，あえ

て全く出資をしないで他企業に任せているケースがある。それは生産規模が極端に小規模であるため、トヨタ等が出資をするに至らず、現地国企業に工場運営も含めて大部分を任せているケースである。

例えばロシア・ウラジオストックでロシア企業のソラーズと三井物産の合弁企業（ソラーズ物産）において四輪駆動オフロード車プラドの生産が行われたが、トヨタ自動車は全く出資していなかった。トヨタはプラドの生産をソラーズ物産に委託していた[10]。こうしたケースは、日本国内でトヨタによる工場増設ではなく、委託生産企業に任せた事情と、いい換えると委託生産の生成要因の1つと相通じるところも多々あり、実際にも委託生産と呼ばれることがある。

したがって簡約すると、日本国内においては中核企業の持株率の多寡にかかわらず、他企業に中核企業ブランド車の生産を任せている場合は、そうした他企業はすべて委託生産企業の範疇に含める。そして実際にもそれらは委託生産企業と呼ばれている。

他方、国外においては中核企業が一定以上の比率を出資している場合（出資比率は生産規模やパートナー側の事情等によって異なる）は、たとえその現地生産法人が中核企業ブランドを生産したとしても委託生産企業の範疇に含めない。実際にもそう呼ばれることはない。

だが生産規模が小さく、現地の地場資本に経営を任せており、中核企業の出資が可能であるにもかかわらず出資をしていない場合、あるいは出資比率が小さい場合（20％未満）は委託生産企業に含めることとする。ただしこうしたケースはきわめて少ない。

4.3　グローバル分業システムの歴史的先行形態としての委託生産方式

最後に指摘しておきたいことは、本書で分析した国内の委託生産方式は、国外における現地生産企業（この大半は前述のように委託生産企業の範疇に含めていない）と国内の中核企業の間のグローバルな分業システムを構築する上で大いに有効であったことである。すなわち国内の中核企業と国外の現地生産企業との関係においては、委託生産方式において行われた様々な仕組、例えばプロフィットセンターとしての機能、中核企業／委託工場間の競争組織化、グループ内の市場変動対応機能、グループ内の生産車種の共通化、集中購買等の

部品調達方式，開発の委託化等を，海外現地生産/開発においても用いることが可能であるのである。そう考えると歴史形成的に見るならば，中核企業による多国籍企業としてのグローバル分業システムが築かれる以前に，国内でそうした中核企業と委託生産企業間の分業システムが形成されていたのである。

こうした中核企業と委託生産企業間の，競争優位を生み出すための委託生産方式がグローバル分業システムの歴史的先行形態として存在したこと，そのことは中核企業が国外生産を展開する上で有益な経験となったこと，こうしたパースペクティブの中にも委託生産・開発に関する本研究は位置付けられている。

5　先　行　研　究

以上検討したように委託生産・開発は，自動車産業研究において重要な意義を有していると考えられる。ここではこうした委託生産・開発に関する先行研究を整理し，残された課題を明らかにしよう。

いつ，なぜ委託生産が始まったのか，その生成要因に関して塩地（1986）は委託生産が生成した時代的背景と，それが果たした歴史的役割を説明している。委託生産による分業の実態については塩見（1985b），池田（1994），Shioji（1997），石井（2002），釜石（2006），田（2009），佐伯（2013a）（2013b）等が挙げられる。特に塩見（1985b）はアッセンブリーネットワークおよび管理的調整という概念を使って中核企業と委託生産企業の企業間関係の新たな理論枠組みを創ろうとしている。

委託開発については，清家（1995a）（1995b）と塩地（1993），佐伯（2011）が先駆的に事実発掘を始めている。特に清家はトヨタにおけるボディローテーションという概念を紹介し，委託生産企業が開発においても大きな役割を果たす点を重視した。ボディローテーションとは新車投入やモデルチェンジの際に組立工場単位で生産車種・台数を変更する仕組みを委託生産企業にも適用することによって競合と動機付けを引き出し，恒常的な品質向上を促すものであった。

中核企業と委託生産企業の賃金格差については菊池（2011）が挙げられる。

海外における委託生産については，中山（2011）（2013）が台湾の裕隆汽車における委託生産を明らかにし，李（2012）は韓国の起亜自動車のドンヒオートに対する生産委託の実態を日本における委託生産との比較から論じている。

以上，先行研究を簡単に整理した。次に本書でさらに分析すべき課題を挙げていこう。

第1に，委託生産の生成の論理に関する先行研究はトヨタ・グループの事例に集中しており，日産自動車や本田技研工業等の他の自動車メーカーにおける委託生産の生成過程とその実態をトヨタと比較しながら論じることが必要である。

その点とかかわって，トヨタ自動車九州はトヨタ・グループに属するが，他のトヨタ・グループの委託生産企業と異なる特徴を有している。それは他のトヨタ・グループの委託生産企業は1940～1960年代に生成しているが，トヨタ自動車九州は1990年代に，それもトヨタの完全子会社という形で生成している点である。こうしたトヨタ九州自動車については塩地（1993）が論及しているが端緒的な分析にとどまっており，さらに歴史と実態に関する分析が求められている。

第2に，委託開発についても先行研究があるものの，これもさらに深い掘り下げが必要とされている。個別の委託生産・開発企業の内部に踏み込んだ研究が求められている。また開発とかかわって部品調達については，先行研究では委託生産企業による自給/有償支給/無償支給の簡単な紹介にとどまっており，集中購買システムについてはほとんどふれられていない。

本書はこうした先行研究に残された課題について深く掘り下げを試みるものである。

6　本書の章構成

最後に本書の章構成について述べよう。序章に続く第Ⅰ部「委託生産・開発の歴史と実態」では，委託生産・開発企業のケース・スタディとして，関東自動車工業，八千代工業，日野自動車，トヨタ自動車九州，愛知機械工業，日産車体を取り上げ，委託生産・開発が各企業で始められた生成要因とその後の歴

史的経緯,競争要因等について検討する。

　第1章「委託生産の生成期の歴史分析―いつ・なぜ・いかに委託生産が始まったか」においては,日本における主要な委託生産企業を取り上げ,各社において委託生産が行われ始めた契機,その後の歴史的経緯,競争要因等から委託生産企業の活用法に差異が生じたことについて明らかにしている。

　第2章「専属的な委託生産企業の生成と継続メカニズム―トヨタ自動車九州をケースとして」では,中核企業（トヨタ）が子会社（トヨタ自動車九州）に生産を委託するに至った歴史的な背景および専属的な関係が生成/継続された理由を明らかにしている。

　第3章「委託生産企業の撤退と存立に関する要因分析―日産系の事例」においては,2001年まで日産自動車系の委託生産企業だった愛知機械工業と,今なお日産系の有力委託生産企業である日産車体とを事例に取り上げ,両社の比較を通じて委託生産企業として存立するための今日的条件を明らかにする。

　第Ⅱ部「委託生産・開発のマネジメント」においては,トヨタ・グループにおける委託生産・開発がどのような形でマネジメントされているかを検討する。グループ内部における委託開発の管理方式あるいは集中購買システムと呼ばれる部品調達のマネジメントシステムが検討され,さらには中核企業と委託生産企業との間の賃金格差が委託生産の生成と存続にどのように関わっていたのかが分析される。

　第4章「委託生産企業の製品開発―関東自動車工業とトヨタ車体の委託開発事例にみる完成車メーカーとの異同」においては,委託企業における車体開発プロセスに焦点を当てて分析を行う。最も委託生産台数の多い,この2社における委託開発機能の現状と今後の課題を明らかにする。

　第5章「委託生産企業の部品調達方式―集中と分散：その変遷」においては,トヨタの委託生産企業における部品調達方式を歴史的かつ機能的に分析し,その大要が集中購買システムによって成り立っていることを明らかにする。

　第6章「委託生産と賃金格差」においては,トヨタ自動車と委託生産企業間における賃金格差に着目し,1970年頃に委託生産企業ではトヨタと比較して,どの程度の賃金格差が存在していたのかを明らかにした。また以降の賃金格差のあり方の変化を分析している。

序　章　委託生産・委託開発の実態と機能

　第Ⅲ部「海外における委託生産」においては，日本以外の国における委託生産を取り上げて，その生成要因と実態，機能等を検討し，日本との比較を試みる。ただし海外における委託生産といっても2つのパターンがある。1つは海外の自動車メーカー（韓国・起亜自動車）が，自国内において自国の企業（ドンヒオート）に生産委託を行うパターンである。これは第7章で分析される。
　もう1つは日本の自動車メーカー（日産自動車）が海外（台湾）において現地企業（裕隆汽車）に生産委託を行うパターンである。これは第8章で分析される。さらに第9章では同様のパターンとして，ドイツやフランスの自動車メーカーによるオーストリアのマグナ・シュタイヤーに対する生産委託が分析される。
　第7章「韓国ドンヒオートによる軽自動車の組立―コスト削減と労務管理」においては，現代自動車の子会社ドンヒオートで行われている軽自動車生産が分析されている。台あたり利益の小さい軽自動車組立において，労使対立の厳しい現代自動車での生産を回避し，外部の企業に委託された経緯，その実態等について論じる。
　第8章「台湾裕隆汽車における日産車委託生産と自主ブランド車開発」においては，日産自動車の海外における委託生産企業である裕隆汽車が日産自動車からの自立化を図り，自主開発した自主ブランド車を生産するに至る経緯と自立化促進要因を明らかにする。
　第9章「単一自動車メーカー・ブランドに依存しないサービス業―マグナ・シュタイヤーの事例」は，欧州における委託生産企業の歴史を振り返りながら，オーストリアのマグナ・シュタイヤーの委託生産・開発を分析する。欧州の場合は複数自動車メーカーの委託生産が行われる場合が多いが，そうした事例としてマグナ・シュタイヤーが取り上げられる。
　最後に各章の分析の異同についてふれておこう。6年間に及ぶ委託生産研究会での議論を通じて，筆者間の考え方の相違は小さくなってきている。とはいえ，なおも相違が残っているのも事実である。特に日本国内の委託生産の生産規模に関する将来の見込みについては，本書に明示的に書き込まれているわけではないが，楽観論と悲観論に意見が分かれている。一方で，たしかに委託開発については，確実にその機能や工数が今後拡大していくという点で一致しているものの，委託生産規模については，日本の国内自動車市場の縮小，および

海外生産の拡大（輸出の減少）による国内生産規模全般の縮小傾向の中で，委託生産企業のみが生産規模を拡大できないことは明らかであるとする悲観論である。他方で，自動車メーカーが自らの国内生産台数を大幅に縮小し，あるいはファブレス化し，委託生産企業にその分を譲る，丸投げするという戦略が採られるならば，生産規模の拡大は可能であるとする楽観論である。

なお，各章の記述は編者を中心に調整を図っているが最終的には各執筆者の考えに基づいている。

注
1　中核企業に関しては浅沼（1997）第4章参照。
2　以上の委託比率に関しては，塩地（1986）（1988）および委託生産企業各社での取材に基づく。
3　塩地（1986）参照。
4　大野（1978）193頁。
5　米国においてGMがフィッシャー・ボディ社を買収して，同社の車体生産（プレス・溶接）を内製化してしまったのと，日本においてトヨタが車両生産（プレス・溶接・塗装・組立）の外部化＝委託生産を増大させたことは好対照をなしている。
6　この時期に関東自動車工業・東富士工場を調査した際に工場内で「勝つぞ　九州に」と書かれていた張り紙を見た。
7　こうした需要変動への対応機能は，今日グローバルなレベルで行われている。同じ車種を海外と日本国内で併産をかけ，需要変動に対する供給量の調整はもっぱら日本国内のトヨタおよび委託生産企業が担うという対応策をとっている。その理由は海外工場のほうが短期的な面での台数増減においてフレキシビリティに欠ける（残業規制が強い等）ためであり，日本国内の工場が変動に対するバッファー機能を持つ故である。
8　塩地（1988）参照。ただしこの数値は1970年代の日野自動車工業でのハイラックスとパブリカについて推算したものであり，一般的なデータとして扱うためには年代の面でも車種の面でも広範囲な実証が必要である。
9　なお，委託開発についても同様に，中核企業とは異なる別の企業が中核企業ブランド車の車体開発を行うことであり，そうした企業を委託開発企業と定義する。
10　ただし，この委託生産は2015年8月に契約が終了となっている。

（塩地　洋）

第Ⅰ部

委託生産・開発の歴史と実態

第1章　委託生産の生成期の歴史分析
第2章　専属的な委託生産企業の生成と継続メカニズム
第3章　委託生産企業の撤退と存立に関する要因分析

第1章
委託生産の生成期の歴史分析
いつ・なぜ・いかに委託生産が始まったか

はじめに

　本章では，主要自動車メーカーの委託生産が時代背景の中でどのようにして委託生産が始まり，継続されたのか，自動車メーカーと委託生産企業の取引関係の生成条件を踏まえつつ，序章で見た枠組み（生成要因，継続要因＝競争優位要因）を用いて，トヨタ，日産，ホンダの3社を中心に事例分析を通じて検証する。乗用車市場において先行したトヨタにおいては，①国内市場拡大＋輸出の拡大→②生産能力増強の要請→③工場の新設＋既存工場の能力増強→④資金不足で新設には限界＋既存工場の生産性増大にも限界＋労働力不足→⑤外部への委託という内部事情が存在していた。この点はトヨタ同様に乗用車市場で先行した日産においても当てはまる。しかし，後述するように乗用車市場で後発メーカーのホンダの場合には，委託生産企業を利用した時期が異なる。あえてトヨタを軸にして他の自動車メーカーとの対置的な比較を試みる理由は，先行研究において1960年代～1970年代の日本自動車産業の競争力構築過程において，他のメーカーによるトヨタ追随の同質的戦略が強調されてきた点にある。

　この点に関して，自動車メーカーの委託生産企業の歴史的役割を明確に位置付けて考察したものはないが，例えば，四宮（2000）では1960年代～1970年代において自動車メーカー11社が競争的に併存した理由として，参入した自動車メーカーがトヨタ追随の同質的戦略を展開したこと，後発メーカーにあっては軽自動車市場をめぐる競争で事業基盤を固め，その後小型車市場での同質的戦略と差別化戦略を主体としたことをあげる。こうした論点にどの程度，委託生

産企業は関わってきたのか,また自動車メーカーの同質的戦略にどの程度,貢献したのか考察する余地がある。これまでの委託生産研究には,塩地(1986),塩見(1985b),池田(1994)に代表される実証研究があるが,いずれもトヨタでの委託生産企業の重要性を強調している。

この3社の自動車メーカーにおける委託生産企業が生起した時期に着目すれば,**図表1-1**に示したように委託生産企業は戦後復興期の1940年代後半から生起し,1950年代から1960年代に委託生産の開始が集中していたことが分かる。また,その存立形態に着目すれば,1940年代〜1950年代は特定自動車メーカーの委託生産に特化した専業形態が中心であったこと,1960年代以降については他事業との兼業形態ないしは,自動車メーカーによる委託生産企業が誕生していた。

図表1-1　主要各社の委託生産企業

	委託生産企業	設立年	委託生産開始年	事業形態
トヨタ系	トヨタ車体	1945	1945	専業
	関東自動車工業	1946	1949	専業
	岐阜車体工業	1940	1950	専業
	セントラル自動車	1950	1956	他事業と兼業
	荒川車体工業	1947	1962	他事業と兼業
	豊田自動織機	1926	1967	他事業と兼業
	ダイハツ工業	1907	1967	自動車メーカー
	日野車体工業	1910	1968	自動車メーカー
	トヨタ自動車九州	1991	1992	専業
日産系	日産車体	1949	1951	他事業と兼業
	日産ディーゼル	1950	1953	専業
	プレス工業	1925	1965	兼業
	富士重工業	1953	1969	自動車メーカー
	愛知機械工業	1898	1970	自動車メーカー
ホンダ系	八千代工業	1953	1972	他事業と兼業

(注)1　プレス工業の兼業とは,委託生産開始年において,日産以外のメーカーとも取引関係があり,複数自動車メーカーの委託生産を行っていたことを示す。
　　2　他事業との兼業とは,ここでは委託生産開始年において完成車組立事業以外での事業と兼業していたことを示す。
(出所)各社HPおよび各社社史より筆者作成。

時代区分で見られるこうした形態の違いは，自動車メーカーの委託生産企業の利用についても影響したと考えられる。この点を鮮明化するためにも序章で示されたトヨタのケースの生成要因（(1)資本蓄積は脆弱ながら，生産能力の拡充の必要性あり，しかし，組立生産能力や車体開発の余力なし，(2)目標生産能力と体制の確保が必要ながら自社工場の増設，新設では不十分，(3)量産化と多仕様化は，量産車種を自社工場集中生産）にて実現および継続要因＝競争優位要因（(1)プロフィットセンター：中核企業のコスト管理を受け委託生産企業はコスト低減に貢献，中核企業は最新量産車種の新鋭量産工場での生産効率重視，(2)完成車メーカー工場と委託工場間における競争原理の導入，(3)グループ内での市場変動対応，(4)グループ内の車体共通化の枠組み）を援用し，自動車メーカーと委託生産企業の取引関係の特徴を明らかにする。より具体的には，トヨタのケースで明らかにされた生成要因が，同じ先発メーカーであった日産の場合にはどうだったのか，また後発メーカーのホンダにおいてはどのような相違が見られたのか，また委託生産企業には委託生産を通じてどのようなインセンティブがあったのかに着目する。

1　1940年代～1950年代のトヨタと日産の委託生産関係

ここでの課題は，1940年代から先行メーカーでは一部の委託生産企業が生起したことを受け，トヨタ，日産の戦後復興過程での委託生産企業の取引関係を明らかにする。もっともこの時代の両社の委託生産企業との取引関係がその後の委託生産関係に大きく影響したものと考える。両社の委託生産企業との取引開始に見る生成要因を明らかにする。

両社の委託生産企業との取引関係が開始されるのは，トヨタでは1940年代であり，日産ではやや遅れ，1950年代からであった。

この時期のトヨタ，日産は戦後の混乱状態を切り抜け，自動車事業を再興し，自主技術による乗用車生産への道筋をつけることが優先事項であった。しかし，戦後のGHQ統制下において民需生産への転換を条件に事業再開できるようになったのは，トラックが1945年であり，乗用車は1949年のことであった。トヨタでは事業再開の機会を見越して本社工場の復旧，復興金融公庫の融資と価格

差補給金により生産を再開し，1948年には5カ年計画を策定するなどしたが，1949年に襲ったドッジ不況により経営危機に瀕した。1950年にはトヨタは倒産の危機に陥り，販売会社を分離し，かつ人員整理を行い，分工場2工場を閉鎖した。

この危機を救ったのが朝鮮戦争による特需であった[1]。トヨタはこれで資金力を回復したばかりか，十分な資金力を得ることになり，1951年，戦後の事業再開を描いた「生産設備近代化5カ年計画」を策定した。

日産においても戦後の復興過程で赤字と借入金が累増するなど資金力不足に悩まされていたが，この経営危機に対処するために1948年，トヨタよりも先んじて「自動車生産5カ年計画」を発表し，資金不足の中であえて設備増強計画を進めた[2]。

この計画を軌道に乗せることができたのも朝鮮戦争による特需や日本銀行の特別金融措置であった。

1.1 両社の委託生産企業の生成要因

トヨタ，日産とも生産能力の拡充，生産技術不足問題を抱え，資源補完的に委託生産企業を求めた。また，両社ともボディメーカー（コーチビルダーともいう）を委託生産企業化した。その点を確認しておこう。

例えば，トヨタの場合，トヨタ車体はトヨタのボディ専門工場の刈谷工場が分離独立した会社であり，分社後も軍需用の大型トラック，特殊車などを委託生産した[3]。岐阜車体工業は1940年に設立されたトラックのボディメーカーであったが，トヨタ自工から米軍特需車を大量に受注して以来，トヨタとの関係を強化し，1959年にはトヨタの小型トラックのボディ架装を開始した。関東自動車工業は旧中島飛行機の技術者を中心にして設立された会社で，バスのボディや電気バスの製造に優れていた。1949年にトヨタが同社に対して乗用車ボディの開発とSB型トラックシャシーへの架装の依頼をしたことで取引関係が始まった。1952年にトヨタ自販，1954年にトヨタ自工の資本参加を受けてトヨタ・グループに加わった[4]。

一方，日産では1950年代に日産車体，民生ディーゼル工業の2社を委託生産企業とした。

日産車体は，日国工業（株）を前身会社とし，1946年からトラック，バスのボディの生産事業に乗り出し，日野産業（現，日野自動車）の他日産とも取引関係を有していた。同社の前身会社が軍需産業に加担した企業であったことから戦時補償特別税が設定され，巨額の債務負担を強いられたため，新たに新日国工業株式会社を設立した。その後，同社の主力工場である平塚工場が1948年に火災による生産機能停止と資金繰りの悪化から経営危機に陥ったため，日本興業銀行の仲介を通じて1951年に日産に救済を求めた。日産は同社の87%相当の株式を同行から譲り受け，子会社化し，企業グループに加えた。日産車体は1956年に四輪駆動車であるニッサンパトロール4W60の委託生産を始め，その後バス，トラック，ワゴンの委託生産を行った[5]。

　日産ディーゼルは，1950年に民生産業の自動車部門の分社化により発足した民生ディーゼル工業を前身会社とし，1953年に日産が同社に資本参加する形で提携が始まった。1950年当時のトラック事業はガソリン車が主体であったが，1952年以降，徐々にディーゼル車が市場に出始めた。

　ディーゼルエンジンは熱効率でガソリンエンジンよりも優れ，航続距離も長く，車両総重量が大きい場合には有利であった。このディーゼルエンジン技術を持っていなかった日産は，この民生ディーゼル工業にトラック用のディーゼルエンジンの供給を依頼した。ディーゼルエンジントラックは，普通トラックを主体にその生産台数を伸ばし，1959年にはガソリントラックを凌駕するに至った。民生ディーゼル工業は1960年に日産ディーゼルに社名変更している。

　このように日産においても生産能力の拡充，生産技術不足を補完する目的で委託生産企業を利用したことから，トヨタのケースで示された生成要因(1)と符合していた。また，この時期，委託生産企業にボディメーカーが選ばれた背景には以下3つの要因があったと考えられる。1つは，朝鮮戦争を契機に乗用車よりも先にトラック需要が拡大し，量産体制を構築する必要が生じたこと。2つは，トラック量産体制に向けてボディメーカーがシャシーとボディの一体成型の開発に乗り出したことである。3つは，量産規模に満たない特殊車両生産対応と乗用車生産への量産対応であった。

1.1.1　トラック特需への量産対応

　1つ目のトラック需要の拡大においては，自動車メーカーの生成要因（生産

能力不足と開発能力不足）と対応する。1949年にGHQからの乗用車生産許可台数枠が年間300台から年間5,000台に引き上げられたが，当時のトヨタにはまだこれに対応するボディ量産技術がなく，1949年時点では月産650台を当面6か月間で月産1,000台に引き上げる計画が精一杯であり，その対応として自動車メーカーが自らの生産能力や開発能力を補うためにボディメーカーに協力を依頼した[6]。朝鮮特需のトラック需要への対応に対しても余力がなかった自動車メーカーの補完的役割を果たしたのがボディメーカーであった。

1.1.2 量産技術開発への貢献

2つ目は，トラック需要の拡大の中で量産体制を早急に整備する上での技術革新に，シャシーとボディの一体成型であるモノコックボディが登場したことである。関東自動車工業ではこのモノコックボディの開発に成功していた[7]。これまでシャシーとボディは分業化されており，独立系のボディメーカーが存立する条件が形成されていたが，開発能力を持ったボディメーカーでは，従来のボディ生産委託から開発委託への機会，さらには自動車メーカーの生産能力不足，開発能力不足と相まって完成車組立委託につながる機会を得た。

1.1.3 特殊車両の需要拡大

3つ目も自動車メーカーの生成要因と対応する。1950年には官公庁や社用車中心に乗用車需要が高まりをみせていたが，その中には多様な用途に使用できる車両のニーズも含まれていた。ニッサンパトロールもその1つであり，同車は警察予備隊からの要望から生まれた専用車両として開発されたものだった。乗用車の量産規模拡大に専念したい自動車メーカーにあっては，特殊車需要への対応に委託生産企業を利用するニーズがあったのである[8]。

1.2 委託生産企業の取引関係

自動車メーカーはボディメーカーを委託生産企業とし，資本，人的関係を強化し，関係会社を企業グループに編成した。

トヨタでは比較的早い段階（1940年代後半）から委託生産企業間の車種争奪競争を意識化し，日産でも企業グループの構成員としての貢献を期待したが，日産ではトヨタほどに委託生産企業間の競争，関係会社間の車種争奪競争関係は形成されなかった。むしろ日産の取引関係は，下請組織的な取引関係を基軸

とするものであった。その点を確認しておこう。

1.2.1 トヨタの委託生産企業の関係性

1940年代〜1950年代,トヨタの委託生産企業との関係性では,2点が注目される。1つは,品質コスト競争の上に受注獲得競争が企業グループ内ですでに始まったこと,2つは,委託生産企業の持つ経営資源や技術開発力が企業グループ内で共有化されたことである。この2つが意味するところは企業グループ内の相互研鑽と相互扶助である。

第1の相互研鑽は,トヨタ車体のケースにみることができる。かつては分工場の1つであったトヨタ車体は,トヨタとの取引関係が大きく変容した。「①ボディの専門会社として技術力を高め,大量生産を行い,価値ある製品をつくること,②トヨタ自動車工業との共存共栄をめざし,市場の信頼を確保する,③販売店と友好関係を築き,受注を拡大する」ことが規定され,他の関係会社と対等の立場に立ち,受注獲得競争を勝ち抜いてこそ取引継続の保証が得られる関係となった。トヨタでは1949年から「大型トラック・BM型を新しいBX型に切り替え,運転台をオールスチール化する」を構想があり,BXのボディ受注争奪は当初はトヨタ車体抜きで進められたが,豊田英二（当時,トヨタ取締役）の決断により,トヨタ車体はBXの受注機会を特別に得ることができた。本来,受注獲得には設計,評価,生産技術を兼ね備えていることが必要条件であった[9]。

第2の相互扶助は,トヨタでは委託生産企業の持つ経営資源や技術開発力を企業グループ内で共有したことである。トヨタに限らず,特定の企業が量産効果を実現するために生み出された技術が,委託生産企業間にも移転された。例えば,セントラル自動車では1957年には「多車種1本ライン生産方式」を開発,組立治具を駆使することで3車種,月産150台の生産を実現していたが,この組立治具を駆使した生産方式は,トヨタの紹介により,関東自動車工業からの技術導入に基づくものであった[10]。

1950年代に,トヨタは委託生産企業を企業グループ化し,相互扶助と相互研鑽を取り込み,オールトヨタで量産体制を構築する試みが行われた。特に相互扶助については,企業グループ内での移転価格がどの程度低く抑えられたのかという課題が残るが,技術や能力不足を補う必要のあった委託生産企業のイン

第Ⅰ部　委託生産・開発の歴史と実態

センティブになったと考えられる。

1.2.2 日産の委託生産企業の関係性

　日産では，1950年代に日産車体，日産ディーゼルを専属の委託生産企業とした。日産ディーゼルでは乗用車生産体制の構築には直接，関与することはなかったものの，日産車体は乗用車の委託生産事業に関わった。しかし，1950年代においては，日産はトヨタほどに委託生産企業を利用した量産体制を実現できなかった。日産車体は1961年までに10万台の委託生産を行ったとはいえ，1961年時点は月産3,000台規模をようやく実現したばかりであった[11]。この点，同時期にトヨタでは，関東自動車工業とセントラル自動車合わせて月産3,600台，またトヨタ車体だけで月産6,900台の生産能力を有していたことを踏まえると，両社の委託生産企業の生産能力にはすでに格差があった。

　日産車体は1950年代，当初は日産からの借入を通じて設備資金を入手するものの，あくまでも自助努力による生産能力の拡充を図った。日産車体が他の委託生産企業に生産車種の移管をするようになるのは，1970年の愛知機械工業へのチェリーバンからであり，もっとも日産内で委託生産企業を含めた生産分担合理化が始まるのは，1973年以降のことであった。1973年には日産車体は小型トラック，キャブオール系の車種を日産ディーゼル工業に生産移管をした[12]。このように1960年代の日産は，委託生産企業間の競争関係よりも日産と委託生産企業間の関係性にとどまっていた。

　ここで本節をまとめると，トヨタは必要に迫られて委託生産企業を活用し，委託生産企業の量産規模を引き上げるための積極的な関与が行われたのに対して，日産では，利用可能な資源を利用したにとどまり，委託生産企業の量産規模拡大については自助努力に依拠したところに大きな差異があったといえる。もっともこの差は委託生産企業の生産能力格差につながり，利用可能性をも規定したと考えられる。

2　1960年代のトヨタの委託生産関係

　ここでは，トヨタの量産体制，多銘柄・多仕様化について確認し，社史および塩地（1986），塩見（1995）の先駆的研究に依拠しつつ，1960年代に本格化

する委託生産企業間の競争的取引関係の形成，また委託生産企業にとっての委託生産継続要因となるインセンティブについて確認しておこう。

2.1 量産体制へのロードマップ

　まずは，トヨタが1971年までに目指した200万台量産体制へのロードマップを確認しておこう。

　1960年代は国際的な経済秩序のもと，為替，貿易，資本自由化の流れの中で，国内自動車産業の競争力形成が急務の課題とされた。当時，国家の戦略産業の１つであった乗用車工業は資本自由化時期が1971年まで引き延ばされたものの，トヨタでは資本自由化に向けた前倒しのロードマップが示された。トヨタは1959年に乗用車専門工場である元町工場を立ち上げ，この時点で年産10万台体制を実現したが，資本自由化を前に欧米自動車メーカーと対峙できる競争力を身につけることを前提に，200万台体制の目標を達成するという欧米自動車メーカーへのキャッチアップ戦略を展開した。

　具体的には，1963年に月産３万台，1965年には月産５万台が掲げられ，委託生産企業含めて量産体制を構築し，1960年にセントラル自動車・相模原工場，関東自動車工業・深浦工場，1964年にはトヨタ車体・富士松工場が操業を開始した。その過程でトヨタは「新しい工場を，最適な規模で，最適な位置に，最適な時機に建設するという工場単位の設備計画」方針のもと，最適規模での工場生産規模の実現を図り，同社の最適規模である年産15万台規模が目標とされた[13]。

　1966年には，月産10万台体制の確立に向けてトヨタ・高岡工場が建設され，日野自工・日野自販との業務提携が行われた。また，翌年にはダイハツ工業との業務提携も行われ，1968年には年産100万台を達成した。1969年にトヨタ・堤工場を建設し，200万台体制を構築した。なお，1971年までに委託生産企業は７社８工場を立ち上げた（**図表１-２参照**）。

図表1-2 1960年代のトヨタ国内工場の変遷

設立年	企業名・工場名
1959	トヨタ・元町工場
1960	セントラル自動車・相模原工場
1960	関東自動車工業・深浦工場
1962	荒川車体工業・吉原工場
1964	トヨタ車体・富士松工場
1965	トヨタ・上郷工場
1966	トヨタ・高岡工場
1967	日野自動車工業・羽村工場
1967	関東自動車工業・東富士工場
1967	豊田自動織機製作所・長草工場
1968	トヨタ・三好工場
1969	ダイハツ工業・池田工場
1970	トヨタ・堤工場

(注) トヨタ以外の会社・工場は、トヨタ車および部品の生産開始年を示す。
(出所) トヨタ自動車（2013）より作成。

2.2 多銘柄・多仕様化への対応

　トヨタでは1935年から一貫した価格政策「値下げ→量販→量産→コストダウン→値下げ」[14]があり、その原理をもって他社との価格競争に対抗してきたが、1960年代には個人需要が高まり、ユーザーの好みがますます多様化してきた。そのためトヨタでは、顧客にオプション選択の機会を与えるために、大衆車から高級車までの乗用車における多銘柄化、車種の内部（エンジン、ボディ、トランスミッション、内外装を含める）に多様な仕様を準備する多仕様化を導入した。この点を確認しておこう。

　多銘柄体制化については1966年のカローラ、1967年のセンチュリー、1968年のマークⅡ、スプリンター、1970年のセリカ、カリーナの6種類を投入したことで、当面の多銘柄体制を達成した[15]。

　多仕様化の導入は、1965年に発売されたクラウン2000から始まり、MS41系のクラウン2000デラックスでは車型、エンジン、トランスミッション、シート、カラーの組み合わせを通じて260種類の中から好みを選択できた[16]。1969年時

点では，エンジン，ボディ，トランスミッションで実現値88種類，内外装の組み合わせで実現値661種類にまで拡大していた[17]。

2.3　トヨタの委託生産企業の利用

　ここでは塩地（1986），塩見（1995）の先行研究に依拠して，委託生産企業の利用を確認する。

　塩地（1986）によれば，1960年代前半と後半とでは，委託生産企業の利用法に大きな変化が見られたとし，1960年代前半には，「①トラック，②量産乗用車バン・ピック型，③非量産・高級乗用車，④特装・特需車，の4分野」において分業関係が形成され，1964年の台数ベースで「トヨタの全組立台数のうち，トヨタ車体27%，関東自工15%，荒川車体3%，セントラル自動車2%，計47%が委託生産されていた」とする。1960年代後半になると，多銘柄化，年産200万台体制に向けて量産車のセダンも生産委託に出す量産体制に変わり，例えば，トラック組立拠点であったトヨタ車体では1970年に乗用車生産比率が逆転し，関東自動車工業でも1970年には乗用車生産比率は36%となっていた。1960年代後半では，1960年代の委託生産体制は維持されながらもトヨタ分工場の能力不足を委託生産企業が補完する形で乗用車の量産体制を増強した。また1960年代に委託生産企業に加わった日野自動車，ダイハツ工業とも徹底した部品共通化を図り，コスト低減化を図り，規模の経済性を追求したとしている。

　また塩見（1995）によれば，委託生産企業間の技術移転が1950年代だけでなく，1970年代においても見られたことを明らかにしている。例えば，堤工場で採用された1970年の「ゲートライン」方式（組付治具の自由な組み換えにより，2車種を同一ラインで生産する）は，その後，セントラル自動車やトヨタ車体にも導入された。

2.4　トヨタ系委託生産企業のインセンティブ

　1960年代にはトヨタでは，4社の委託生産企業を加えたものの，トヨタ系委託生産企業のインセンティブは，基本的には1950年代に築かれた相互扶助と相互研鑽に規定されていたと考えられる。それはトヨタからすれば，「協調性」と「従属」をセットにして，量産体制，多銘柄・多仕様化体制に委託生産企業

を組み込んでいくための方法であったともいえるが，委託生産企業側のインセンティブについては，トヨタとの量的取引拡大による経営安定化の他2点あったと考えられる。1つは，一部の開発能力を持った関東自動車工業やトヨタ車体，ダイハツ工業にみられたように，トヨタとの共同開発やトヨタへの委託開発もみられ，企業グループとしての「従属性」の中にあっても「自発性」が認められていた点である[18]。2つは，技術開発能力の劣る委託生産企業においては相互扶助の中で企業グループ内のキャッチアップを図る機会が与えられていた点である。こうした関連会社を含めた連携強化のために，トヨタでは関連会社への役員派遣のほか，全豊田技術会議（1967年），全豊田社長会（1969年），全豊田企画調査会議（1969年）などグループの経営方針や重要施策について審議する機関をトヨタが設置した他，1968年に関連会社と個別に基本的な経営問題について意見交換するトップ懇談会を1968年から開始したことも補完的な役割を果たしたものと推察される[19]。

しかし，その一方で1960年代後半以降，委託生産企業を含めたトヨタの量産体制維持に向けた受注獲得競争はより厳しさを増していったとされる。

1968年にトップ懇談会で豊田英二（トヨタ社長）が関東自動車工業を訪れた際に，「品質，コストの徹底だけではもはや生産能力に見合ったトヨタ車の受注の保証は得られないこと。トヨタが関東自工を利用することの方がお得であるという魅力が必要である」を明言していたことからも推察される[20]。1960年代後半以降，トヨタでは品質，コスト以上に企業グループに付加価値をもたらすような貢献を求めていた。

以上，トヨタの委託生産関係をまとめると，トヨタでは資本自由化，国内市場の多様化への対応として多銘柄・多仕様化体制を追求するとともに，委託生産企業を企業グループ化し，相互扶助や相互研鑽の仕組みを導入しつつ，量産体制の拡充を図ったといえよう。

3　1960年代の日産の委託生産企業関係

ここでは，1960年代の日産の委託生産企業の概要を確認した上で，日産の乗用車事業での多銘柄化，多仕様化に対してどのような役割を果たしていたのか

を，プレス工業，富士重工業，愛知機械工業に絞って明らかにする。1960年代に日産の委託生産企業となったのは，上記した3社であり，いすゞの小型トラック用ユニキャブ（KR80）の委託生産を行っていたプレス工業，軽四輪車の不振から経営危機に陥っていた愛知機械工業，軽自動車への経営資源の集中と開発能力の構築過程にあった富士重工業であった。この3社に共通していたのは，開発機能，組立生産機能を有していたことであり，愛知機械工業と富士重工業はその他販売機能を有していた。結論を先取りすれば，日産では同じ銀行系列会社の経営再建を機に主要銀行の仲介を通じて委託生産企業が形成された。日産でもトヨタ同様に委託生産企業の企業グループ化が図られたものの，委託生産企業のもつ資源の有効利用に特徴づけられていた。以下，確認しておこう。

3.1 プレス工業のケース[21]

プレス工業は1965年から日産のニッサンパトロールの委託生産を開始した企業であり，1970年代を通じて単一の特殊車両の委託生産であったことから，日産の乗用車の多銘柄・多仕様化体制に直接関与するものではなかった。もっともプレス工業の場合，日産系というよりは，いすゞ系の委託生産企業として見ることができる。以下，確認しておこう。

プレス工業が委託生産したニッサンパトロールは，1951年から生産された車種であり，新日国工業（現，日産車体）が最初に委託生産し，その初代4W60型は1960年まで生産が行われた[22]。また，1956年にマイナーチェンジした4W61型からは，プレス工業の他高田工業でも製造された。プレス工業で生産された2代目60型は，多様なバリエーションが準備され，1960年～1980年の20年間にわたり生産された車種であった。ホイールベースの長さで3タイプ，その他バンタイプやワゴンタイプの仕様車も生産された。プレス工業で生産された車種は，その中でもショートホイールベースのソフトトップ型のNP60であった。

同社は1954年時点では独立系の部品メーカーであり，日産向けにもオースチン用のトランクリッドインナーフレーム，センターピラおよびダットサントラック用のバックパネル，フロアボディなどを供給していたが，主要製品がい

第Ⅰ部　委託生産・開発の歴史と実態

すゞへのトラック用フレームであったことからその後，いすゞ系の部品メーカーへ傾倒していった。

　プレス工業は，1958年にはいすゞユニキャブKRの委託生産を開始し，1965年から日産のニッサンパトロールを委託生産した。また同社は，1966年には自社開発機能を整備し，ボディ設計から試作までの研究開発体制を整え，1967年にプレス工業・藤沢工場にて，自社開発によるジープタイプのいすゞユニキャブ（KR80）を生産するまでになった。1970年にはプレス工業は，藤沢工場に月産2,500台の生産能力をもった車両工場を新たに建設したことから，日産からニッサンパトロールの全量生産委託の機会を得た。しかし，**図表1-3**にみるように同社の委託生産車種と台数規模をみる限り，日産の乗用車の多銘柄体制に深く関わっていたとはいえない。また，自社開発機能を有していたプレス工業ではあったが，1970年代前半までに日産から自動車開発委託を得る機会には恵まれなかった。もっとも1974年時点では，プレス工業はいすゞ系の委託生産企業であり，同社の総売上高に占めるいすゞ・グループ関係の割合が42％を占めていた。また，同社の総売上高に占める自動車部門の割合は90％を越えていたものの，自動車組立がその中で占める割合は，日産といすゞの委託生産分

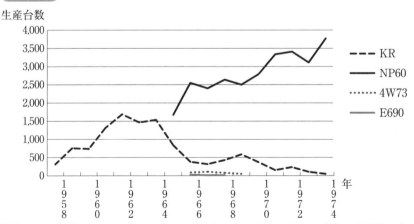

図表1-3　プレス工業の委託生産台数推移（1958-1973年）

（注）　生産車種のKRはいすゞのユニキャブ，NP60は，日産車の委託生産車種であるニッサンパトロール，4W73は日産車のジープ，E690は日産車キャブスターを指す。
（出所）　プレス工業（1975）162頁より作成。

を合わせても11％に過ぎないものであった。総じてプレス工業のケースは，日産はプレス工業・藤沢工場の生産余力分を利用し，プレス工業は日産との委託生産関係において自社工場の操業率の安定化を図ったといえる。

3.2　富士重工業のケース

　富士重工業は1969年に日産車の委託生産を開始した。同社は，資本自由化前の日産の量産規模拡大に貢献し，乗用車の多銘柄体制に貢献することになったものの，1970年代においては，単一車種の委託生産となったため，日産・グループ内への貢献は限定的なものにとどまった。以下，確認しておこう。

　資本自由化に備えて，富士重工業は1966年にいすゞとの業務提携を模索していたが，不調に終わったため，1968年に日産との業務提携を行った。富士重工業は，「自動車メーカーとしての独自性と，多角的企業としての総合性を貫徹できる提携を模索していた」とされ，日産とは「車種調整が比較的可能」であったこと，また，富士重工業のメインバンクであった日本興業銀行が日産とも取引を有していたことも決め手になった[23]。日産は富士重工業との業務提携の際に，富士重工業の株式を4％ほど取得したが，その後は役員派遣を通じて関係強化を図った。

　富士重工業は1969年から小型車のサニークーペ1200を富士重工業・群馬製作所で委託生産した。富士重工業の日産との委託生産関係は，1986年まで継続したが，当初は富士重工業・群馬製作所の「生産ラインに余力があった」ことによる生産稼働率の向上，日産からの技術指導を経て「量産技術の習得に役立ったこと」，「その後のスバルの品質向上やコスト低減を実現する基礎固め」等につながり，①排ガス対策車などの研究・開発，②開発技術・生産技術の交換，③部品の供給・共用化では具体的な成果があったとしている[24]。

　しかし，富士重工業の日産車委託生産は，1970年代はサニークーペ，1982年にパルサー系の委託生産するにとどまるものだった。富士重工業は日産の乗用車量産体制の補完機能を果たしていたものの，日産車と富士重工業車における設計の共同化や部品の共用化がどの程度，積極的に行われていたかについては，両者の社史を通じても不明である。その意味ではやや日産と富士重工業との委託生産関係には不透明な部分が残るものの，少なくとも富士重工業にとっては，

日産車の委託生産を継続することで自社工場の操業率の安定化と日産からの技術支援や移転の機会を得ることになったといえよう。

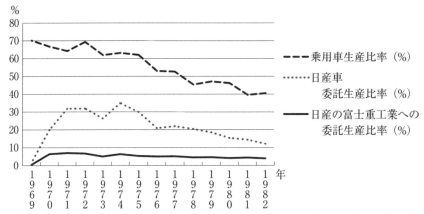

図表1-4 富士重工業の日産車委託生産比率の推移（1969-1982年）

（注）1 乗用車生産比率とは，富士重工業の自動車総生産台数に占める自社工場における軽自動車，小型乗用車の占める比率を指す。
2 日産車委託生産比率とは，富士重工業の総乗用車生産台数に占める日産車の委託生産台数の割合を示す。
3 富士重工業の日産車委託生産比率は，日産の総乗用車生産台数に占める富士重工業に割当てられた委託生産台数の割合を示す。
（出所）富士重工業（1984）277頁より作成。

図表1-4に示されるように，1969年～1982年にわたり，富士重工業の日産車の委託生産比率はきわめて安定的に推移したとはいえ，日産全体の生産台数の約4～6％にとどまった。また，富士重工業の日産車委託生産比率は1974年を境に低下していく傾向をみせ，1974年には35％を占めていた自社工場に占める日産車委託生産比率も1982年には12％にまで低下した。

また，日産は自社での生産能力の過剰が顕在化する中で，富士重工業へのサニーの生産委託を1986年に急遽打ち切った。

3.3 愛知機械工業のケース

愛知機械工業は第3章でも詳述するため，簡略化するが，同社の日産との委託生産関係において，日産車体と並び，日産・グループの中でもきわめて重要

な役割を担った。愛知機械工業では，バン，トラックなどが主要委託生産車種であったため，資本自由化前の日産自動車の乗用車の多銘柄・多仕様化体制確立には直接関与するものではなかったものの，その後の日産の開発体制や海外工場への技術支援等で大きな役割を果たした。同社の生成要因，継続要因を確認しておこう。

愛知機械工業の委託生産企業としての生成要因は，自社工場で生産していた軽乗用車の不振に基づく経営悪化と，日産による同社への経営再建支援を契機としたものであった。

同社は経営強化のため1962年に日産との技術提携，1964年には日産から役員派遣を得たものの，1964年には赤字決算により資金繰りが悪化したことを受けて，1965年には日産からの資本参加を軸に生産・販売両面にわたる業務提携を行った。当初の提携内容には日産車の委託生産を行うことは明記されず，愛知機械工業の主力車種であったコニー360の生産，販売を継続しつつ，経営再建を図るというものであった。愛知機械工業は日産とのエンジン，トランスミッションの部品取引が拡大したことを受け，1974年には繰越損失を解消するまでになっていたものの，1965年コニーの販売不振から愛知機械工業・永徳工場での操業度が低下したことから，1970年に日産に委託生産の要請をした。

日産はこの要請に基づき，日産・村山工場で生産していたサニートラックを愛知機械工業に生産移管した。しかし，同車種がモデル末期にあり，愛知機械工業・永徳工場の工場稼働率が改善しなかったため，再度，日産に委託生産車種の追加を要請し，日産車体・京都工場からチェリーキャブ，コーチライトバンを，またいすゞ自動車・藤沢工場に生産委託していたチェリーバンを愛知機械工業・永徳工場に生産移管した。1972年には3車種を合わせて月産5,799台に達していた[25]。

愛知機械工業の1970年代までの日産系委託生産企業としてのインセンティブないし継続要因には，3つあったと考えられる。1つは，日産車開発への関与であり，2つは日産海外工場への技術支援への参画，3つは日産・グループ内での位置付け変化にあったと考えられる。

第1の日産車の開発への関与は，愛知機械工業・永徳工場で生産していたコニーの開発業務を縮小した際に，日産の開発部門の業務を一部引き受けたとこ

ろに始まる。愛知機械工業は，当初，日産のモーターボートなど非自動車関連の開発設計依頼に従事していたが，これらの仕事を通じて日産の開発業務の流れや原価意識を学び，開発部との人的交流を通じて，開発能力を高めた。例えば，2代目サニートラック（後に愛知機械工業に生産移管），初代チェリー（E10）の開発には，愛知機械工業から日産に開発設計者を送り込み，開発技術を習得していった。その成果は，サニートラックの設計委託に結びついた。1975年には，日産が開発を進めていたサニーバネット，チェリーバネット（コーチ，ライトバン，トラックの3タイプ）を，共同設計した上で委託生産した。この3車種の開発，改良経験はその後のバネット，バネットラルゴの開発にも活かされた。1982年に発売されたバネットラルゴはレクリエーショナルビークル（RV）車であったものの，コーチ系にエンジンが3種，ライトバンの2種に豪華仕様のグランドサルーンも設定され，多仕様化の様相もみられた。

愛知機械工業は自社の開発能力を通じて日産車の委託生産に貢献し，**図表1-5**に示されるように1970年代以降，日産車の委託生産比率を拡大していった。

図表1-5 愛知機械工業の日産車委託生産比率の推移（1969-1982年）

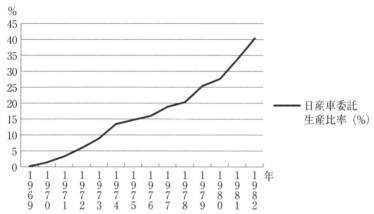

（注） 日産の全生産台数に占める愛知機械工業に割当てられた委託生産全台数の割合を示す。
（出所） 愛知機械工業（1999）273頁および日産自動車（1983）より作成。

第2の日産の海外工場への技術支援であるが，最初の契機は，日産が台湾の裕隆汽車においてブルーバードのKD生産の立ち上げをする中で，1965年に裕

隆汽車から愛知機械工業が生産していたコニー360ライトバンAF7VS型についても現地組立要請を受けたことであった[26]。その現地組立指導のために愛知機械工業から技術者3人が裕隆汽車に派遣された。その後，1980年にもバネットの海外現地生産に関わって裕隆汽車に技術支援者を派遣するなど，国内で培った技術を日産の海外工場で活かす機会が与えられた。

　第3の日産・グループ内での位置付け変化であるが，愛知機械工業の自主開発能力が向上し，委託生産車種が拡大する中で，日産との共同開発・委託生産のバネットの増産に伴い，1979年に日産車体へサニートラックを生産移管したこと，また1984年には日産車体からサニートラックが設計開発も含めて愛知機械工業に生産移管されたところにその変化を垣間みることができる。すなわち，愛知機械工業と日産車体との委託生産調整が日産を介して行われるようになったことで，委託生産企業間の相互扶助が一部形成されたとともに愛知機械工業の日産・グループでの位置付け，役割が1970年代後半には，大きく変化したといえる。

　本節で明らかになったことは，1960年代の日産主要3社の委託生産企業の関係を見る限り，委託生産企業間の相互扶助や相互研鑽の関係性はみられず，日産は委託生産企業の生産能力に応じた生産委託の割当てに特徴付けられたことである。1970年代には，日産でもトヨタよりやや遅れて委託生産企業間の車種移管を通じた相互扶助が形成された。

4　日産の量産体制構築，多銘柄・多仕様化対応

　先にみた1960年代の日産系委託生産企業の事例からは，日産の乗用車の量産体制構築，多銘柄・多仕様化への委託生産企業の役割は限定的なものであった。日産車体はその中でも直接的な補完機能を担い，日産分工場との併産も行われた。1970年代前半には日産の分工場との併産（例えば，日産車体・京都工場，日産・座間工場でサニーの併産）も行われたが，トヨタが積極的に委託生産企業を活用したことと対比するならば，対照的であった。日産では分工場主体，すなわち「追浜工場がプレジデント，ブルーバードU，バイオレット，座間工場がサニー，ダットサントラック，村山工場がローレル，スカイライン，栃木

工場がセドリック，グロリア，チェリーとなり，車種別の量産体制」[27]を追求
し，多銘柄・多仕様化を追求したのである。この点を日産の視点から確認して
おこう。

4.1 量産体制の構築

　日産では，1971年の資本自由化に至る量産体制の構築は日産の分工場を中心
に進められた。

　1958年以降，同社の量産体制確立へのロードマップは，1966年にプリンス自
工との合併を行ったことで，飛躍的に発展したが，1971年の資本自由化に向け
ては，年産200万台体制の確立が到達目標とされた。

　プリンス自工と日産の合併を通じて月産6万台規模を実現し，基本車系列は
乗用車9系列，商用車10系列，商業車23系列となった他，設計・開発能力が強
化された。また日産の追浜，座間，村山，横浜，吉原工場において設備更新，
増築，再配置等を行い，1968年3月には月産7万4,000台の生産能力を有する
までになっていた。その後，同年12月までに月産10万台体制を図り，年産120
万台体制を目指した。

　年産120万台体制に向けては，日産分工場の生産能力拡張を分工場間の生産
移管のタイミングをとらえて行われた。例えば，「追浜工場ではサニー乗用車
の生産を段階的に座間工場に移管してブルーバードの生産能力を増強し，座間
工場ではサニー乗用車の生産とトラックの増産のため，大幅な拡張を行い，村
山工場では乗用車増産のため，拡張をすすめるなど」をして1969年に達成し
た[28]。

　日産のこのような量産体制の構築は，そのまま日産の委託生産企業に対する
委託生産比率にも現れている。**図表1-6**に示されるように1960年代後半の日
産車体の日産車委託生産比率は，約2％を下回る形で推移した。日産は，1960
年代後半はあまり委託生産企業の生産能力に依存しない形で日産の生産能力の
拡大が図られた。また，日産が1970年に達成した年産150万台体制においても，
「追浜工場ではブルーバード，座間工場ではサニー，村山工場ではスカイライ
ンの増強設備をそれぞれ主体とし，栃木工場では車軸工場および組立工場の建
設に着手し，吉原工場では第二地区にトランスミッション増産設備を新設し，

横浜工場では乗用車ユニット設備を中心とする増強を行った」[29]。

差し迫った資本自由化に対して日産は，委託生産企業の生産能力に期待するよりも自社分工場の生産能力拡大を優先したといえる。ただし，**図表1-7**に

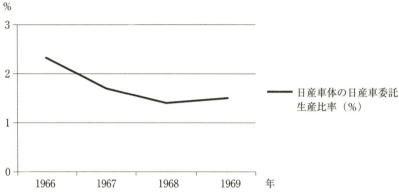

図表1-6 日産車体の委託生産比率推移（1966－1969年）

（注） 日産の全生産台数に占める日産車体の日産車委託生産比率を示す。
（出所）日産車体（1999）より作成。

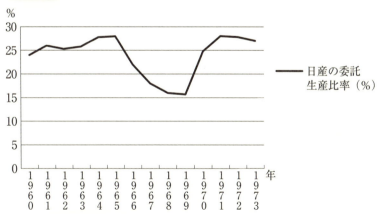

図表1-7 日産の委託生産企業への委託生産比率の推移（1960－1973年）

（注）1 日産の委託生産比率は，日産の生産台数に占める関連会社への委託生産台数の割合を示す。
　　 2 関連会社とは，日産車体，日産ディーゼル工業，愛知機械工業，いすゞ自動車，プレス工業の5社を指す。
（出所）日産自動車（1983）および関連会社各社社史より作成。

第Ⅰ部　委託生産・開発の歴史と実態

示されるように，1960年〜1973年までの日産の委託生産企業への委託生産比率は，約25％で推移しており，一定規模にあった。

塩地（1986）ではトヨタのケースにおいて委託生産企業に対して自動車メーカーが一方的に生産調整を押しつけるのではなく，自動車メーカーの工場（組立工場）もその調整に含めた形で行われたとしているが，日産の1970年代までの委託生産企業の利用をみるならば，特に単一車種しか委託生産をしていない企業においては，基本的には日産の生産調整機能として扱われた可能性が高く，日産の生産下降局面における生産調整リスクを抱えていたといえよう。

4.2　多銘柄・多仕様化の追求

日産でもトヨタ同様に1960年〜1970年代を通じて多銘柄化を志向し，個人需要の拡大を背景に多様化する市場環境に対応した。

例えば，1959年にブルーバード310型を市場投入した後，日産は1960年に中型乗用車のセドリック，1966年には大衆市場向けにサニーを投入するとともに，サニーより廉価版となるチェリーを1970年に，セドリックとブルーバードの中間クラスに相当するローレルを1972年に投入するなど大衆車から上級車へのクラスが設定された。また，日産は新小型車バイオレットを1973年に投入したことで1970年代前半には一通りの多銘柄体制は完了していた。また，多仕様化も同社では1966年のサニーから始まり，ボディカラーの選択幅を4色から7色に増やし，ドア，フロアシフト，オートマチック車の設定を行うなど10種類に増加した。1970年代には日産の多仕様化はさらに進み，1970年にはサニー1000シリーズに加えてサニー1200B110シリーズを販売し，車種は22車種（セダン14車種，クーペ4車種，バン4車種）となった。また，高級車対応としてはセダン・クーペ系のGL車に超デラックス仕様が追加された。1971年にはサニーエクセレント1400シリーズが市場投入され，セダン5車種，クーペ5車種となった。1972年のローレルC130では，ハードトップ系が7種，セダン系7種の14系列となり，ミッションとの組み合わせによる基本車種は，42車種にのぼった[30]。

以上まとめると，日産は委託生産企業に依拠するのではなく，自社の分工場を主体にして多銘柄・多仕様化を追求した。

5 後発メーカー ホンダの委託生産企業の利用

　ここでは乗用車生産において後発メーカーとなったホンダの委託生産企業の利用ケースを取り上げる。ホンダは，資本自由化後の1972年に八千代工業・柏原製作所に，軽自動車ホンダライフの派生車種，軽ボンネットバンのステップバンを生産委託した。軽自動車市場が低迷する中での委託生産企業の誕生であった。ここでの課題は，なぜホンダは系列の部品メーカーから委託生産企業を輩出したのか，ホンダと八千代工業の双方から生成要因を探るとともに，一時的な関係性ではなく継続的な関係性に発展したのか，その継続要因を時代背景こそ違うものの，トヨタの委託生産企業の生成要因，継続要因になぞらえて考察する。
　なお，結論を先取りすれば，ホンダのケースにおいてもほぼ先発メーカーと同様の生成要因の特徴を有するものの，継続要因となる利用の面においては異なる特徴がみられた。より具体的には，ホンダからみた生成要因には，自社工場での生産能力および生産調整機能不足が主因であったこと，一方，委託生産企業側においては1972年のホンダからの資本参加要請を受け入れてホンダ・グループに参画し，より安定的な経営を望んだこと，またホンダの継続要因としては，多少の紆余曲折はあったものの，委託生産企業をいわばホンダの分工場化し，ホンダと委託生産工場との分業化により工場稼働率の向上を図ったこと，一方，委託生産企業側には，ホンダの生産，開発技術の蓄積を通じてホンダ分工場との分業化の進展の中で自立化を図ろうとしたことがあげられる。
　以下，両社の社史を中心に生成要因，継続要因について詳しく分析していくことにしよう。

5.1　委託生産の生成要因：ホンダ

　ホンダが四輪車市場への進出を決意するのは，1955年の通産省から発表された国民車育成要綱であり，同構想に合わせた四輪乗用車開発を1958年に開始した。同社は好調の二輪車事業で得た資金を，当座の四輪車事業運転資金にあてがい，1964年までは全国に分散する二輪車工場の片隅で四輪車生産を行った[31]。

第Ⅰ部　委託生産・開発の歴史と実態

　ホンダが本格的な四輪専用工場の狭山製作所を建設したのは1964年であり，S600をホンダ・浜松製作所，T360をホンダ・埼玉製作所から生産移管した。同社の四輪車事業が自立し，軌道に乗り始めるのは，1972年に発売された小型乗用車，ホンダシビックからであった。

　ホンダが四輪車市場に進出し，事業継続していく上で大きく3つの問題が存在していた。1つは，量産車種と少量生産車種の生産対応に苦慮していたこと，2つは，新エンジンと新車開発負担から資金不足に陥っていたこと，3つは完成車塗装技術に問題を抱えていたことである。この問題解決を図る上では，最少投資により既存工場の近隣で新工場を建設するか，最少投資での委託生産先を確保するかの選択肢があったと考えられる。

　第1の問題は，規模の経済性を活かし，生産車種のシリーズ化戦略を追求する中で，あえて組立工数差の大きい乗用車，商用車やトラックをセットで生産したことによる。ホンダは早く四輪車事業を自立させるため，生産非効率の解消と，専用工場による量産追求を志向した。そのため，同社は1964年には狭山製作所，1967年には鈴鹿製作所で四輪車専用工場を建設した[32]。しかし，ホンダの生産体制はダンゴ生産といわれる，A種をまとまった台数（例えば100台）を組立てた後に，B種もまとまった台数を組立てるダンゴ方式を特徴とし，生産車種拡大の中で組立工数差の大きい車種と量産車種と少量生産車種のダンゴ生産に苦慮していた。その問題は規模の経済性を発揮させる目的で，同社が採用した生産車種のシリーズ化の追求過程で顕在化した。例えば，1971年に発売されたN360後継の軽自動車は，2ボックス型のセダンと，バックドア（ハッチバック）を持つワゴン/バンの設定があり，また同じプラットフォームを使う派生車種として，軽ボンネットバンのステップバンとピックアップトラックのライフピックアップがあった。

　こうした生産車種のシリーズ化戦略は部品共用化の利点を活かし，量産車と派生車種を通じて規模の経済性を追求することを狙ったものであったが，同社の場合，それが乗用車の派生車種ではなかったことにより，組立工数差の問題と量産車と少量生産車のダンゴ生産という問題を抱えた。当時の工場ではこの問題を解消するだけの生産技術が不足していたのである。この問題がより深刻化したのが1971年であり，ホンダ・狭山製作所ではN360の後継車，ライフの

生産でラインの稼働率が高まり，またホンダ・鈴鹿製作所では軽トラックTN360の他，小型乗用車H1300の生産に加えて，1972年にシビック，1973年からは低公害エンジンCVCCを搭載したシビックCVCCの量産準備が重なり，両工場とも新たに少量車種をダンゴ生産するだけの余力を持ち合わせていなかった。

第2の問題は，ホンダはN360，H1300の不振から脱するために，1971年から低公害エンジンCVCCの開発とそのエンジン搭載車のシビックに膨大な投資をしたことと，1974年からはシビックの上級車種「アコード」の開発が始まったことを受け，資金的余力と既存工場の生産余力が失われていたことである[33]。この時点で新工場の設立を選択することは困難になっていた。

第3の問題は，四輪車事業に限らず，二輪車事業においてもホンダは塗装技術が不十分であったため，外注に依存したことである。その代表的な外注先が二輪車事業で指定工場とされた八千代工業であった。ホンダは八千代工業の前身会社である大竹塗装と1951年から取引を開始していた。その後，八千代工業は取引拡大の中でホンダからプレス加工技術を習得し，プレス部品メーカーにまで成長した[34]。

このことに加えて，八千代工業は偶然にもホンダ・狭山製作所の近郊に，新工場を設立するに十分な工業用地を1972年時点で所有していた[35]。

こうした3つの要因から八千代工業にホンダの委託生産企業の機会がめぐってきた。

5.2 ホンダの取引継続要因

ホンダの委託生産企業の利用は，トヨタ，日産のケースよりも消極的であり，特定企業に限定されていた。八千代工業の分工場の1つ（柏原製作所→のちに四日市製作所に変更）を継続的利用した。ホンダが同社を委託生産企業として継続利用した要因は，大きくは2つであった。1つは，生成要因，いわゆる生産調整機能として利用した点である。2つは，少量生産車種の専門工場としての利用であった。この2つの要因からホンダは委託生産企業との分業体制を整備し，ホンダで小型乗用車の量産車種生産，委託生産企業で商用車，トラックの少量生産という分業化を進めていった。まずはホンダ側の継続要因について確認しておこう。

ホンダは八千代工業に完成車組立生産経験がなかったことから，ライン設計や工場レイアウトは当然ながらホンダの生産技術や管理技術を持ち込んだ。その意味ではホンダの分工場が新設されたに等しい。この点はホンダと異なる工場設計思想やライン設計思想のもとで建設された他自動車メーカー（例えば，トヨタ，日産）の委託生産企業の工場を利用するよりも中核企業としての管理がしやすかったものと推察される。

八千代工業はホンダからの資本提携の打診を受け入れ，1972年に定款を次のように変更した。すなわち，「自動車および自動車部品の製造および販売，娯楽教育用の車両，舟艇，その他，乗物の製造および販売」である[36]。これによりホンダ，八千代工業双方のリスク分散を図るとともに，後述するように委託生産企業側にもインセンティブが形成された。

実際，ホンダは最初に八千代工業に生産委託したステップバンを軽自動車市場の低迷等を理由に1974年で打ち切り，その後，1974年からはモンキーオートバイ（1974〜1976年），1976年からはバギー車（1976〜1985年）を生産委託した。八千代工業が再び，ホンダから軽乗用車，アクティシリーズを生産委託するのは，1985年以降のことであった。

八千代工業での最初の軽自動車委託生産期間がわずか2年間であった理由は，軽自動車への車検の義務化や保安基準が新しくなったことにより，小型乗用車との価格差が縮まり，価格的なメリットが薄れ，軽乗用車市場が縮小したこと，ステップバンの生産台数が当初計画台数に反して伸び悩んだこと[37]，1976年に軽自動車規格の（長さ，幅，排気量の拡大）改正が予定されていたが，ホンダにその開発余力がなかったことにある。

また，1985年に再び八千代工業に軽乗用車を生産委託することになった背景には，ホンダ側の「玉突き生産移管」によるところが大きい。すなわち，英ブリティッシュ・レイランド社との共同開発車バラードをホンダ・埼玉製作所狭山工場で立ち上げるため，同工場で生産していたシビック・シャトルをホンダ・鈴鹿製作所に生産移管（月産5,000台）しようとしたが，鈴鹿製作所の生産能力にその余力がなかった。この問題は深刻であり，ホンダは1984年には三菱自動車系列の東洋工機（現，パジェロ製造）にも生産委託をした。また，八千代工業では生産移管予定の軽商用車アクティシリーズ（軽トラックのTN

アクティ，軽キャブバンのアクティバン）の量産体制を維持するために新組立工場を同社の四日市製作所内に設立した。この際も八千代工業は，ホンダ・鈴鹿製作所と近接地域にある，八千代工業・四日市製作所に隣接した工業用地を取得していたため，短期間での工場立ち上げが可能であった。

また，1996年の八千代工業への生産委託の際には，ホンダは鈴鹿製作所の第2ラインで生産していたトゥデイを八千代工業・四日市製作所に生産移管した。それはホンダ・鈴鹿製作所でダンゴ生産していたCR-Vが好調であり，ステップワゴンを新たに投入したことにより，ホンダ・鈴鹿製作所の生産能力に余裕がなくなったためであった。

ホンダはこれを機に軽自動車を八千代工業に全面移管し，ホンダでの乗用車の量産と委託生産企業で軽自動車生産という分業体制を整えることになり，八千代工業・四日市製作所の生産能力は年産12万台から年産16万8,000台に引き上げられた[38]。

このようにホンダは必要に応じて自社の分工場の生産調整機能として委託生産企業を利用した。

5.3 委託生産企業のインセンティブ

八千代工業の委託生産企業としての継続的要因を考察してみよう。

八千代工業の場合，先述したようにホンダの製品戦略，工場生産効率の向上の上に翻弄された。しかし，他面では同社の経営は，ホンダ・グループの一員になったことで，経営の安定化につながっていたと考えられる。ここでは，同社の委託生産企業としてのインセンティブとして以下，事業拡大に伴う経営多角化，委託生産経験を通じてのホンダとの分業化の2点に絞り確認しておきたい。

5.3.1 事業拡大に伴う経営多角化

その第1は，事業拡大と多角化経営への機会である。

1974年にはそれまでのステップバンの委託生産終了後，新たにモンキーバイクの委託生産が同年に始まり，1984年まで継続され，その後軽自動車を委託生産することになったが，**図表1－8**に示されるように四輪車の委託生産は，比較的安定的に推移していたことが分かる。

図表1-8 八千代工業の加工売上高の推移（1987－1996年）

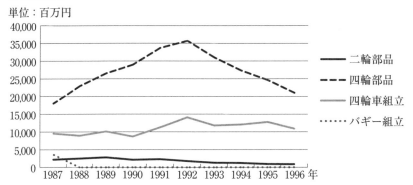

(注) 加工売上高は，製品部類別の売上高であり，四輪車組立の場合，ホンダからの委託生産分の加工売上高を示す。
(出所) 八千代工業（1997）132頁より筆者作成。

八千代工業の経営多角化は，完成車組立事業以外の部品事業においてもみられた。1976年に燃料タンクの専業メーカーであった仲村製作所の経営再建を機に資本参加をし，業務を継承し，燃料タンク分野への進出が実現した。同社は燃料タンクのほか，サンルーフの組立加工を手掛けていくが，四輪車用を生産し始めるのは，1986年以降のことだった。同社の兼業は，他社の経営再建に乗じて企業買収し，自動車プレス，溶接加工，燃料タンク分野の進出を果たしたものであり，サンルーフ，バンパーの成形・塗装等はホンダからの技術供与を経て得たものであった。

5.3.2 ホンダとの分業化

ホンダは乗用車の最新車種の生産や量産車種の生産に特化し，委託生産企業に対しては乗用車生産とは組立工数差が大きく，非量産車種の軽自動車事業を委ねていった。

八千代工業においてホンダの委託生産が1972年に開始されたものの，それ以降，ホンダの他の分工場からの生産移管は少ない。1985年の八千代工業への生産移管時から，すでにホンダ工場と八千代工業・四日市製作所との分業関係が始まり，軽自動車の専門工場としての役割が明確化され，1996年の生産移管時には決定的なものになった。その意味では，同社を交えた分工場間の生産車種争奪競争があったとは考えにくい。

ホンダが委託生産企業との分業化を進めたことにより，八千代工業ではホンダ・グループの一員としてホンダの事業の一角を担うと同時に，その自覚と自立化が求められていった。

その一端は，1991年バブル崩壊後の不況克服のために，1992年に策定された第5次中期事業計画の中に垣間見ることができる。その事業計画は，「①ホンダ戦略を担う委託生産体制の充実と自立化，②世界に通用する品質，コストを実現できる生産体質の強化，③グローバルな特質補完体制と他社販売の実現，④管理体制の充実と効率化」の4つの柱からなり，その中の①の具体的施策には「自立化に向けて新車種の開発段階から量産までの生産の主体性を持った体制の確立や，軽自動車にふさわしいBODY設計と生産設備方式の構築…」と明記された[39]。この計画はホンダをして，その14年後には現実のものとなろうとしていた。ホンダは2006年，八千代工業への出資率を約35%から約51%に引き上げ，筆頭株主となり，連結子会社化した後，2008年には八千代工業・四日市製作所を拡張し，研究開発機能も持ち合わせた軽自動車の量産工場増設計画を立てていた。残念ながらこのプロジェクトはその年のリーマンショックの影響により事業計画の見直しが行われ，計画は一時凍結された。また2010年には計画そのものが白紙化された。しかし，八千代工業はホンダの軽自動車事業を専属的に担う立場にあり，そのこと自体，大きな継続要因になっていたといえる[40]。

5.4 多銘柄・多仕様化の非追求

ホンダが委託生産企業との分業化を志向した背景には，トヨタや日産などの先発メーカーのように製品の多銘柄化，多仕様化体制をあえて追求しなかったところにある。その理由には2つあると考える。

1つは，ホンダの1960年代の開発戦略に空白期間ができてしまったことである。エンジン開発の方向性をめぐって，空冷方式，水冷方式のどちらを選択するのかという社内を二分する論争が車種開発に与えた影響は大きく，水冷方式に決めた段階では低公害エンジン開発を優先せざるを得ない状況が新たに生まれていたからである。

2つは，ホンダの車種投入・生産中止戦略に現れている。同社ではあえてモデル末期の車種を委託生産工場に生産移管するよりも生産中止とし，量産規模

を追求できる車種を投入することを選択したことである。量産化志向の中で限られた生産ラインの工場稼働率を維持するためには，量産規模に達しない生産車種をいつまでも抱えることは非効率であり，1ラインでの多車種生産に制約を抱えていた当時ではトヨタ追随の多銘柄化戦略を追求しようにもできない事情があった。それゆえにホンダでは，トヨタ追随の同質的戦略よりも日本市場あるいは世界市場のすきまを狙った製品開発と車種投入戦略を採用し，新規カテゴリーや新市場を形成するための生産車種を新たに開発し，量産効果を狙った[41]。委託生産企業はその過程においてホンダの既存工場の量産体制および生産稼働率維持に向けた補完的な機能を果たした。

この点はホンダ・グループ以外にも生産委託をした東洋工機の場合も同じであった。

ホンダは1984年，シティシリーズの一部，ホンダ・シティ・カブリオレを，三菱自動車系の委託生産企業である東洋工機（現，パジェロ製造）に生産委託した。月産500台の特殊仕様車で量産ラインに向かないための外注であった。また同社は，翌年には八千代工業への委託生産を決めていたが，新プロジェクトのための新工場建設のため，当時は乗用車の生産委託できる適切な委託生産企業がいなかった。ホンダでは当時，量産ラインの最適稼働の最小単位を月産1万台程度としており，シティ，シビック，バラード，アクティの4車種を生産していた。その中に少量生産車種を投入し，ダンゴ生産すると工程上に無理があり，非効率からコスト高になることが懸念されたのである。

なお，東洋工機への委託生産は一時的なものであり，1986年までの2年間の委託生産であった[42]。

最後にホンダに関してまとめると，ホンダの委託生産企業の利用は，同社の量産体制追求の中で生産余力，開発余力に規定されたと言えよう。特にホンダの場合，自社工場内での多車種生産の生産調整機能の限界が基底要因となった。ホンダはトヨタ，日産の委託生産企業を積極的に利用しようとはせず，ホンダ・グループ内の企業に委託生産を求めた故，自動車生産経験を持たない企業に，ホンダから技術支援する形で委託生産企業が形成された。

おわりに

　本章では以下の3点を明らかにした。他自動車メーカーでもトヨタ追随の同質的戦略の1つに，委託生産企業を利用したが，その利用の程度には大きな差がみられた。

　1つは，1940年～1970年代までを対象に，トヨタ，日産，ホンダにおける委託生産の生成要因，継続要因について考察した結果，各時代においてやや生成要因は異なるものの，共通点として自動車メーカーの生産能力不足，生産ラインにおける量産効果の追求があった。また，委託生産企業の形態は，時代背景における利用可能資源によって規定されていた。

　2つは，委託生産企業の活用の仕方は，各社によって大きく異なり，それは委託生産企業間の競争構造に現れた。トヨタでは相互扶助，相互研鑽の関係性を構築した上で，二重の競争構造，すなわち委託生産企業間の競争構造の他，自動車メーカーの分工場との間にも競争構造が存在した。日産でも相互扶助は存在し，また分工場と委託生産企業間の競争関係は存在したものの，委託生産企業の分業，専門化を推進したことにより，委託生産企業間の競争関係は限定的であった。ホンダでは委託生産企業の特定化と分業化を図ったことにより，委託生産企業間競争は成立しなかった。

　3つは，自動車メーカーは，委託生産企業のもつ能力を期待して，委託生産企業を率先して企業グループに編入したことである。委託生産企業を企業グループ化することで，自動車メーカーは委託生産企業の資源を有効利用した。委託生産企業は自動車メーカーとの取引継続の確保，事業経営の安定化を図る上で，自動車メーカーの企業グループへの編入を受け入れた。最後に委託生産企業にとっての委託生産継続のためのインセンティブは，自動車メーカーの戦略，委託生産企業の利用法により，やや異なるものの，自社工場の操業安定化，自動車メーカーからの技術移転による経営体質強化にあったといえる。

　なお，本章において自動車メーカーが委託生産企業を企業グループ化する一方で，なぜ他の自動車メーカーの委託生産企業を積極的に利用しようとしなかったのかについては言及できていない。今後の課題としたい。

注

1 丸山,藤井（1991）17頁。米軍からの46億円にもおよぶトラック,タンクローリー,ダンプ,ジープの受注があった。
2 丸山,藤井（1991）134頁。1948年には年産8,150台だった生産体制を1949年には１万6,800台,1953年には３万8,400台に引き上げる計画が盛り込まれた。
3 同工場はボディ専門工場として成長したが,当時のトヨタにはボディ製造にかかる木材資材調達や管理面において費用がかかり,資金力に余裕がなかった。もっとも戦後は,軍需産業にトヨタが加担したとして接収されるのを恐れて,分社化したとの見解もある。
4 関東自動車工業四十年史編集委員会（1986）43頁。
5 日産車体社史編纂委員会（1999）66頁。
6 トヨタ自動車（1987）246頁。
7 関東自動車工業四十年史編集委員会（1986）54〜58頁。
8 日産自動車（1983）85頁。同車は,1951年から生産開始したもので,初年度,受注分70台を納入した。
9 トヨタ車体（1996）25頁。
10 セントラル自動車（1980）77頁,82頁,113頁。
11 日産車体社史編纂委員会（1999）67頁。同社の累計生産10万台の内訳は,「ダットサンピックアップと同バンが全体の52％,キャブライトが23％,キャブオールが12％,…ブルーバードワゴンが４％,ニッサンキャリヤー４％,ニッサンパトロール３％,バス１％,ジュニアバンが１％」であった。
12 前掲（1999）69頁。
13 トヨタ自動車（1987）363頁。トヨタのこの工場単位の設備計画は,関係会社や協力会社への生産委託,発注方針にも適用し,導入を推進し,量産効果をトヨタの委託生産企業も含めて追求する姿勢がとられた。
14 前掲121頁。トヨタ自動車販売会社社史編纂委員会（1970）346頁。
15 トヨタ自動車（1987）501−502頁。1973年に多銘柄の最底辺車種として「パブリカ・スターレット」を投入して多銘柄体制は一応の完成となった。
16 トヨタ自動車販売会社社史編纂委員会（1970）364頁。同社社史によれば,多仕様化体制は,特に中型車で台数が伸び悩んでいたクラウンから始められた。クラウンのデラックス車とスタンダード車においてシャシー,サスペンションを同様のものを設定しつつも,メーカーオプションとしてセパレートシートを設定したことが多仕様化への道を開いたとしている。
17 前掲（1970）369頁。
18 関東自動車工業では1950年代には,トヨタと共同開発で乗用車のハードトップ型ボディの開発を行い,乗用車の設計開発技術を高め,1960年代前半には全国初のキャブオーバー型１BOX車となる「ハイエース」を開発した。
19 トヨタ自動車（1987）540頁。

20　関東自動車工業四十年史編集委員会（1986）99頁。
21　プレス工業（1975）。
22　高田工業は1955年に設立されたが，同社が日産の乗用車の委託生産を手掛けるようになったのは，1980年代後半以降であった。1986年にBe-1，1988年にはパオを手掛けた。1990年以降はフィガロ，180SX，ラシーンなども手掛けるなど，日産の多銘柄体制に少量生産ながら関わった。
23　富士重工業（1984）447頁。同社社史によれば，日産は富士重工業に対して1973年時点において8.53％の株式を保有した。
24　前掲（1984），138頁。
25　愛知機械工業（1999）91-92頁。
26　前掲（1999）59頁。
27　日産自動車（1983）287頁。
28　日産自動車（1975）38頁。
29　前掲（1975）39頁。
30　日産自動車（1975）359頁，362頁。
31　本田技研工業（1999）81頁。社史によれば，「埼玉製作所（現，和光工場）でT360，S500のエンジン生産およびT360の完成車組立，浜松製作所がS500の完成車組立，二輪車の車台生産は鈴鹿製作所が担当し，埼玉・浜松製作所に搬入，デファレンシャルとトランスミッションの生産はT360を埼玉製作所，S500を浜松製作所が担当していた」。
32　ホンダ・鈴鹿製作所における四輪車工場建設は，ホンダ初の軽自動車の量産車N360が，ホンダ・狭山製作所において年産20万台規模で生産推移したことから，新車種生産への生産余力が不足したためであった。
33　本田技研工業（1999）113頁。
34　八千代工業株式会社四十五年社史編纂委員会（1997）48頁。八千代塗装（現，八千代工業）は，1967年にはプレス部門を設置し，素材から塗装までの一貫加工体制を構築した。
35　創業者の大竹榮一は常に倒産リスク回避のため，土地への先行投資をし，ホンダ・狭山製作所に近い柏原に2万6,000㎡の土地を所有していた。そのため，建設費用10数億円にとどまった。また，鈴鹿製作所製の車種を生産移管したため，工場建設からわずか4か月で工場稼働した。前掲（1997）65頁。
36　前掲（1997）64頁。
37　ステップバンの当初生産計画は月産2,000台であったが，実際には販売がふるわず，月産700～1,000台規模での生産であった。
38　かつて委託生産工場であった，八千代工業・柏原製作所には工場の生産能力に余裕はあったものの，ホンダがアクティシリーズに求めた生産能力は月産12,000台，年産14万台規模であったため，急遽，工場を新設することになった。溶接ラインは鈴鹿製作所から移設され，月産1万2,000台規模で生産した。『日本

経済新聞』(1984年3月24日),『日経産業新聞』(1985年2月22日)。
39　前掲(1997)98頁。
40　八千代工業・四日市製作所では,このプロジェクトのための用地買収をすでに終えていたこともあり,ホンダの都合により計画が白紙化されたことにより,用地買収費用をめぐって2010年に協議が行われた。『日本経済新聞』(2010年7月15日)。
41　伊丹(1988)32〜33頁。
42　『日本経済新聞』1984年5月29日。

(中山健一郎)

第2章
専属的な委託生産企業の生成と継続メカニズム

トヨタ自動車九州をケースとして

はじめに

(1) 目 的

　中核企業（親会社）が子会社を通じて委託生産を行うのはなぜか。本章はこの問いに答えることを念頭に，その目的を専属的な委託生産および委託生産企業の生成と継続のメカニズムについてトヨタ自動車九州（以下，トヨタ九州とする）を事例としながら明らかにすることにある[1]。生成の論理では歴史的経緯を，継続では能力構築プロセスという企業行動とそれによる競争優位のありようを，専属性という企業間関係では中核企業と子会社間のコーポレート・ガバナンスを確認する。

　本章が専属的な委託生産企業の事例としてトヨタ九州に着目する理由は2つある。第1に時代特殊性である。ここで時代特殊性とは関東自動車工業など他の委託生産企業と比べて，トヨタ九州が生成し発展を遂げた時代の違いを指す。第2に自動車メーカーとの関係における専属性である。自動車メーカーとの専属的な関係とは他の委託生産企業が自動車メーカーから独立した企業として創立したが，トヨタ九州は自動車メーカーの全額出資により自動車メーカーに専属的な子会社として設立されたことを指す[2]。こうした専属性はコーポレート・ガバナンスの議論とも関係する。というのも，企業ガバナンスをめぐる議論において，ある事業単位を事業部ではなく子会社にするのはなぜか，という加護野（2004）のような基本的な問いがあり，これは自動車組立という事業単位を自社工場ではなく子会社で行うのはなぜか，という本章の問いと重なるか

第Ⅰ部　委託生産・開発の歴史と実態

らである[3]。

(2) 先行研究のサーベイからみる意義

　本章が取扱う専属的な委託生産あるいは九州における委託生産企業に関する先行研究は数多いものの，その大部分は九州自動車産業や地域の振興を意図し実態解明や地域振興を目的とした。例えば，財団法人九州経済調査協会（1974），城戸・山田・藤川（1998），藤川（2001），財団法人九州地域産業活性化センター（2006），平田・小柳（2006），居城（2008），三嶋（2009），越後（2010），目代・居城（2013）などだ。これら研究はトヨタ九州や日産自動車九州（以下，日産九州とする）が主導する取引関係やサプライヤー・システムとそれによる地域振興の可能性を主たる対象とした。なお，自動車産業の集積地から離れた立地，既存集積地に対する後発性という観点から東北の自動車産業の環境は九州に類似していると考えられ，これは田中（2010），竹下・川端（2013），折橋・目代・村山（2013）で検討された。

　しかし，本章は専属的な委託生産企業を扱った先行研究とは境界設定という点で視角が異なる[4]。先行研究の多くはトヨタ九州とトヨタ自動車（以下，トヨタとする）をまるで同一の企業であるかのようにみなし，トヨタ九州の能力構築について十分な検討を行ってこなかったように考えられる。これは藤本（1997）がトヨタの自動車組立システムの進化について，トヨタ九州をトヨタの自社工場と同じ位置付けで説明したことに顕著に現れていると考える。藤本（1997）はトヨタ・グループという組織内においてトヨタの田原工場やトヨタ九州の宮田工場がどのように能力構築を果たし，それがトヨタ・グループ全体の能力構築にどのように寄与したのか，という点を解明した点で意義深い。けれども一方で，トヨタ九州はトヨタの生成期とそれに続く高度成長期とは異なる時代に，別個の企業として，対外的，法的に位置付けられ，なおかつ，既存の自動車産業集積度の低い九州において設立され，操業を行った。それゆえ，トヨタ九州を1つの主体と位置付け，そうしたトヨタ九州による組織能力の構築とその競争優位，そして，トヨタとの関係を検討する必要があると考えられ，本章の意義もこうした点にあると考える[5]。

　なお，トヨタ九州の能力構築やトヨタとの関係を通史として捉えた学術的研

第2章　専属的な委託生産企業の生成と継続メカニズム

究は存在しなかった。また，コーポレート・ガバナンス論においても自動車に関する委託生産および専属的な委託生産企業は十分に検討されてこなかった。なぜなら，コーポレート・ガバナンス論では自律的な事業単位の分社化は関心を集めてきたが，実態面で大多数を占める非自律的な事業単位の分社化が関心を集めることはあまりなかったからである[6]。それゆえ，本章は経営史およびコーポレート・ガバナンス論に関する先行研究の不備を補うという意義もあるだろう。

(3) 分析の時期区分

本章では1991年のトヨタ九州設立前後から2008年9月に生じたリーマンショックまでの時期を取り上げ，その時期を第1期（1992-1996年），第2期（1997-2004年），第3期（2005-2008年）の3期に区分する。こうした時期区分は生産台数と生産車種数，併産車種数を基準としている（**図表2-1**；**図表2-2**）[7]。ただし本章では，2004年までの第1期と第2期について詳しく検討する[8]。

図表2-1　トヨタの生産・販売台数の推移（1975-2011年）

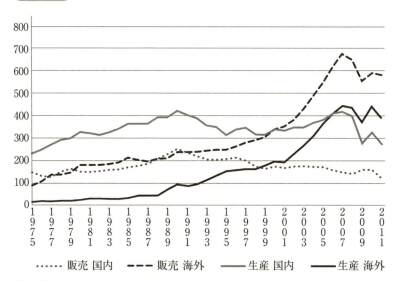

(出所)　トヨタ自動車75年史（http://www.toyota.co.jp/jpn/company/history/75years/index.html：2014年6月30日閲覧）。

第Ⅰ部　委託生産・開発の歴史と実態

図表2-2 トヨタ九州の概要

	年度	年間生産台数	累積生産台数	社員数	1台当たり売上高（万円）	生産車種名	車種数	1車種当たりの平均生産台数	併産車種数	併産割合	併産車種（工場）
1期	1992	46,664	46,664	186	175.9	マークⅡ⑦	1	46,664	1	100%	マークⅡ⑦（元町）
	1993	114,039	160,703	1,587	142.7	マークⅡ⑦	1	114,039	1	100%	マークⅡ⑦（元町）
	1994	97,139	257,842	1,977	137.8	マークⅡ⑦、チェイサー⑤	2	48,570	1	50%	チェイサー⑤（関自）
	1995	105,848	363,690	1,949	141.0	マークⅡ⑦、チェイサー⑤	2	52,924	1	50%	チェイサー⑤（関自）
	1996	145,090	508,780	1,926	128.0	マークⅡ⑦⑧、チェイサー⑤⑥	2	72,545	2	100%	マークⅡ⑧（関自）、チェイサー⑤（関自）
	平均	101,756		1,525	145.1		1.6	66,948	1.2	80%	
2期	1997	150,384	659,164	1,930	148.4	マークⅡ⑧、チェイサー⑥、ES・ウィンダム②、RX・ハリアー①	4	37,596	2	50%	マークⅡ⑧（関自）、ES・ウィンダム②（堤）
	1998	168,343	827,507	1,949	163.1	マークⅡ⑧、チェイサー⑥、ES・ウィンダム②、RX・ハリアー①	4	42,086	2	50%	マークⅡ⑧（関自）、ES・ウィンダム②（堤）
	1999	181,584	1,009,091	2,020	162.7	マークⅡ⑧、チェイサー⑥、ES・ウィンダム②、RX・ハリアー①	4	45,396	2	50%	マークⅡ⑧（関自）、ES・ウィンダム②（堤）
	2000	204,121	1,213,292	2,048	158.9	マークⅡ⑧、チェイサー⑥、ES・ウィンダム②、RX・ハリアー①、ハイランダー・クルーガー①	5	40,824	2	40%	マークⅡ⑧（関自）、ES・ウィンダム②（堤）
	2001	267,290	1,480,502	2,102	201.0	チェイサー⑥、ES・ウィンダム②③、RX・ハリアー①、ハイランダー・クルーガー①	4	66,823	1	25%	ES・ウィンダム②（堤）、ES・ウィンダム③（堤）
	2002	261,657	1,742,159	2,154	206.3	ES・ウィンダム③、RX・ハリアー①、ハイランダー・クルーガー①	3	87,219	1	33%	ES・ウィンダム③（堤）
	2003	284,079	2,026,238	2,145	210.8	RX・ハリアー①②、ハイランダー・クルーガー①	2	142,040	0	0%	
	2004	250,308	2,276,546	2,143	204.1	RX・ハリアー②、ハイランダー・クルーガー①、RX系ハイブリッド②、ハイランダー系ハイブリッド①、ES④・ウィンダム	4	62,577	0	0%	
	平均	220,971		2,061	181.9		3.75	65,570	1.25	31%	

3期	2005	314,735	2,591,281	2,607	232.9	RX・ハリアー②, ハイランダー・クルーガー①, RX系ハイブリッド②, ハイランダー系ハイブリッド①, ES④・ウィンダム, IS①	7	44,962	1	14%	IS①（田原）
	2006	414,530	3,005,811	4,513	229.5	RX・ハリアー②, ハイランダー・クルーガー①, RX系ハイブリッド②, ハイランダー系ハイブリッド①, ES④・ウィンダム, IS①	7	59,219	1	14%	IS①（田原）
	2007	443,131	3,448,942	5,003	238.8	RX・ハリアー②, ハイランダー・クルーガー①②, RX系ハイブリッド②, ハイランダー系ハイブリッド①②, ES④・ウィンダム, IS①	7	63,304	1	14%	IS①（田原）
	2008	291,076	3,740,018	6,024	253.1	RX・ハリアー②, ハイランダー・クルーガー②, RX系ハイブリッド②, ハイランダー系ハイブリッド②, IS①, IS-C①, ES④・ウィンダム	8	36,385	1	13%	IS①（田原）
	平均	365,868		4,537	238.6		7.25	50,967	1	13.8%	

（注） 1　1台当たりの売上高は年間売上を年間生産台数で割った数字である。
　　　 2　1車種当たりの平均生産台数は年間生産台数を生産車種数で割ったものである。
　　　 3　車種名のマル数字は当該車種の何代目の車種かを示している。
　　　 4　チェイサーについて，トヨタ自動車75年史車両系統図では1994年4月からの生産とあるが，トヨ九（2001）では1992年から生産とある。本稿ではトヨ九（2001）の記述を優先した。
　　　 5　IS-CはISセダンのコンパーチブルタイプである。
（出所）　生産車種や併産関連についてはトヨタ自動車75年史車両系統図等を，その他はトヨ九（2001, 2011）を参照。

　これら基準の単純平均値で各時期をみると第1期は年間生産台数10.1万台，生産車種数1.6　併産車種数1.2，第2期は年間生産台数22万台，生産車種数3.75，併産車種数1.25，第3期は年間生産台数36.5万台，車種数7.25，併産車種数1だった（図表2-2）。第1期が量産立ち上がり，第2期が完成車生産の自立模索，第3期が完成車生産の拠点化といえる。以下，時期ごとに分析していくこととする。

第Ⅰ部　委託生産・開発の歴史と実態

1　トヨタ九州の生成メカニズム

　本節の課題はトヨタ九州の生成の要因を明らかにすることである。以下，トヨタ九州の設立背景，分社化要因，トヨタとトヨタ九州の関係を確認する。

1.1　中核企業側からみた生成要因

　トヨタ九州が設立された背景を中核企業であるトヨタの側から考察すると次の4点を指摘できる。第1に生産能力拡大の必要性だった。1980年代後半，トヨタは輸出を増大させ，供給能力の不足は明らかになっていた（**図表2－1**）。当時のトヨタの12の工場はリニューアルが近づきつつあり，既存生産能力の増強のみでは対応できなかった[9]。特に1980年代後半，上級小型車のセグメントが拡大し，なかでも量産車の「マークⅡ」は主力工場である元町工場の旧型生

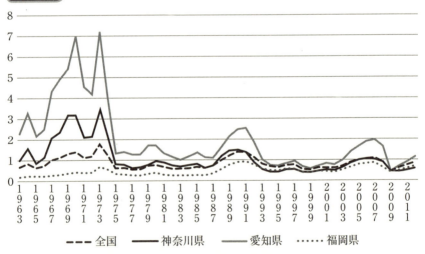

図表2－3　県別有効求人倍率の比較

（出所）　愛知県は愛知労働局のHPより（閲覧日2013年6月12日：URL　http://aichi-oudoukyoku.jsite.mhlw.go.jp/jirei_toukei/chingin_kanairoudou/toukei/saitei_chingin/saitin04.html），神奈川県は神奈川労働局のHPより（閲覧日2013年6月13日；http://kanagawa-roudoukyoku.jsite.mhlw.go.jp/jirei_toukei/chingin_kanairoudou/toukei/saitei_chingin/saichinsuii.html），福岡県は福岡労働局賃金課への電話調査（2013年6月13日15時30分実施）より。

産ラインの更新が迫られ、なおかつ、新たな生産拠点への分散化が必要だったと当時のトヨタ社長豊田章一郎は述べた[10]。

第2に労働者確保の困難だった。当時、トヨタの工場が集中する愛知県の有効求人倍率は当時2倍超の2.54になっていた（**図表2-3**）。こうした新規求人の困難に加え、トヨタでは離職率が20％前後であり確保した人材の定着率の低さ、離職率の高さも大きな問題だった[11]。これはトヨタの中でも完成車組立工程で特に問題であり、組立工程での新人の離職率は1985年を1とすると1991年は4にも達し、全工程の平均離職率を上回っていた[12]。

第3に労働コストの高まりだった。上記のような労働需給の逼迫は賃金の高騰をもたらした（**図表2-4**）。ラインスタッフの初任給の目安となる県別最低賃金（時給）は1990年の愛知県が531円、福岡県が500円と6.2％の差があった。トヨタは労働不足と賃金高に対応するため、部品メーカー等からトヨタ工場への応援要員派遣を促進した[13]。しかし、こうした応援要員は高コストであり、労働者不足に対応するものの労働コストの高まりに対応したものではなかった。

第4に愛知県への一極集中の解消だった。当時トヨタが有していた12の国内工場はすべて愛知県に立地していた。上記のような労働確保の困難はこうした

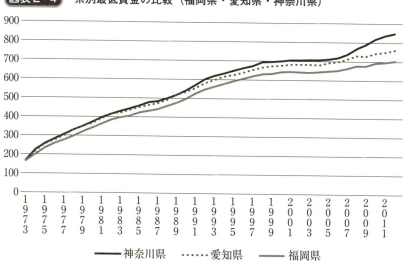

図表2-4 県別最低賃金の比較（福岡県・愛知県・神奈川県）

（出所）　図表2-3と同様。

一極集中による外部不経済が顕在化した事例であり，他にも交通渋滞等が深刻化していた。地震等天変地異に対するリスク分散の必要性にも迫られた。

このように1980年代後半，トヨタは生産能力不足に陥り，さらに労働者確保の困難，労働コストの上昇にも苦しめられた。操業環境の悪化は愛知県，特に三河地区にトヨタの生産機能が一極集中していたことに起因することであり，労働関係以外の外部不経済も問題化していた。そのため，トヨタは三河地区以外の地域において生産拠点を設立し，操業するというインセンティブを強めた。

1.2 九州における生成要因

トヨタが福岡県に進出することになったプル要因，すなわち九州における生成要因として5点を挙げる[14]。第1に自動車組立に必要なインフラの整備だった。自動車の完成車組立には広大な用地面積，十分な電力や工業用水を要した。さらに自動車は3万点もの部品・材料から構成されるため，自動車の組立は外部部品メーカーに多くを依存した。福岡県およびそれをとりまく九州各県のインフラはそうした自動車組立を可能にさせる水準にあった[15]。そもそもトヨタが進出した宮田団地は1973年に地域振興整備公団がトヨタの工場進出を前提に造成を開始した[16]。既述の通り，トヨタは1970年代にも一度福岡県鞍手郡宮田町の宮田団地への進出計画を進めていたが石油ショックを理由に白紙とした。なお，当時の九州においてトヨタが必要とした広大な敷地面積を供給できたのは宮田団地有木地区か北九州市響灘地区のみであり，トヨタにとって進出先選択肢が豊富に存在したわけではなかった[17]。

第2に労働力確保の容易さだった。経済ブームが最も過熱した1991年，福岡県の有効求人倍率は0.97（1991年）と愛知県2.54の38％，全国平均1.4の69％という水準にあった（図表2-3）。愛知県に全12工場が集中し人手不足に悩むトヨタにとって福岡県の労働需給は魅力的だった。

第3に賃金水準の低さだった。時間当たりの最低賃金でみると福岡県は愛知県に比べ6％から7％ほど低い水準にあった（図表2-4）。また，1989年のトヨタの高卒男子初任給実績は基本給が13万8,000円だった一方で，北九州地区企業137社の平均は12万2,910円と10％強の格差があった[18]。トヨタはさらに諸手当も厚く，実際の手取り額はこれ以上の差があったとみられる。自動車の完

成車組立工程は労働集約的であり，1つの工場で2,000人から3,000人を雇用することが一般的だった。そのため，こうした賃金格差は福岡県への工場立地に強く影響したと考えられる。

第4に地方自治体の熱心な誘致活動と恩典だった。トヨタ自動車の福岡県宮田町進出に伴う九州経済への波及効果は年間生産誘発額6,100億円，就業誘発者数2万4,000人とされた[19]。また1988年の九州全体の加工組立型産業の工業出荷額は約4兆2,000億円であり，トヨタ九州が年間20万台の乗用車を生産した場合，この額が10％以上の大幅増になるとされた[20]。それゆえ，各自治体はこうした大きな経済効果と幅広い産業の裾野への地場企業の参入を期待し，誘致活動にも積極的に取組んだ。福岡県は上記のような工業用地整備等の基盤整備費として250億円を費やしたとみられる[21]。

さらに福岡県の宮田工業団地は「農村地域工業等導入促進法」の指定地域だった[22]。そのため，トヨタの宮田工業団地への進出において，法人税の初年度特別償却，事業税3年免除，不動産所得税免除，固定資産税3年免除，特別土地保有税の非課税といった恩典が与えられた[23]。

第5に1970年代の進出計画だった[24]。1970年代半ば，トヨタは一度若宮工業地帯に進出する計画を進めていたが，オイルショックにより計画を白紙とした[25]。このためトヨタは当該地域情報の蓄積が進み，自治体関係者とのネットワークもすでに構築済みだった。それゆえ，新規工場の設立検討でトヨタが福岡県の若宮工場地帯を一番の俎上に載せたことは当然の流れだったと考える。

このように九州では自動車組立に必要なインフラが既に整備され，なおかつ安価で大量の労働力が確保できた。また地方自治体が熱心に誘致し進出企業には恩典も付与した。さらにトヨタの1970年代の進出計画とネットワークが1980年代後半の新たな生産拠点の検討でも活用できた。こうしたことを背景に九州にトヨタの生産拠点が置かれることとなった。これらはトヨタ側からみた要因と表裏一体にあり三河地区のデメリットを九州のメリットで補うと考えられたことが分かる。

ただし，ここまでの議論はトヨタが九州に生産拠点を新たに設立するに至る背景を示したに過ぎない。そこで，以下，トヨタが九州に自社工場を設立せず，トヨタ九州という分社化による生産拠点の設立を選択した点について検討する。

1.3 トヨタがトヨタ九州を分社化した理由

　トヨタがトヨタ九州を分社化した理由についてトヨタ自身は次の2つを挙げた[26]。第1にスピードと機動性の重視だった。トヨタは市場ニーズの多様化，高度化による経営環境の変化に対して，直営工場よりも分社化による自主運営の方が地域の実情に即した意思決定を柔軟かつ迅速にできると判断した。さらにこうした地元密着によるトヨタ九州の成長はトヨタ・グループの今後の発展につながるとした。これはガバナンス論からみると，大規模組織の分権化による効率性の向上を意図した狙いといえる[27]。第2に先進的な取組みに挑戦する車両工場としてトヨタ九州を位置付けたことだった。こうした実験工場的な取組みについては後述する。

　この他，分社化理由として以下の2点もあったと考える。1つは分社化によるトヨタ本社と異なるトヨタ九州独自の賃金体系の採用だった。これにより立地する福岡県の賃金水準に対応した賃金体系の導入が可能となり，人件費の抑制が見込まれた（**図表2-4**）[28]。これはトヨタ九州のコスト削減に加え地場系企業によるトヨタの労働力の吸収に対する懸念，批判への対応という側面もあった[29]。実際，トヨタ九州の賃金はトヨタ本社に比べ約18％低く，関東自動車工業とほぼ同程度の水準にあった（**図表2-5**）。これはコーポレート・ガバナンスという視点からは内部労働市場の改善だろう[30]。

　もう1つは節税効果だった。トヨタ本社直営工場の場合，トヨタ全体の所得に対する法人事業税と法人県民税が九州工場の従業員数の割合に応じて県に納入されるはずだった[31]。また，福岡県鞍手郡宮田町，若宮町に見込まれた税収は固定資産税と法人町民税の二種類であり，固定資産税は子会社であっても税額は不変だったが法人税額の12.3％を標準税率として課税する法人町民税は利益がなければ課税できなかった[32]。直営工場であったならば本社決算が赤字でなければ，設立年度からトヨタ本社の工場設立自治体への納税義務が発生した。しかし，製造会社設立の初期段階は設備投資の減価償却負担が大きな負担となり，単年度決算での黒字化を果たすために5年ほどを要することが多く，赤字の間，当該企業は法人税を免除される。また，一般に分社化は中核企業への納品価格の設定や貸付資金の返済金利の操作などを通じて子会社の利益の多くを名目上本社に回していることが多く，それゆえ，分社化は大幅な法人事業税の

第2章　専属的な委託生産企業の生成と継続メカニズム

図表2-5　トヨタ・グループにおけるトヨタ九州の賃金の相対的地位

年度	平均基準内賃金（円）						初任給（円）						一人当平均（月）時間外労働時間（時間）					
	トヨタ九州	トヨタ			関東自工		トヨタ九州	トヨタ			関東自工		トヨタ九州	トヨタ			関東自工	
			トヨタ/トヨ九			関自/トヨ九			トヨタ/トヨ九			関自/トヨ九			トヨタ/トヨ九			関自/トヨ九
1995	262,831	321,103	122.2%		265,553	101.0%	156,000	157,000	100.6%		157,000	100.6%	29.0	170.0	586.2%		239	822.8%
1996		329,948			271,386			157,000	158,000	100.6%	158,000	100.6%		159.0			296.1	
1997	274,124	338,422	123.5%		275,460	100.5%	157,000	160,000	101.9%		158,000	100.6%	239.0	251.0	105.0%		495.4	207.3%
1998	281,134	341,638	121.5%		283,841	101.0%	154,500	161,000	104.2%		161,000	104.2%	265.6				395.7	149.0%
1999																		
2000	290,908	350,662	120.5%		291,984	100.4%	158,500	162,000	102.2%		162,000	102.2%	255.0				469.6	184.2%
2001																		
2002	297,584	355,121	119.3%		303,481	102.0%	158,500	162,000	102.2%		162,000	102.2%	400.0	251.0	62.8%		583.4	145.9%

年度	年齢（才）						勤続（年）					
	トヨタ九州	トヨタ			関東自工		トヨタ九州	トヨタ			関東自工	
			トヨタ/トヨ九			関自/トヨ九			トヨタ/トヨ九			関自/トヨ九
1995	29.7	35.5	119.5%		34.1	114.8%	8.3	14.6	175.9%		13.9	167.5%
1996	30.6	36.1	118.0%		34.7	113.4%	3.6	15.4	427.8%		14.6	405.6%
1997	31.6	36.6	115.8%		35.0	110.8%	4.6	16.0	347.8%		14.9	323.9%
1998	32.1	36.7	114.3%		35.8	111.5%	4.8	16.3	339.6%		15.7	327.1%
1999												
2000	32.9	36.6	111.2%		36.5	110.9%	6.6	17.3	262.1%		16.4	248.5%
2001												
2002	33.8	37.6	111.2%		38.1	112.7%	7.8	17.4	223.1%		18.0	230.8%

（注）1　初任給は高卒現業のものを示している。ただし，1998年以降は現業は技能という区分に変更された。
　　　2　1人当たり平均（月）時間外労働時間は現業職平均である。ただし，1997年，2000年，2002年のトヨタ九州の1人当たり平均（月）時間外労働時間は現業職平均ではなく全組合員平均を示している。
（出所）　全トヨタ労働組合連合会（各年版）。

減少につながるとされた[33]。実際，トヨタ九州は操業後数年間設備投資の減価償却に加え，後にみるような低稼働率のため赤字操業となり，トヨタ九州は上記の納税を免除された。そのため，トヨタ九州設立後の数年間福岡県の税収入は当初予想より年間20億円超の減収となったと考えられる[34]。

このようにトヨタは九州の新たな生産拠点において経営スピードを重視し，実験工場と位置付けることでイノベーションの促進を図った。こうした戦略を

実現する組織形態が分社化だった。これはトヨタの公式の見解とも合致する。さらにトヨタが公式に認めたものではないが，九州の賃金水準に対応した賃金体系の採用による人件費削減と節税効果を期待できることから，分社化を選択したとも考える。

1.4 トヨタ九州とトヨタとの一体性

　トヨタからトヨタ九州は分社化されたがトヨタとの強い一体性，継続性は保たれた。一体性，継続性を担保した要因は主に次の5つだったと考える。

　第1に資本関係だった。トヨタはトヨタ九州に100％の出資を行い，トヨタ九州をトヨタの完全な子会社と位置付けた。そのため，トヨタ九州に対してトヨタの政策を十分に施行することができたと考えられる。

　第2に社長という企業トップから生産ラインのスタッフまでの幅広い職層のトヨタ本体からの人員異動だった。トヨタ九州の設立時の社長には，トヨタの常務取締役かつ元町工場長であり，後述の九州事業準備室長だった中村克郎氏が就任した（**図表2-6**）[35]。中村氏は工場経験が豊富な「生産現場のプロ」[36]であり，創成期の基盤作りに大きな功績を残したという[37]。役員はほとんどがトヨタからの出向や転籍であり，財務や生産技術等各々担当が定められた（**図表2-6**）。またスタッフはトヨタが1991年秋にトヨタ九州転籍希望者約700人（生産スタッフ500人，事務・技術スタッフ200人）の社内公募をかけたところ2200人の応募者が集まった[38]。トヨタの生産スタッフ約3万人中九州出身者が約23％を占め，トヨタ九州への転籍応募者のほとんどがUターンを希望する九州出身者であった[39]。スタッフレベルにおいてもトヨタ九州の設立に対する積極性がうかがえた。

　第3にトヨタが子会社の工場立ち上げに関するノウハウを蓄積しつつあった[40]。トヨタ九州は国内では愛知県以外に立地する初めての完成車組立工場であったが，トヨタ・グループとしては1988年5月にトヨタ・モーター・マニュファクチュアリング・ケンタッキー（TMMK）が，1988年11月にカナダのトヨタ・モーター・マニュファクチュアリング・カナダ（TMMC）が操業を開始していた[41]。TMMK，TMMCはいずれもトヨタが100％出資する海外子会社であり，両社の立ち上げを通じてトヨタは遠隔地の子会社の完成車工場の立

ち上げノウハウを蓄積した。こうした経験が1991年に設立されたトヨタ九州の立ち上げに際して活かされ，トヨタ九州はトヨタと一体の工場として操業を始めた。

　第4にトヨタ九州設立や操業開始にあたってのトヨタおよびトヨタ・グループの支援だった。トヨタは1991年2月1日に新たな九州工場設立支援のため次の2つの組織を設置した[42]。1つは九州事業準備室で九州工場建設へ向けた工場の設計，施工，生産車種選定や生産ラインの自動化など総合的な準備を担当した[43]。もう1つは「九州支援グループ」であり元町工場内に設置された。いずれも九州での新工場設立に向けたトヨタ・グループ全体の支援体制だった。

　第5に操業開始後のトヨタ・グループ企業への派遣だった。トヨタ九州は設立後から1997年まで稼働率の低さに悩まされ，その対策として，従業員のトヨタ・グループへの応援派遣を行った。グループ内での派遣はトヨタ生産方式（TPS）を学び，様々なモデル，生産工程を経験する場になったと考えられる。

1.5　トヨタ九州の設立とビジネス・モデル

　ここまででトヨタ九州の設立背景を確認した。以下，こうした経緯の後，トヨタ九州はどのような事業を志向したのか，という点について，企業理念とビジネス・モデルを確認しながら検討する。

1.5.1　トヨタ九州の設立と企業概要，理念

　1990年7月に福岡県や宮田町，若宮町（現，若宮市）と立地協定を結び，1991年2月8日，トヨタ100％出資による資本金300億円（1992年に450億円に増資）でトヨタ九州が設立された[43]。当時，トヨタ九州の資本金はトヨタ関連会社として日本電装（現，デンソー），豊田自動織機に次ぐ3番目の規模だった。その後，トヨタ九州は149ヘクタールの敷地に年間生産能力20万台の工場建設という総額1,500億円の投資を行い，1992年12月22日，操業を開始しラインオフを果たした[44]。

　トヨタ九州のコンセプトは「想像力・活力にあふれる人が主役の，人と環境を大切にした企業」だった[45]。この理念の通り，トヨタ九州は人が主役の人を大切にした工場という人を中心に置いたTPSを基本とした。その上で，21世紀の自動車工場のありよう，最適な生産システム，男女や年齢によらず無理なく

第Ⅰ部　委託生産・開発の歴史と実態

図表2-6　トヨタ九州の役員・任期とトヨタでの前職，兼務職一覧

仮名氏名	前職	役職	転籍前職・兼務職（トヨタでの）・専門	第1期					
				1991	1992	1993	1994	1995	1996
A	○	取締役会長 非	元名誉会長	2月8日から		9月23日まで			
B	○	取締役社長	元常務，元元町工場長	2月8日から				4月1日まで	
C	○	取締役	元トヨタ九州事業準備室主査。財務	2月8日から	9月29日まで				
	○	専務取締役			9月29日から				
	○	取締役副社長							
D	○	監査役 非	常勤監査役と兼務。財務	2月8日から		9月23日まで			
E	○	監査役 非	元トヨタ，後の日野自動車取締役副社長兼執行役員	2月8日から	2月18日まで				
F	○	常勤監査役	元海外事業部主査		2月18日から		9月29日まで		
G	○	常務取締役	元元町工場総組立部長		9月29日から				
	○	専務取締役							
	○	取締役副社長							
H	○	取締役 非	代表取締役副社長と兼務。生産管理		9月29日から				
I	○	取締役	生産・品質管理。1994年NUMMI副社長		9月29日から		9月23日まで		
J	○	取締役	元九州事業準備室主査		9月29日から				
	○	常務取締役							
K	○	常勤監査役	元九州事業準備室主査		9月29日から				
L	○	監査役 非	取締役と兼務。財務			9月23日から			
M	○	監査役 非	取締役副社長と兼務				9月23日から		
N	○	取締役社長	元専務。元上郷工場長					6月23日から	
	○	取締役会長							
O	○	監査役 非	元常務取締役。常務監査役と兼務					6月25日から	
P	○	取締役	車体技術部，生産技術部，製造部等						12月24日から
	○	常務取締役							
	○	専務取締役							
	○	取締役副社長							
Q	−	常勤監査役							12月24日から
R	○	取締役	元取締役。元海生技部長						
	○	取締役社長							
	○	取締役会長							

第2章　専属的な委託生産企業の生成と継続メカニズム

	第2期								第3期			
	1997	1998	1999	2000	2001	2002	2003	2004	2005	2006	2007	2008
	6月25日まで											
	6月25日から						6月11日まで					
		6月25日まで										
		6月25日から		6月8日まで								
				6月8日から	6月7日まで							
		6月25日まで										
				6月12日まで								
				6月12日から		6月9日まで						
	1月1日まで											
					6月8日まで							
							6月9日まで					
						6月7日まで						
						6月7日から			6月9日まで			
		6月25日まで										
		6月25日から				6月7日まで						
						6月7日から		6月11日まで				
							6月11日から				6月2日まで	
							6月9日まで					
			6月25日から			6月7日まで						
						6月7日から					6月2日まで	
											6月2日から	

	前職	役職		備考
S	-	取締役		元トヨ九経営管理部長兼秘書室長
	-	常勤監査役		
T	○	監査役	非	専務取締役と兼務。財務
U	○	取締役副社長		元堤工場組立部長
V	○	取締役	非	常務と兼務。元海生技ボディ部長
W	○	常務取締役		元経理部、あいおい損害保険常務。トヨ九工場責任者
	○	専務取締役		
X	-	取締役		元トヨタ九州労組書記長。元トヨタ九生産管理部生産企画室室長
	-	常務取締役		
Y	○	監査役	非	専務取締役と兼務
Z	○	取締役	非	常務役員と兼務
a	○	取締役		元第2機械部技術員室
	○	常務取締役		
b	○	取締役		元品質管理部検査課課長
	○	常務取締役		
c	-	取締役		元トヨ九経営管理部副部長。調達担当役員。
d	○	監査役	非	取締役副社長と兼務
e	○	取締役	非	元専務取締役
f	○	常務取締役		元トヨタモーターMfgケンタッキー
g	○	監査役	非	元開発
h	○	取締役社長		元常務役員
i	○	監査役	非	常務役員と兼務
j	○	監査役	非	常務役員と兼務

(注) 1　前職の列において，「○」はトヨタからの転職者を示している。「-」は経歴
　　 2　役職任期はセルの濃淡，文様により示している。なお，■■■は取締役社長
　　　　いる。
(出所)　トヨ九（2001, 2011），IRC（1990, 1994, 1996, 2000, 2002, 2004, 2006,
　　　　した。

携わることのできる生産システム，頑張りと成果が評価されやりがいが実感できる仕組み作りをトヨタ九州は追求した。

1.5.2　トヨタ九州のビジネス・モデル

　トヨタ九州の事業は当初トヨタ・ブランドの自動車組立のみだった。トヨタ九州が組立てる自動車の開発や部材の購買活動はトヨタに依存した。またトヨタ九州はトヨタから委託を受けて組立てた自動車をすべてトヨタに販売し，顧

	6月25日から				6月9日まで						
					6月9日から						
			6月8日から	/////	/////	/////		/////			6月2日まで
				6月7日から				6月9日まで			
				6月7日から	/////			6月6日まで			
					6月30日から			6月9日まで			
								6月9日から			
					6月9日から					6月11日まで	
										6月11日から	
					6月9日から	/////		6月6日まで			
								6月6日から	/////	/////	
								6月6日から			
								6月6日から			
								6月6日から			
								6月6日から	6月6日まで		
								6月6日から	/////	6月11日まで	
								6月9日から			
										6月11日から	6月2日まで
											6月2日から
											6月2日から
											6月2日から

を確認できなかったトヨタ九州の役員である。
職の任期を，▨は常勤役員職の任期を，▨は非常勤役員職の任期を示して
2008）およびトヨタ，トヨタ九州のニュースリリース等を参照しながら筆者が作成

客に販売するための営業やマーケティングを行わなかった。それゆえトヨタ九州は開発や調達，営業機能を有さず，製造機能と最低限の間接部門を有するのみの非自律的な事業体だった[46]。しかし，トヨタ九州はコストセンターではなくプロフィットセンターとして位置付けられ，収益とコストに責任を持った[47]。

第Ⅰ部　委託生産・開発の歴史と実態

1.6　小　　括

　1980年代後半，トヨタは能力不足に陥り，新たな自動車組立のための能力増強が必要となった。しかし，トヨタ本社や自社工場，グループ企業が高度に集積する愛知県や東海地方は集積のデメリットがもたらす外部不経済により新規工場の設立先として不適であり，労務関係やインフラ面で優位だった九州が新規生産拠点の立地先として選ばれた。また，外部組織の分権化と内部労働市場の改善必要性，節税等ガバナンス的理由により，トヨタは新規生産拠点について，自社直営工場とせず，100％子会社による委託生産を行うことにした。こうして，1991年，トヨタ九州は専属的な委託生産企業として設立された。

2　トヨタ九州の継続メカニズム

　本節の課題はトヨタからトヨタ九州への委託生産が継続した要因を明らかにすることであり，それはすなわち，トヨタ九州の継続メカニズムを示すことと同義となる。第1節で検討した生成要因は立地優位性に依拠する点が多く，そうした優位性は時代により変化していくだろう。そこで，トヨタ九州の能力構築行動を通じて競争優位のありようを検討する。

2.1　トヨタ九州の立地に起因する優位性

　トヨタ・グループの日本国内の生産拠点と比較して，トヨタ九州は立地に起因する賃金の安さ，雇用の容易さ，地価の安さという競争優位を有した（**図表2-3**；**図表2-4**；**図表2-5**；**図表2-7**）。まず，トヨタ九州の賃金はトヨタに比べて約20％安かった（**図表2-5**）。これは九州の最低賃金の安さ（**図表2-4**）に加え，トヨタ九州の平均勤続年数がトヨタに比べて3分の1から2分の1程度に抑えられていたことが大きかった。さらにトヨタ九州は，有効求人倍率が1以下であった福岡県に立地したため，安価な労働力を容易に集めることができた（**図表2-3**）。地価についてもトヨタ九州の宮田工場はトヨタ元町工場と比べると6分の1から8分の1の水準であり，田原工場と比べても30％から80％ほど安価だった（**図表2-7**）[48]。こうした固定費の安さはトヨタ九州のコスト優位性に結びついたと考えられる。

図表2-7　地価比較

		トヨタ		日産九州			トヨタ九州			
		元町工場	田原工場	苅田工場	元町/苅田	田原/苅田	宮田工場	元町/宮田	田原/宮田	苅田/宮田
	1985	24,800	9,294	20,400	1.2	0.5	―	―	―	―
	1986	24,800	9,294	20,900	1.2	0.4	―	―	―	―
	1987	24,800	9,294	21,000	1.2	0.4	―	―	―	―
	1988	26,200	10,000	21,000	1.2	0.5	―	―	―	―
	1989	26,200	10,000	21,000	1.2	0.5	―	―	―	―
	1990	26,200	10,000	21,000	1.2	0.5	―	―	―	―
	1991	35,100	10,500	23,000	1.5	0.5	―	―	―	―
第1期	1992	35,100	10,500	24,800	1.4	0.4	―	―	―	―
	1993	35,100	10,500	25,000	1.4	0.4	―	―	―	―
	1994	134,400	18,900	25,000	5.4	0.8	―	―	―	―
	1995	134,400	18,900	25,000	5.4	0.8	―	―	―	―
	1996	134,400	18,900	25,000	5.4	0.8	―	―	―	―
第2期	1997	90,300	18,600	25,000	3.6	0.7	14,100	6.4	1.3	1.8
	1998	88,500	18,600	25,000	3.5	0.7	14,100	6.3	1.3	1.8
	1999	87,100	18,600	25,000	3.5	0.7	14,100	6.2	1.3	1.8
	2000	81,300	18,100	25,000	3.3	0.7	13,930	5.8	1.3	1.8
	2001	79,700	18,100	24,800	3.2	0.7	13,650	5.8	1.3	1.8
	2002	78,900	18,100	23,500	3.4	0.8	13,370	5.9	1.4	1.8
	2003	77,600	17,200	21,800	3.6	0.8	12,180	6.4	1.4	1.8
	2004	77,600	16,684	20,100	3.9	0.8	10,990	7.1	1.5	1.8
第3期	2005	77,600	16,271	18,600	4.2	0.9	9,380	8.3	1.7	2.0
	2006	74,700	16,019	17,500	4.3	0.9	9,100	8.2	1.8	1.9
	2007	74,600	15,874	16,700	4.5	1.0	8,820	8.5	1.8	1.9
	2008	74,600	15,874	16,700	4.5	1.0	8,820	8.5	1.8	1.9

(注)　トヨタ・元町は正門前，田原工場は田原市緑が浜三号1番外91筆の固定資産税路線価である。トヨタ九州・宮田工場は福岡県宮若市下有木字大谷80-1外の標準宅地価格からの比準評価である。日産九州・苅田工場は福岡県京都郡苅田町長浜町45番1外の公示地価である。

(出所)　トヨタ・元町工場は愛知県豊田市役所資産税課土地担当（2014年11月21日），トヨタ・田原工場は愛知県田原市役所総務部税務課資産税グループ（2014年11月19日），トヨタ九州・宮田工場は福岡県宮若市総務部税務収納課資産税係（2014年11月19日）へのメールによる問い合わせに基づく。日産九州・苅田工場は国土庁土地鑑定委員会編（1985〜2013）による。

第Ⅰ部　委託生産・開発の歴史と実態

しかし,立地に起因する優位性はトヨタの国内工場を比較対象とした場合に限定された。2000年代以降にトヨタが生産能力を拡充した新興国を比較対象とした場合,トヨタ九州の立地に起因する優位は劣位へと転換することもあっただろう。そして,トヨタ九州が設立され操業を行った大部分の時代は,トヨタが海外での生産を行うというオプションを得たときでもあった。

それゆえ,トヨタ九州にとっては立地に起因した優位性に依拠するだけでなく,能力構築を通じた新たな経営資源の蓄積が課題となった。そこで以下,トヨタ九州の能力構築のありようを3期に区分し,そのうちの2つの時期を重点的に検討していく[49]。

2.2　第1期(量産立ち上がり期;1992-1996年)の課題と企業行動
2.2.1　トヨタ九州の第1期の課題

トヨタ九州の第1期の課題は次の3点だった。第1に新設工場の立ち上げ,量産能力の確立だった。トヨタ九州は1992年に操業を開始し,1993年度から通年操業を開始した。既述の通り,自動車の生産に携わる経験者はトヨタ九州全従業員の約20%に過ぎなかった。そのため,トヨタ九州はヒトを育成しながら,モノの構築を果たさなければならなかった。さらに,トヨタ九州は通常の工場立ち上げに比べて以下の2つの課題が加わり,厳しい環境に置かれた。

第2に時代背景に起因する課題だった。トヨタ九州の設立年である1992年はバブル崩壊期と重なり,国内自動車市場が縮小し,生産規模が確保できなかった。トヨタ九州はバブル期に設立・操業計画が立案され,工場建設,組織構築がなされ,バブル崩壊後に操業を開始することとなったため,計画と実施に大きな乖離が生じた。そのため,トヨタ九州は稼働率が低迷し(**図表2-2**),当初予定と異なる環境下で操業することを強制された。

第3に立地に起因する課題だった。トヨタ九州はトヨタの完成車工場として初めてグループ企業が集積する愛知県から800キロほど離れた距離にある福岡県に立地した。1990年頃の福岡県には部品メーカー群が十分に存在しなかった。しかし,トヨタはトヨタ九州の生産において自社工場や自社グループ企業と同様,トヨタ生産システム(TPS)のもとで行うこととした。TPSの基本思想は「徹底したムダの排除」であり,実行においてジャストインタイム(JIT)と

自動化の2つを柱とした[50]。しかし，立地上，九州では既存のJITは時間・距離的に不可能であり，これがトヨタ九州の大きな課題となった。

ただし，トヨタ九州は上記の課題をすべてネガティブ要素として捉えたわけではなかった。トヨタ九州がトヨタの直営工場ではなく分社化要因でもあった，先進的な取組みを行う新たな工場を実現しようと強い意欲と挑戦心を持ってこうした課題を捉え，積極的に対応した[51]。先に見たトヨタ九州の理念にはこうしたポジティブさが表出しているといえるだろう。

2.2.2 新たな生産システムの導入とルーチン的な量産能力の確立[52]

第1期，トヨタ九州はリードタイムの短縮と工程の簡略化を通じてジャストインタイム（JIT）による生産システムを実現した[53]。さらにトヨタ九州は自律分散型機能完結ラインを導入し，無駄と異常の顕在化を図る自動化を実現した[54]。これらの基礎には人的資源の構築があり，それは成果給的な人事評価制度の導入，新たな勤務体系の導入，労働環境の改善，女性の積極的活用を通して進められた[55]。この新生産システムの導入により生産性と品質の向上，従業員の意欲向上，作業負担の低減，コスト削減を実現した[56]。

こうしてトヨタ九州は第1期までに一定の品質，一定のコストで納期通りに生産するという量産能力を構築し，それを支えるルーチン的な組織能力を構築したといえる。また，1996年にトヨタ九州はマークⅡ，チェイサーに関するフルモデルチェンジを初めて行った（**図表2-2**）。フルモデルチェンジの完遂は第1期を通じてトヨタ九州が構築に取組んだルーチン的な組織能力をベースに改善能力をも発現させる段階に到達したと評価できる。

2.2.3 トヨタとトヨタ九州との関係

第1期のトヨタとトヨタ九州の関係は次の2つの点で特徴的に見出すことができた。第1にTPSの九州での確立だった。これはトヨタ九州が主体的に進めたというより，トヨタが主導してトヨタ九州を含むトヨタ・グループに働きかけ，各企業が動いた，という方が実態に近かった。また，自律分散型機能完結ラインに代表されるTPSの新たな取組は1980年代後半以降トヨタが全社をあげて組立ラインの将来像を検討し，その後，既設組立ラインで試行し，田原第4組立工場で部分的に実現し，それらを踏まえ，トヨタ九州の新設にあたってノウハウ，技術が結実した[57]。

第2に低稼働率への対応だった。第1期のトヨタ九州は稼働率が低く，設備，人員が余剰となった（**図表2-2**）。そこでトヨタ九州は2つの対策をとった。1つは生産車種の増加だった。トヨタ九州は当初はマークⅡのみで立ち上がった。しかし，マークⅡの販売不振もあり1車種のみでは稼働率を確保できなかった。そのため，1993年11月にマークⅡが元町工場から全面移管され，生産台数を確保するとともに，1994年度からはチェイサーの生産も開始した。こうしたトヨタ九州が生産する車種はいずれも併産であり，マークⅡは元町工場（1993年1月まで），チェイサーは関東自動車工業と併産された。

　もう1つは余剰人員をトヨタ・グループの各社における生産スタッフとして応援派遣を行ったことだ。トヨタ九州は1994年2月から4月までの約3か月間，トヨタ車体・富士松工場の「プレビア（エスティマ左ハンドル車）」の生産ラインに120名，アラコ・本社工場のランドクルーザーの生産ラインに30人，合計150名の男性社員を派遣した[58]。トヨタ九州の従業員の応援派遣回数は1人当たり2回から4回に及んだ[59]。これはトヨタ九州の稼働率の低迷により発生した余剰人員を，輸出向け生産が好調な両工場に派遣し，トヨタ・グループ内で人員を効率的に活用しようとするものだった。しかし，「輸出の好調なRVを生産するグループ2社への応援派遣は，若くて経験の少ない社員にとって教育，訓練の絶好のチャンス。支援の要請をグループ2社から受けたため，ラインの稼働計画を見直し150人を捻出した。余剰人員対策では決してない」[60]というトヨタ九州中村社長（当時）のコメントに端的に示されているように，操業後間もなかったトヨタ九州のスタッフにとって，応援派遣先での生産活動や人事交流は学習の場であったといえる。さらに応援先にSUV（Sports Utility Vehicle）の生産ラインも含まれていたことから第2期以降のSUV生産の基礎を学ぶことにもつながったと考える。

　この時期の委託生産のありようから，トヨタとトヨタ九州の関係は短期的かつ委託生産という取引そのものの合理性にのみ基づく関係ではなく，長期的かつトヨタ・グループ全体の経営合理性に基づく関係でもあることが明らかになった。これは低稼働率への対応に特に顕在化した。トヨタ九州の1992年度，1993年度の純利益はマイナスであり，また，稼働率が下がったことから，場合によっては1台当たりの生産コストが自社工場よりも高くなったかもしれない

（図表2-2；図表2-8）。そのとき，トヨタはトヨタ九州との取引を停止したわけではなかった。そうではなく，トヨタ九州の稼働率を引き上げるため，トヨタはグループの総合力を活用し，取引継続を図った。

同時に，こうしたTPSの確立や人事システムにおける新たな取組みにこそ，トヨタがトヨタ九州を「実験工場」と位置付けたことの意義，目的が表出していると考える。そして，新人事システムの導入においてもまた，トヨタ九州が主導的な役割を果たしたわけでは必ずしもなかったことには注意が必要だろう。トヨタは1980年代後半より組立ラインにおける労働のありようの再検討を行ってきた[61]。トヨタ九州はそうした議論や取組から得られた成果を踏襲し，享受した。さらに，こうしたトヨタ九州の新しい生産ラインに関する考え方は，その後，1997年に生産，販売を開始したプリウスというハイブリッド車種の生産

図表2-8　トヨタとトヨタ九州の業績比較

	年度	トヨタ九州 売上高（億円）	トヨ九/トヨタ	当期純利益（億円）累積	トヨ九/トヨタ	純利益率	売上高当期純利益率	トヨタ（連結）売上高（億円）	当期純利益（億円）	売上高当期純利益率	売上高当期純利益率格差（トヨタートヨ九）
第1期	1992	821	0.8%	-33	-33	-1.9%	-4.0%	102,107	1,765	1.7%	5.7%
	1993	1,627	1.7%	-6	-39	-0.5%	-0.4%	93,627	1,258	1.3%	1.7%
	1994	1,339	1.6%	34	-5	2.6%	2.5%	81,210	1,320	1.6%	-0.9%
	1995	1,492	1.4%	63	58	2.5%	4.2%	107,187	2,570	2.4%	-1.8%
	1996	1,857	1.5%	53	111	1.4%	2.9%	122,438	3,859	3.2%	0.3%
第2期	1997	2,232	1.9%	38	149	0.9%	1.7%	116,861	4,369	3.7%	2.0%
	1998	2,745	2.2%	88	237	1.9%	3.2%	127,581	4,516	3.5%	0.3%
	1999	2,955	2.3%	112	349	2.3%	3.8%	126,498	4,819	3.8%	0.0%
	2000	3,243	2.5%	102	451	1.5%	3.1%	131,371	6,749	5.1%	2.0%
	2001	5,373	3.8%	133	584	2.4%	2.5%	141,903	5,566	3.9%	1.4%
	2002	5,399	3.5%	157	741	2.1%	2.9%	155,015	7,509	4.8%	1.9%
	2003	5,987	3.5%	166	907	1.4%	2.8%	172,948	11,621	6.7%	3.9%
	2004	5,109	2.8%	147	1,054	1.3%	2.9%	185,515	11,713	6.3%	3.4%
第3期	2005	7,331	3.5%	107	1,161	0.8%	1.5%	210,369	13,722	6.5%	5.1%
	2006	9,515	4.0%	146	1,307	0.9%	1.5%	239,481	16,440	6.9%	5.3%
	2007	10,581	4.0%	141	1,448	0.8%	1.3%	262,892	17,179	6.5%	5.2%
	2008	7,367	3.6%	-67	1,381	1.5%	-0.9%	205,295	-4,369	-2.1%	-1.2%

（出所）　トヨ九（2001, 2011），トヨタHPより。

に際してトヨタ・グループにおいて継承され,発展した[62]。すなわち,第1段階のトヨタ九州はトヨタ・グループという組織内において最適化を果たそうとしたといえる。

2.3　第2期（完成車生産の自立模索期；1997-2004年）の課題と企業行動
2.3.1　トヨタ九州の課題

　第2期のトヨタ九州の課題は主に次の3点だった。第1に市場ニーズの変化に伴う生産車種多様化のためのフレキシビリティ（柔軟性）の向上だった。1990年代半ば以降,市場のニーズはセダンからレジャー用多目的車（RV），SUVへ移りつつあった[63]。さらに1989年にプレミアムブランド,上級ブランドとしてトヨタが導入したレクサスは北米のプレミアムセグメントで販売台数を伸ばした後,成長は緩やかになった[64]。これを打開するため,北米市場でのSUVへの需要の高まりを受け,トヨタはレクサスでもSUV車種の投入を決めた。

　グローバルに生産拠点を展開していたトヨタはオプションが複数あるなかでトヨタ九州をSUVの生産拠点に選定した。このSUVがハリアー（日本市場向け）であり,RX（レクサス・ブランドであり海外市場向け）であり,両車種は名称や内装が異なるものの,車体,エンジンは同じ車種だった。第2期に入るまでトヨタ九州の生産車種はマークⅡとチェイサーというセダンタイプのみだった（図表2-9）。そのため,トヨタ九州はセダンに加えSUVも混流生産できる柔軟性の高い工程が必要になった。さらに,単にフレキシビリティを高めるだけでなく,レクサスというプレミアムブランドにも適合する品質能力の向上が同時に求められた。

　第2にトヨタ・グループの海外生産増加への対応だった。トヨタ・グループは1995年以降,国内販売台数に比べ海外販売台数が上回った（図表2-1）。それゆえ,1990年代後半以降,市場あるところで生産する,という生産の海外展開が急速に進展した。その結果,生産台数についても,2005年には国内生産よりも海外生産の台数が上回るようになった。これを受け,トヨタの各工場はマザーとして海外拠点の支援を行う必要が生じた。トヨタ九州も日本でSUVタイプのレクサス・モデルを唯一生産していたトヨタ・グループの工場であったため,当該車種のマザー工場的な役割を求められるようになった。

図表2-9 トヨタ九州の生産車種一覧

車種名	生産期間	駆動方式	エンジン	排気量	プラットフォーム等
マークⅡ	⑦1992-1996 ⑧1996-2000	FR/4WD	直4/直6/ディーゼル/ターボ	1800-3000	
チェイサー	⑤1994-1996 ⑥1996-2001	FR	直4/直6/ディーゼル/ターボ	1800-3000	マークⅡと姉妹車。
ES/ウィンダム	②1997-2001 ③2001-2002 ④2004-2008	FF	直6	2500-3500	カムリ⑥(XV20系)のプラットフォームがベース。
RX/ハリアー	①1997-2003 ②2003-2008	FF/4WD	直4/直6	2200-3000	カムリ⑥(XV20系)のプラットフォームがベース。②以降,トヨタ・Kプラットフォーム。レクサスで唯一海外生産(カナダのTMMC)モデル。
ハイランダー/クルーガー	①2000-2007 ②2007-2008	FF/4WD	直4/直6	2400-3000	トヨタ・Kプラットフォーム。
IS	②2005-2008	FR/AWD	直6/直4ディーゼル	2000-3000	②はGSやクラウン(⑫⑬)とプラットフォームを共有。

(注) 1 マル数字は何代目の車種かを示している。
　　 2 ES/ウィンダムの2004年から2008年の生産はESのみである。
(出所) トヨタのHP等を参照して筆者作成。

　第3に新車種の生産ラインの立ち上げだった。1997年以降,トヨタ九州はトヨタ・グループの工場が生産ノウハウを蓄積した代を積み重ねた2代目以降の車種だけでなく,生産ノウハウのない初代車種の生産も求められた(**図表2-9**)。すなわち,第2期のトヨタ九州は新車種の生産工程の新規に立ち上げる必要に迫られた。これはトヨタ・グループ全体が海外生産を拡大させたためにトヨタ九州に対する支援の能力が十分ではなくなったこと,市場の多様化により車種が多様化したことを背景にトヨタ九州が生産技術の独り立ちをトヨタから要求されたことによるものと考える。

2.3.2 能力構築行動（1997年〜2004年）
(1) 生産車種の多様化

　第2期のトヨタ九州は多様な車種の自動車生産を求められ，それは次の5つに区分できる。1つ目としてFF（フロントエンジン・前輪駆動）とFR（フロントエンジン・後輪駆動）という駆動方式，2つ目として車台となるプラットフォーム，3つ目としてセダンとSUVというボディ形状，4つ目として国内仕様と輸出仕様，5つ目としてトヨタ・ブランド車とレクサス・ブランド車だった。これら5つごとに専用生産ラインを持つことは投資規模や稼働率，採算性の点から不可能だった（**図表2-2**）[65]。こうして第2期のトヨタ九州は駆動方式，プラットフォーム，ボディ形状，仕様，ブランドという5点で異なる多様な車種を単一生産ラインで同時にクリアするという高度なフレキシビリティを要求された。

　駆動方式，プラットフォームの多様化はトヨタ九州の1996年までの生産車種だったセダンであるマークⅡがFR車であり，一方で，第2期に生産を開始した上級セダンだったウィンダム（ES）やSUVであるハリアー（RX）の駆動方式がFF車だったことにより生じた（**図表2-9**）。あわせてセダンとSUVというボディ形状が異なる混流生産についてもトヨタ九州は対応を迫られた。SUVは従来のセダンタイプに比べ大型であり，特に車高が異なった。しかし，トヨタ九州が生産したSUVはトラックのようなボディオンフレーム構造ではなく，セダンと同様のモノコック構造だった。それゆえトヨタ九州はSUVを既存のセダンと同一のラインに流す混流生産を志向した。

　また，販売先として国内市場か，海外市場かで生産車種の仕様が異なる問題は，SUVが日本国内だけでなく北米を中心とした海外市場も販売先としたことから発生した。トヨタ九州は第1期までは国内販売車種のみを生産していたからである。SUVの生産に伴い，トヨタ九州は輸出先国により異なる法令や仕様，ニーズに対応する必要が生じた。その結果，SUVの生産，すなわち，輸出向けモデルの生産はトヨタ九州におけるオペレーションの複雑化をもたらした。

　レクサスの生産開始は艤装面におけるオペレーションの複雑化ももたらした。なぜなら，日本国内生産車種とレクサスの車体やエンジンは同一仕様だったが，

内装など装備が異なったからだった。そのため，組付部品が多様化し，組立手順が複雑化した。

(2) フレキシビリティの向上

第2期のトヨタ九州は複数車種変量生産システムを構築した（**図表2-10**）。この変量生産システムにおいてトヨタ九州は作業の標準化と作業時間の平準化，従業員一人一人の能力向上に取組んだ[66]。理由は次の3つだった。

第1に車種の増加につれ「同一部品・同一工程」といったルーチン作業が減少し，ラインを流れる車種によって従業員は同じ時間内に異なる作業をする必要が生じたからだった。このラインで各作業者は2時間ごとのローテーションのもと，異なる作業に取組むことになった[67]。この結果，作業の単調さが減少するとともに，多様な仕事を通じて各作業者の多能工化が進んだ。

第2にこのラインでは溶接から塗装，組立まで1つのラインで流すことから，車種間や工程間の平準化が課題となった。そこでトヨタ九州はFBLの改造を行い，溶接工程でのロボット自動打点率を第1期の93％から89％にまで引き下げ，人による作業を増やし，フレキシビリティを向上させた。

第3に1997年にはTPS自主研究会に正式加入し，ボディメーカー各社との共同研究や人材交流を重ねながら，物流や工程を見直しベンチマークに基づく改善活動に取組んだ[68]。さらにトヨタ九州は小規模で補助的な自動化投資を重視し，ラインスタッフの働きやすさを向上させた。ソフト面での改善に加え，トヨタ九州は当時世界初だったロボットシーム溶接や新機構ACM（エンジン振動低減装置）の検査システム等様々な最先端の技術や設備を導入した[69]。

こうした変量生産システムにより，トヨタ九州は多様な車種を1つのラインで同時に生産できる水準にまでフレキシビリティを高めた。さらに1998年，トヨタ九州はトヨタモデリスタインターナショナルと著名なイタリアのカーデザイン会社カロッツェリア・ザガートとのデザイン共同開発により，ハリアーをベースにしたカスタマイズ車「ハリアーザガート」を生産，発売した[70]。トヨタ九州のフレキシビリティはカスタム車種も通常のライン（上記の変量生産ライン）で生産できるという点に顕在化していた。

こうしてトヨタ九州は同時期のトヨタ・グループで最もフレキシブルな生産ライン[71]を構築した。これにより従来1車種年産10万台が投資回収に必要な規

図表2-10 第2期（1997年～2004年）・第3期（2005年～2008年）におけるトヨタ九州の能力増強・構築の概要

	能力構築	生産能力拡充	ラインオフモデル	成　果
1997	5月：複数車種変量生産システムでの量産開始			
			5月：ウィンダム，ES	
	8月：サービス子会社「㈱ハローライフ」設立			
			12月：ハリアー，RX	
	1997年（10年史）：トヨタ生産方式自主研究会に正式加入			
1998				1月：「トヨタ・グループで最もフレキシブルな生産ライン（『日経産業新聞』，1998年1月30日）
				4月：ISO14001取得
				5月：ハリアー・ザガートを企画，生産
				6月：IQSでESが部門No.1受賞
1999年				
2000				3月：生産累計100万台達成
				4月：ISO9002認証取得
				5月：IQSで宮田工場が世界工場別No.1（プラチナ賞）受賞，ESが部門No.1受賞
		6月：テストコース改修竣工		
			（10月：マークⅡ生産終了）	
			11月：クルーガー，ハイランダー	
2001				5月：IQSで宮田工場が世界工場別No.1（プラチナ賞）受賞，ES，RXが各部門No.1受賞
			8月：新型ウィンダム，ES	
2002年				5月：IQSでハイランダーが部門No.1受賞
	6月：TMMCへの支援開始			
2003			2月：新型ハリアー，RX	
				5月：IQSでRX，ハイランダー，ESが各部門No.1受賞
	5月：KR-3活動開始			
	7月：産学連携コミュニティスペース開設			
				9月：TMMCでRXがラインオフ

第2章　専属的な委託生産企業の生成と継続メカニズム

2004			3月：生産累計200万台達成
	3月：中国人研修生の受入開始		
			4月：IQSでRXが部門No.1受賞
	5月：中国・天津工場への支援開始		
		10月：宮田第2ライン起工	
2005		1月：苅田工場（エンジン工場）起工	
			3月：ハリアーHV，クルーガーHV
	3月：トレーニングセンターKTC開所		
			5月：IQSでRXが3年連続部門No.1受賞
		9月：宮田第2ライン竣工	9月：IS
		12月：苅田工場竣工	12月：2GRエンジン
2006	4月：Team Kyushu活動開始		
			6月：IQSでハイランダー，ハイランダーHV，ISが各部門No.1受賞
	7月：全社技能交流会開始		
	7月：トヨタ九州モノづくり研究会発足		
	11月：開発機能新設計画発表		
2007		2月：苅田第2ライン起工	
			6月：新型ハイランダー
			6月：IQSで宮田工場がアジア太平洋地域工場別No.1（金賞）受賞，RXが部門No.1受賞
			8月：新型ハイランダーHV
		12月：小倉工場（HV用トランスアクスル工場）起工	
2008		4月：苅田第2ライン竣工	
			6月：IQSでRXが部門No.1受賞
		8月：小倉工場竣工	
		《9月　リーマンショック》	
			12月：新型RX

(注)　IQSとはJ.Dパワーによる米国自動車初期品質調査SMを指している。
(出所)　トヨ九（2001, 2011）や各種報道より筆者作成。

模だったのが，複数車種の合計10万台で採算が合うようになった[72]。しかもこの複数車種変量生産システムへの切り替えは，最低でも6か月を要するという従来パターンを覆して約3か月で達成されたことにも着目するべきだろう。これはトヨタ・グループにおける遠隔地への生産移管リードタイムとして最短記録だった[73]。

(3) 能力構築行動の成果

　第2期の能力構築の成果として3点を挙げる。第1に，グローバル市場への参入だった。トヨタ九州はESやRXの生産開始を契機に「高級車の海外輸出車両生産拠点」[74]へ進化しグローバル市場へ参入した。その後，2000年にRXよりも排気量の大きいハイランダーというSUVの生産も開始し，トヨタ九州の生産モデルは5つまで拡大した（**図表2-2**）[75]。しかし，2000年度，マークⅡの生産は全量，関東自動車工業に移管され，2001年度にはチェイサーの生産も終了した。そのため，2002年度以降，トヨタ九州の生産車種は駆動方式がFFあるいは4WDへと集約された。

　第2に初代車種の生産ラインの立ち上げ能力の構築だった。複数車種変量生産システムの立ち上げは，同時に，ハリアーという初代車種の生産ラインの立ち上げでもあった。トヨタ九州にとって，1996年にフルモデルチェンジを行っていたものの，初代車種の立ち上げはハリアーが初めてだった（**図表2-9**）。さらにその後のハイランダーも初代モデルであり，トヨタ九州は連続して立ち上げを行い，その経験を蓄積した。

　第3に品質能力の向上だった。第2期にトヨタ九州はフレキシビリティを高めたが，2000年，2001年にはアメリカの市場調査会社J. D. Powerによる不具合件数が最も少ない車種を生産する工場，世界最高品質の自動車を生産する工場に贈られるプラチナ賞を2年連続して受賞した（**図表2-10**）。また，同賞の部門No.1賞を，量産開始後ESは約1年で，RXは約3年半で，ハイランダーは約半年で受賞することができた。RX，ハイランダーはトヨタ九州がゼロから生産ラインを立ち上げた車種であり，その立ち上げ能力の高さを示すとともに，RXの後に立ち上げたハイランダーが受賞までに要した年月を4分の1程度に短縮していることから着実に立ち上げ能力を高めていることも分かる。これらから第2期におけるトヨタ九州はフレキシビリティのみならず品質能力を

向上させたと考えられる。

　以上から，第２期を通じてトヨタ九州はルーチン的な組織能力に基づきながら改善能力を構築し，さらには新たなルーチンそのものを構築する段階にまで到達したといえる。

2.3.3　トヨタとトヨタ九州の関係

(1)　トヨタ九州の自立化

　トヨタ九州の自立化というベクトルは次の３点に示されている。第１にトヨタ九州は生産車種の併産割合が減少し，2003年度にはゼロとなった（**図表２-２**）。併産はベンチマークを明確にして工場間の競争を促すという機能とともにトラブル等発生した場合においても複数の生産拠点があれば対応できるというリスクヘッジ機能も有した[76]。すなわち，トヨタ九州の生産車種に対して併産がかけられていないということは，トヨタ九州の量産機能に対してトヨタが信頼を置いたことも意味しているだろう。

　第２にトヨタ九州はハリアーという新車種の生産ラインの立ち上げを行った。従来はトヨタ・グループの他の生産拠点が新モデルを担当し，生産ラインの新規立ち上げを行い，ノウハウを蓄積し，このノウハウとともに２代目以降の車種がトヨタ九州に生産移管されていた。それゆえ，第２期のトヨタ九州は量産に加え，生産技術についても独り立ちを果たしたといえる。

　第３にノウハウの出し手としての役割だった。2000年のマークⅡの関東自動車工業への移管は，トヨタ九州が蓄積した特定車種に関する生産技術やノウハウを他社へ伝達することを伴った。トヨタ九州はこの移管を通じて，自社の能力構築の成果を他の組織に移転することを初めて経験した。

　さらに第２期，トヨタ九州はレクサスのSUV車種の唯一の国内生産拠点として構築してきた組織能力やその経験を活かすことを求められ，TMMCの立ち上げにおけるマザー工場となった[77]。トヨタ九州は2002年６月以降，2003年９月の第１号車ラインオフまでTMMCに対して技術・技能員のべ173人を派遣し，従業員教育と部品納入先との打ち合わせを担った[78]。この際，品質を作り込む意識改革（マインド・セット）と技能向上（スキル・セット）の支援に注力した[79]。また，TMMCは部品の組み付け精度等に関するベンチマーク（評価基準）を取り入れ，トヨタ九州の経験や実態を踏まえながら能力構築を図っ

た。これはトヨタ用語でいう「横展」であり，TMMCのミーティングスペースにも「Yokoten」の掲示がなされた。こうしたトヨタ九州とTMMCとの「横展」は，毎週，品質に関する情報のやりとりや半年ごとの組立やプレス，塗装といったショップ（作業部門）ごとの従業員約10人が互いの工場に派遣される交流研修制度を通じて行われた[80]。このようにトヨタ九州は，TMMCの立ち上げのみならず，その後の能力構築に際しても大きな役割を担った。TMMCのレイ・タンゲイ社長（当時）が「競争と協調の関係で切磋琢磨していきたい」[81]と述べた通り，TMMCとトヨタ九州は競争と協調の関係にあったともいえる。

(2) トヨタ・グループ内での協調

　一方で第2期のトヨタ九州はトヨタ・グループ内での協調的な行動もとり，特に次の2点に顕在化した。第1にTMMCとの関係や複数車種変量生産システムであった。TMMCに対してマザー工場としてトヨタ九州が技術指導を行うことができたのは，トヨタ・グループの関係特殊的技能に基づいた能力をトヨタ九州が築いてきたからだった。複数車種変量生産システムの構築はトヨタ・グループがそれに向けた取組みを行ってきたからであり，そうした成果をトヨタ九州が得ることができたからだった。さらにこうしたトヨタ九州の取組の成果はトヨタ・グループ全体で共有され，後のプリウスの生産において活用された。このようにトヨタ九州はトヨタ・グループとともに能力構築に励み，なおかつ過去から現在，未来へと能力構築のベクトルと方法をめぐる時間軸も共有した。

　第2にSUVの生産決定やレクサスの生産拠点化といった第2期のトヨタ九州に大きな影響を与えた事項も，そもそもはトヨタの決定に従ったことだった。トヨタにとってオプションは国内外にいくつかあり，トヨタ九州はあくまで選択される側に過ぎなかった。実際，SUV車種かつレクサス・モデルをトヨタ九州で生産することになった理由は，トヨタ九州の渡辺社長（当時）が「「ハリアー」と「クルーガー」の生産は「余力のあるうちにたまたま回ってきた」」[82]と話すようにトヨタ側の決定によるものであり，偶発的な側面も否めなかったようだ。しかし，必ずしも受動的なもの一辺倒ともいえないだろう。トヨタ九州が創業以来漸進的な能力構築を行い，いくつもの品質賞を獲得し，ト

ヨタ・グループにおいて品質能力の高い生産拠点という評価を得たことが評価されたともいえるからだ。

2.4 小　括

専属的な委託生産が継続した要因として2つ挙げる。1つは生成の要因として挙げた中核企業の資源不足が恒常化したことだろう。トヨタ九州設立以前の1980年代後半以上に2000年以降の自動車市場の成長は急激かつ大幅だった（**図表2-1**）。そのため，トヨタは生産能力の増強を行う必要があり，恒常的に資源が不足した。資源不足への対応策の1つが委託生産の継続だったといえる。

もう1つの専属的な委託生産の継続要因は中核企業から委託を受ける委託生産企業が元々立地に起因する競争優位を有し，さらに設立後継続して能力構築を果たし，自動車生産における競争優位を有するようになったことだろう（**図表2-10**）。

おわりに

(1)　**専属的な委託生産企業の生成メカニズムをめぐるインプリケーション**

本章はトヨタ九州を事例としながら，委託生産，委託生産企業の生成メカニズムについて考察した。これはすなわち「自動車メーカーの経営資源不足への対応」が委託生産の生成要因であったとする塩地（1986）で示された仮説の検証でもあった。これについて，本章の議論から，1950年代から1960年代の高度成長期に加えて1990年代以降のトヨタ九州の生成期においてもこの仮説は妥当であり，資源不足が顕著になった2000年以降のトヨタ九州の委託生産において特に適合的だったといえるだろう。

しかし，時代により2つの違いが生じた。第1に，委託先が自動車メーカーと独立的な関係か専属的な関係かという違いだった。1990年代以降，中核企業側の能力不足に対応するため独立的な企業への委託生産の規模は拡大した。併せて，それで対応できなかった生産量については1990年代以降に新たに設立された専属的な企業の委託生産により担われた。

この委託先の独立性において違いが生じた要因は歴史的状況が次の2点で異

なったからである。1つは中核企業の経営資源の不足の程度が異なった。1940年代後半，トヨタはヒト，モノ，カネという経営資源のすべてが不足した[83]。そのため，完成車組立能力のみならず開発能力や購買機能，生産技術，間接部門も備えたある程度自律的な企業が委託先の要件となったと考えられる。しかし，1990年代以降の中核企業が不足したのは何よりも完成車の生産能力だった。もう1つは，資金調達のしやすさが異なった。1950年代には中核企業は慢性的な資金不足であったが，1990年代になると中核企業の資本蓄積が進んでいた。また，1950年代の自動車産業は発展途上であり，しかもトヨタは経営危機も経験していたため，中核企業の社会的信用は高いものではなかった。1990年代になると自動車産業は日本のリーディング産業となり，トヨタはそこのリーディング企業であり，社会的信用は高かった。こうした社会的信用の違いは資金調達のしやすさとなって現れた。すなわち，1950年代には自律的な外部資源の活用が必要であったが中核企業がそれを満たすような子会社を設立することは難しかった。一方で，1990年代には委託先の要件が完成車生産と限定的となり，子会社の設立も資金的に可能となった。

　第2の時代による違いは中核企業による委託の範疇だった。1950年代から1960年代においては生産のみならず開発までを含んだ委託関係だった。一方，1990年代以降に新たに生じた委託関係は完成車組立を中心とし，開発機能の委託は含まれなかった。

　委託の範疇が異なった要因は次の3点だろう。1つは，上述の通り，中核企業側の資源不足の程度が異なったからだった。1つはグローバル化の進展だ。1950年代は市場も部材調達先も国内で完結していた。そのため，市場ニーズの把握や調達先の情報やその能力評価に要する能力や業務量は限られていた。しかし，1990年代になると市場も部材の調達先も国内で完結せず，グローバルに展開した。そのため，自動車メーカーにとって開発機能は本社や研究所で集中させる必要が生じた。1つは，自動車をめぐるイノベーションの蓄積度が異なったことである。1950年代，日本の自動車産業は勃興期にあり開発を含め新規参入は活発だった。しかし，1990年代になると産業は成熟化に向かい，自動車開発にあたっての新規参入コストや参入障壁が高まった。こうした3点から，1990年代以降，自動車開発機能への新規参入のハードルが高まっていたことと

第2章　専属的な委託生産企業の生成と継続メカニズム

併せ，中核企業は開発機能への投資は内部に集中させ，完成車組立については子会社の活用を図ったと考えられる。

(2) **専属的な委託生産企業の継続メカニズムをめぐるインプリケーション**

　専属的な委託生産企業の継続プロセスに関する本章の検討から，立地に起因するもののみならず能力構築行動に依拠した競争優位に関係する点として次の

図表2-11 コーポレート・ガバナンスからみたトヨタとトヨタ九州の企業間関係の変遷

			1期 1992-1996	2期 1997-2004	3期 2005-2008
直接部門	製品・サービスの取引関係	売上依存度	ほぼ100%	ほぼ100%	ほぼ100%
		機能部品の外販	なし	なし	なし
		購買依存度（部材の調達権限）	ほぼ100%	ほぼ100%	ほぼ100%
		購買依存度（エンジンユニット・駆動ユニット）	100%	100%	0%
	開発・生産の取引関係	開発依存度	100%	100.0%	100.0%
		併産	75%	33.3%	13.8%
		生産技術	ほぼ100%	新車種のみ依存	完成車組立は自立。エンジン，駆動ユニットのみ依存
		他ブランドの委託生産	なし	なし	なし
間接部門	資本・資金関係	出資	親会社100%	親会社100%	親会社100%
		資金の融通・調達依存度	―	―	―
		設備投資の依存度	―	―	―
	人的関係	労働組合の親会社との同一性	別	別	別
		独自の正規従業員の採用有無	初期は転籍者受入。その後独自採用100%	独自100%	独自100%
		人材育成	外部依存	内部化	拠点化
	子会社経営者を通じたモニタリング	社長出自	親会社からの転籍	親会社からの転籍	親会社からの転籍
		親会社との役員兼任	あり	あり	あり

（注）　依存度という場合，子会社の中核企業に対する依存度を示している。
（出所）　本章の議論および三嶋（2016）を踏まえて筆者作成。

4つを指摘できる（**図表2-11**）。

　第1にトヨタ九州はトヨタと直接部門，間接部門いずれにおいても密で関係特殊的な関係を維持，発展させた。トヨタ九州は開発や調達，営業機能を有さず，製造機能とそれに関係するミニマムな間接部門からなる組織構造をとったため自律的な事業体に比べ固定費を小さくすることができた。組立ラインの設計から稼働までを管理する生産技術は当初トヨタおよびトヨタ・グループに依存し，その後，代替わり車種の生産ラインの設計から運用までをトヨタ九州で行えるようになるなど段階的に内部化し，第3期には新車種の生産工程の設計および海外工場の生産技術に関するマザーの役割を担うまでになった[84]。また，トヨタからの支援およびスタッフのトヨタやグループ企業への派遣といった学習の場を得られたことが効果的な能力構築につながった。学習の場の共有はベンチマークの顕在化につながり，競争は具体化し，より激化した。さらにトヨタ，トヨタ・グループと強く結びついた能力構築はトヨタとの取引において有効となる関係特殊的な能力構築であり，トヨタ・グループでの生産システムやイノベーションの成果をトヨタやトヨタ・グループ企業と共有できた。

　第2に中核企業はプロフィットセンターとしての位置付けや資本，モニタリングを通じて子会社の規律付けを継続して行った。トヨタはトヨタ九州への全額出資を継続した。トヨタ九州の歴代社長はトヨタから派遣された人間であり，役員クラスもトヨタ出身者が占めた（**図表2-6**）。トヨタ九州はトヨタに部材の購買や製品開発，販売先をほぼ100％依存し続けた。こうしたトヨタとトヨタ九州の関係は，中核企業であるトヨタによる子会社であるトヨタ九州に対する意思や戦略を徹底させることを可能にしたと考える。さらに，プロフィットセンターとして位置付けられたトヨタ九州の収益とコストへの責任がトヨタによって規律付けられ，強制されたと考える。

　第3に委託生産企業は限定的な機能面において競争優位を構築した。上記のような委託生産を通じた企業間関係により，トヨタ九州の能力構築は主体的に行われ，なおかつガバナンス構造による強制的な面もあったため，能力構築行動はより促進された。能力構築行動は当初，完成車組立に特化し，生産車種の多様化が可能となるようなフレキシビリティも高めた。さらに，その後，トヨタ九州はエンジンユニットや駆動ユニットの内製化といった生産工程を垂直方

向に拡大させた[85]。また，これに必要な人的資源の構築も外部依存から段階的に内部化を果たした。この結果，トヨタ九州は完成車，エンジンユニット，駆動ユニットの組立において品質，コスト，納期，フレキシビリティに関する能力を高め，それらはトヨタ九州の競争優位につながった。

　第4に上記の結果として，委託生産の経営合理性がもたらされた。第1期のトヨタ九州は稼働率が低迷し，年間生産台数は1車種当たり10万台以下となり，採算ラインを下回った。そのため第1期のトヨタ九州への委託生産はコスト面から経営合理的だったとは考え難い。しかし，トヨタはトヨタ九州の操業を止めることはなく，むしろ，トヨタ九州の従業員をトヨタやトヨタ・グループの工場が受け入れるなどしてトヨタ九州を支援した。トヨタからすると多額の投資を行って新設したトヨタ九州が，投資効果を出す前に操業を停止すると投資の回収ができないことから，救済は避けられなかったとも考える。それゆえ，第1期の委託生産はトヨタにとってメリットがあるというより，短期的にマイナスをもたらすものの投資回収に向けた長期的視野のもと継続されたといえるだろう。しかし，第2期以降，需要の回復とともに複数車種の混流生産を導入したため，採算ラインを上回るようになった。さらにトヨタ九州の立地に起因する優位性と組織能力を源泉とする優位性により，プッシュ側の資源不足に加えてプル側の優位性も生じたため，委託生産は経営合理的なものとなったと考えられる。

(3) 中核企業が子会社を通じて委託生産を行う理由

　トヨタとトヨタ九州との間でみられた専属的な委託生産は漸進的な能力構築を促進し，さらにそれを基礎としながら限定されたバリューチェーン上の特定機能に集中して効果的なイノベーションを起こし続けていくことを促進した。同時に，委託生産はプロフィットセンターとしての位置付けや資本関係，モニタリング，グループ企業間でのベンチマークが明らかな競争を通じて，委託生産企業に対して特定機能における自律化を動機付け，規律付けた。このように専属的な委託生産関係は，委託生産企業の主体的な能力構築行動を促進し，それは中核企業によるガバナンス，グループ内の企業間競争によって一定の強制力が生じ，能力構築行動をより効果的なものとした。

　すなわち，中核企業が子会社を通じて委託生産を行う理由は中核企業の資源

不足により子会社を能力不足の代替機能として活用する必要性が生じたからであり，子会社は中核企業と密で関係特殊的な能力構築を基礎とすることで有効になったからであり，子会社に能力構築を自律的かつ強制的，効果的に行わせるためだったからであり，この結果，専属的な委託生産企業が競争優位を構築したからだった。これらは専属的な委託生産の経営合理性を高めることにつながり，中核企業の子会社を通じた委託生産はさらにダイナミズムを得て継続し発展したと結論できる。

注

1 本章は三嶋（2016）を紙幅の制約上，トヨタ九州の生成と継続の事実関係に焦点を当てながら大幅に縮小したものである。取り上げる時期の特殊性，トヨタとの専属的な関係の意義の詳細やコーポレート・ガバナンスを分析枠組みとした考察のありようについて三嶋（2016）を参照されたい。

2 ただし，トヨタ車体は例外である。なお，自動車を委託生産する他の企業も複数ブランドを自社の戦略として自律的に選択し生産しているわけでない。例えば，トヨタ系委託生産企業であればトヨタ・ブランドの自動車のみを委託生産し，日産・ブランドの自動車を委託生産することはない。ここでいう専属的な関係とは資本関係において中核企業の100％の子会社として設立され，操業を開始した委託生産企業のことを指す。

3 コーポレート・ガバナンス論の分社化理由は大規模組織の限界と分権化，内部労働市場，その他の3つに区分できる（伊藤・菊谷・林田（2003）29頁）。

4 ただし，本章は地域振興の意図も有する点で先行研究と共通する。トヨタとトヨタ九州の境界設定を明確にしてトヨタ九州独自の能力と競争優位を顕在化させることにより，第1にトヨタ九州とその部品メーカー，すなわち九州における産業集積を規定する環境が明らかになると考えるからであり，第2にトヨタ九州をトヨタの全社戦略に規定される子会社としてその能力構築と主体性に関して限定的な位置付けをするよりも，トヨタ九州は主体的な能力構築行動をとり，それにより創発的な発展経路ももたらされると位置付けることで子会社側のイニシアティブに着目することになり，地域振興における内発性をも示せるかもしれないと考えるからである。本章が生成と継続を区分して考察するという進化論的なフレームワーク（藤本（1997））を用いる理由もここにある。

5 竹下・川端（2013）は自動車メーカーと自動車メーカーの生産拠点，部品メーカーの商流と物流の違いに着目して部品調達構造を検討した。本章の議論は竹下・川端（2013）の議論を参考にしているが，部品メーカーとの取引を議論の主たる対象とせず，自動車メーカーとその生産拠点の関係をより詳細に考察しようという点で異なる。

6 下谷（2006）259頁を参照した。
7 併産車種とは複数工場が重複して生産する車種を指す。併産する工場はトヨタの直営工場あるいは委託生産企業であるため、品質、コスト、納期に関する明示的なベンチマークのもと、厳しい競争が生じることが多かった。
8 2004年以降2008年9月のリーマンショックまでの期間（第3期）においてトヨタ九州の完成車生産の拠点化は第2期に引き続き進展した。本章で第3期の概要は示すが、紙幅の制約から、その詳細については三嶋（2016）を参照してほしい。ただし、こうした時期の取り上げ方は、委託生産企業の生成とそのメカニズムの検討において、設立から2004年までのトヨタ九州のありようにより必要な示唆を得られるという判断に基づいている。
9 トヨ九（2001）16頁を参照。なお、トヨタは自社工場に加え、グループの委託生産企業への発注を増大させることで能力拡大を果たすという選択肢もあり、実際、そうした選択肢もとった。1990年前後、関東自動車工業は岩手県での工場新設を進め能力拡充を図った。一方トヨタ車体は1990年に鹿児島県にトヨタ車体研究所を設立し、1993年、三重県にいなべ工場を新設した（トヨタ車体のHP（http://www.toyota-body.co.jp/；2014年11月28日閲覧））。さらにトヨタ車体は1988年タイにトヨタオートワークス、1995年インドネシアにスギティークリエーティブス、1997年台湾に春翔欣業を設立した。以上から、1990年前後トヨタ車体は国内生産拠点については愛知県を中心とした中京地方に集約するとともに海外における生産拠点の拡充を重視していたと考えられる。なお、これら委託生産企業が新規工場として九州を選ばなかった理由として関東自動車工業は九州ではなく東北をフロンティアとして設定したこと、トヨタ車体は海外に活路を求めたことが考えられる。その詳細については今後の課題としたい。
10 『西日本新聞』1990年7月21日。
11 今田（1997）44頁，『日本経済新聞』中部経済面　1992年11月20日を参照。
12 今田（1997）23頁参照。
13 トヨタの応援をめぐる工場間の人員移動について小山（1985）に詳しい。
14 トヨ九（2001）16頁を参照。
15 ただし、これは九州において自動車生産活動に必要なインフラ一般を指す。1990年代初頭、九州において部材の現地調達が高い水準で可能となる部品メーカー群の集積が九州に存在したことは意味していない。
16 『西日本新聞』1990年2月10日を参照。
17 猿渡（2000）54頁より。
18 『西日本新聞』1990年2月25日。
19 『西日本新聞』1990年3月7日。
20 『西日本新聞』1990年3月3日。
21 『西日本新聞』1990年11月29日。
22 農村地域工業等導入促進法は農村地域への工業の積極的，計画的導入を図ると同時に農業従事者の工業への就業を進めることにより農家経済の安定、農村

の振興,農業の構造改善,工業立地の円滑化等を実現して工業と農業の均衡ある発展を目的として制定された農村地域工業導入促進法（1971年）が対象業種の拡大と広域実施計画制度の創設を目的に1988年に改正されたものだった（武田（2011）143-153頁）。

23　猿渡（2000）52-53頁を参照した。なお,アジアとの近接性をトヨタの九州進出のプル要因とされる場合もあるが,当初の生産車種がマークⅡのみで輸出を行っていなかったこと,宮田という内陸部に工場を立地したこと,さらにトヨタ九州は輸出を想定していなかったという指摘（目代・居城（2013）170頁）もあり,本章は必ずしも進出時のプル要因ではなかったとみる。そうであるなら,なぜ,トヨタや日産の完成車工場の進出先は東北ではなかったのか,北海道ではなかったのか,という考えが生じるかもしれない。また,先の有効求人倍率を踏まえるならば,九州と同様に東北や北海道,四国も低かったにも関わらず,なぜ東北や北海道,四国に完成車工場は進出しなかったのか,という疑問もありうるだろう（これについて若干補足するならば,東北には日産が1992年に福島県いわき市にエンジン工場を設立し,関東自動車工業が1993年に岩手県金ケ崎町に完成車工場を設立した。北海道にはトヨタが1991年にトヨタ自動車北海道を設立したもののアルミホイールやトランスミッションの生産するにとどまった）。この時期に自動車完成車工場が北海道に設立されなかった理由として,日産の場合は北九州を発祥の地とする企業出自と後背人口の違い,トヨタの場合は後背人口が指摘できるだろう。例えば,1990年の人口は九州1329.6万人,北海道564.4万人,東北973.8万人,四国419.5万人であり,九州と北海道では約2倍,九州と四国では約3倍の差があった（総務庁統計局編（1994））。完成車組立という労働集約的工程であることやその後の部品メーカー群の構築において必要となる労働力を勘案するならば,こうした差は進出判断に影響したと思われる。この他,自動車産業における九州と北海道の比較について『日本経済新聞』九州沖縄経済面（1991年6月25日）も参照した。

24　猿渡（2000）54頁参照。

25　飯塚市誌編纂室（1975）867頁,『西日本新聞』1990年2月22日夕刊を参照。

26　トヨ九（2001）16頁参照。なおトヨタ自動車労働組合は分社化に積極的な反対姿勢をとらなかった（『日本経済新聞』九州沖縄経済面　1990年12月22日）。トヨタ九州の労働組合は1992年2月14日に設立された。

27　伊藤ほか（2003）参照。

28　ただし,後に検討するように,当初はトヨタ本体からの出向者が半分ほどを占め,こうした社員の賃金水準を大幅に低くするのは難しく,なおかつ,同県に立地する日産自動車九州工場に比べ賃金水準を大幅に抑えることも難しいと考えられた（『日本経済新聞』九州沖縄経済面1990年12月22日）。また,トヨタはコスト削減を志向するだけでなく,九州で雇用を生み九州の所得水準の向上を促そう,その結果,九州における自動車市場の裾野を広げよう,というフォード的な考えもあったという（トヨタOBからの聞き取り調査（2014年11月10日実

29 『西日本新聞』1990年7月20日および『日本経済新聞』九州沖縄経済面　1990年12月22日。
30 伊藤ほか（2003）参照。
31 『日本経済新聞』西部夕刊　1990年12月21日。
32 『西日本新聞』1990年11月30日。
33 『西日本新聞』1990年11月29日を参照。なお，そのため，当初予定していた直営工場から分社して子会社へとトヨタが変更した際，福岡県議会でも議題になるほど地域は困惑し，注目を集めた（『西日本新聞』1990年12月11日）。
34 『日本経済新聞』西部夕刊　1990年12月21日。
35 トヨ九（2001）19頁。
36 『日本経済新聞』九州沖縄経済面　1991年1月23日。
37 トヨ九（2011）18頁。
38 トヨ九（2011）15頁。
39 トヨ九（2001）19頁。
40 トヨ九（2001）16頁。
41 ベッサー（1999）参照。
42 トヨ九（2011）15頁。
43 トヨ九（2011）14頁より。トヨタは1990年7月20日に福岡県，宮田町，若宮町と企業立地協定調印を行った（『西日本新聞』1990年7月20日夕刊）。しかしその後トヨタ九州として分社化され調印時とは異なる経営形態となり再調印した。
44 『日本経済新聞』1991年4月29日。
45 トヨ九（2001）16-17頁。
46 トヨタ九州の組織構造は三嶋（2016）に詳しい。
47 コストセンター，プロフィットセンターについては三嶋（2016）に詳しい。
48 トヨタ九州はこうした立地に起因する優位性を調達部品にも反映させるべく，九州での調達促進にも一貫して取組んだ。こうしたトヨタ九州の取組は後方連関効果を誘発し九州での産業振興にも結びつく。それゆえ，多くの先行研究はこの点に焦点を当ててきた。
49 検討時期の選択理由とその妥当性については注8に詳しい。
50 大野（1978）。
51 トヨ九（2001）21-22頁。
52 第1期におけるトヨタ九州の生産システム確立と能力構築のありようについては三嶋（2016）に詳しい。
53 中川（1997）。
54 野口（1994）。
55 今田（1997）。
56 久田・太田（1997）。

57 藤田・山下・野原・浅生・猿田（1995）。
58 『日本経済新聞』1994年1月25日。
59 トヨ九（2011）18頁。
60 『日本経済新聞』九州沖縄経済面　1994年2月9日。
61 今田（1997）33頁。
62 水野・鈴木（1998）。
63 トヨ九（2011）19頁。
64 ドーソン（2005）。
65 トヨタにおいて新工場の設備投資を回収するために1車種年間10万台の生産台数が必要だった（『日経ビジネス』（2005年11月28日号）35頁）。
66 『日本経済新聞』九州沖縄経済面　1998年1月27日。
67 『西日本新聞』1998年5月21日。
68 トヨ九（2001）33頁。
69 トヨ九（2001）21頁。
70 『西日本新聞』1998年5月21日。
71 『日経産業新聞』1998年1月30日。
72 『日経ビジネス』2005年11月28日号35頁。
73 トヨ九（2001）24頁。
74 トヨ九（2011）19頁。
75 2000年当時，トヨタ九州の生産車種のうち70％以上をハリアーが占めていたが，2003年からカナダで現地生産が始まることが計画されていたため，トヨタ九州はハリアー以外の生産車種の確保の必要性が生じ，それがハイランダー（日本名クルーガー）であった（『日経産業新聞』2000年11月6日）。ハイランダーの投入に際しては，RXよりも大型であったことやテストコースの改修が行われたことにより，トヨタ九州は2000年度に250億円の設備投資を行った。なお，当時のトヨタ九州の設備投資の年額は概ね50億円であった。
76 田（2010）。
77 『週刊東洋経済』2008年4月5日号より。なお，トヨタのマザー工場制度については田（2010），徐（2012）に詳しい。
78 トヨ九（2011）21頁。
79 『西日本新聞』2005年11月20日。
80 『西日本新聞』2005年11月20日。
81 『西日本新聞』2005年11月20日。
82 『日経産業新聞』2005年1月11日。
83 トヨタ自動車工業株式会社社史編集委員会（1967）268-305頁。
84 第3期の詳細については三嶋（2016）を参照。
85 第3期のエンジンユニット，駆動ユニットの内製化は三嶋（2016）を参照。

（三嶋　恒平）

第3章
委託生産企業の撤退と存立に関する要因分析
日産系の事例

はじめに

　本章の目的は，わが国自動車産業において発達してきた委託生産方式，すなわち自社ブランドを持たず特定企業（大半の場合が親会社）から製品の開発・生産を請け負う生産分業のあり方が近年の競争環境においてどのような変化をみせているのか，そしてその背景にどのような要因があるのかという点を明らかにすることである。具体的に本章では，2001年まで日産系の委託生産方式に組み込まれ重要な生産補完機能を果たしていた愛知機械工業と，日産系最大の委託生産企業である日産車体を事例に取り上げ比較する。両社の最大の違いは，前者が委託生産方式から撤退し，後者はそれを継続している点にある。

　詳しくは後述するが，両社の前身，日産・グループ入りした経緯，日産系委託生産企業としての発展経路には共通点が多いにもかかわらず，その後親会社である日産自動車の経営危機の際に一方は委託生産のパートナーとして残されながらも他方は他業種への転換を余儀なくされたことには，それぞれの企業経営における微妙な戦略の違いやその結果蓄積されてきた経営資源の差異といった要因を指摘することができよう。本章の意義は，歴史的なアプローチから分析しその異同を明らかにすることで，もっぱらわが国において独自の発展を遂げてきたユニークな生産分業機構の今後の展開を検討していく上での材料を提起することにある。

第Ⅰ部　委託生産・開発の歴史と実態

1　日産系委託生産企業を分析する意義

　本章が日産系の委託生産企業に着目するのは，序章でもすでに整理されていたように，これまでの委託生産企業にまつわる諸研究の到達点に次のような不足があるためである。第1に，分析対象があまりにトヨタ系に集中し過ぎている点である。わが国自動車産業におけるトヨタ系企業の存在感，また実際に展開されている委託生産方式が質・量ともに他社を圧倒している点に鑑みると無理もないことではある。しかしトヨタ系の諸特徴を一般化・抽象化して理解するためには，他社との比較の視点が不可欠である。第2に，委託生産方式の動態的理解に関する視点が弱いことである。生成や発展については検討がされてきたものの，その衰退や撤退の論理について先行研究は多くを語っていない。すでにトヨタ系でさえも，親会社による生産機能の海外移転を契機に委託生産企業の統廃合が進められているのである。この点はもう少し詳しく議論し，その背景にある要因や撤退に追い込まれた企業が存立していくための選択肢を見定める必要があるだろう。このような問題意識のもと本章では，トヨタ系に次いで大規模な委託生産方式を展開してきた日産・グループの2社を取り上げ，その撤退と存立の要因を分析する。

2　撤退のケース：愛知機械工業の事例

2.1　創業から独立系完成車メーカー転身までの軌跡

　まず撤退のケースとして愛知機械工業について議論する。戦前・戦中期を経験した名古屋の製造業に多くみられるように，愛知機械工業の事業分野は創業時から幾度かの変遷を経て現在に至っている。以下，『愛知機械工業50年史』の記述をもとに同社の歴史を紐解いていこう。同社の源流は，1898年設立の愛知時計製造（現，愛知時計電機）である。明治以降，名古屋は中部地区最大の木材流通市場として栄えており，潤沢な木材を使った大型の振り子時計（ボンボン時計）は愛知時計製造の主力製品であった（亀田（2013））。その後の日露戦争を契機に，同社は時計の製造技術を応用して海軍の兵器製造へと進出し，

1912年7月に社名を現在の愛知時計電機へと変更した。

1917年には新事業として軍用航空機の製造にも進出する。当時,三菱造船神戸造船所や中島飛行機が次々と軍用機製造を始めており,愛知時計電機もまたその後の航空機大国日本を支える軍需産業の一角として成長していった。1924年には海軍や海外製品のライセンス生産から自主開発に切り替え,1930年代にはもっぱら艦載爆撃機の分野のリーディングカンパニーとして確固たる地位を築いたことで,「艦爆の愛知」と呼ばれるようになる。ミッドウェー海戦での敗退を境に日本の戦況は悪化していくが,海軍の増産要請に応じるために同社は航空機部門を分離し,1943年に愛知航空機を設立した。しかしながら戦況は悪化の一途をたどり,1944年以降は日本本土が空襲に晒されるようになった。軍需産業の集積する名古屋周辺への空襲は激しく,愛知航空機の主力工場であった熱田工場や永徳工場では多数の死者を出すとともに,生産能力はほぼ無力化していったのである。それに追い打ちをかけるようにして発生した1945年1月13日の三河大地震により,同社の操業は再起不能な状態に陥った。

1945年8月に日本は連合国に対して無条件降伏し,軍需産業はその使命を終えた。その後,GHQ(連合国軍総司令部)の占領政策の転換があったことで同社には存続の見通しがついたため,民需向けの転換が始まる。まず1946年3月には愛知起業へと社名を変更し,社内での議論を経て印刷ならびに青写真焼き付け業,オート三輪車等の機械器具の製造販売を事業ドメインに定め,民需企業として再出発することになった。民需転換後は軍需産業時代に蓄積していた資材を使って当座をしのぐ必要があったが,農業用発動機の事業が軌道に乗ったことで,同社の機械製造業としての位置付けが明確になっていった。

1947年にオート三輪車ヂャイアント号の製造販売権を取得した同社は,航空機とは異なる技術に適応する困難を乗り越えながら事業化に成功する。ヂャイアント号は,当初こそ二輪車に荷台を取り付けただけの簡素な構造であったが,その後の改良によってオート三輪としての商品性を高め,車格もそれに合わせて大型化していった。1948年に同社は販売店の全国組織化を進め,全国ヂャイアント会を設立する。また同時期には,主要部品メーカー21社を組織し愛々会[1]を設立し,愛知起業は名実ともに独立系完成車(オート三輪)メーカーに成長したのである。

愛知起業はその後，会社の清算，新愛知起業の設立を経て1952年に現在の愛知機械工業へと社名変更する。同社は戦時債務の整理のために法人としての断絶があったものの，事業の民需転換は成功していた。愛知機械工業への社名変更にあたっては，航空機・兵器産業への再進出を見越して定款の変更も行っていたが，結果としてそれが果たされることはなかった。製品分野はその後オート三輪から軽四輪へと移行し，1959年上市のコニー360シリーズは斬新なスタイリングが功を奏しヒット商品に育った。コニーは多くの派生車種を登場させ，スタイリングのみならず品質も高く評価された。しかしながら1959年からの岩戸景気が下降に向かうにつれて，コニーの販売台数は失速し始める。その背後には，軽自動車市場の激しい競争もあった[2]。経営が悪化した同社は，1962年には株主への配当を断念することになり，日産自動車および日本興業銀行からの支援を受けての再建を余儀なくされたのである。

2.2 日産系委託生産企業としての発展と多様な機能的分業

愛知機械工業と日産自動車との関係は，1962年の技術提携から始まった。日産自動車がパートナーとして選ばれたのは，主要取引銀行が同じ日本興業銀行だったからである[3]。当初の目的は，「日産自動車から有力な役員と技術者を派遣してもらって技術刷新を行い，これによるコストダウン分を販売店強化に回して増販体制の確立[4]」を目指すというものであり，同社が独立系完成車メーカーとしての存続を諦めていたわけではないことが分かる。日産自動車から経営顧問と技術顧問を受け入れた愛知機械工業は，生産工学の思想を導入し品質改善への取組みを強化した。また1964年には，業績改善のために日産ブルーバード向けのボールジョイントの生産を始めた。この時点から同社は，部品メーカーとしての性格を帯び始めるのである。

しかしながら同社のコニーの販売が低迷したことで経営再建は改善されず，1965年には日産自動車の資本受け入れを伴う生産・販売までを包括した業務提携へと進むことで，関係が強化されていった[5]。このとき，社長には日産自動車出身の堀庫治郎氏が就任することが決まった。愛知機械工業50年史編纂委員会編（1999）の記述によれば，当時の日産自動車との提携内容は以下のようなものであった[6]。

① 当社（愛知機械工業）への（日産自動車の）資本参加
② 日産自動車が発売する新車種の主要部品の受注による操業度向上
③ 技術面の提携強化
④ 設備機械の借用その他の援助
⑤ 資材購入面での日産自動車購買部門の支援強化によるコストダウン
⑥ 自販（子会社の愛知機械販売）への人材派遣による販売体制の強化と日産自動車営業部門との連携
⑦ コニー販売店での日産車キャブライトの取扱いなど

　この内容をみると，すでに，愛知機械工業は製造業の基礎的要件であるQCD（品質・コスト・納期）を満足するだけの体力を持たず，さらには開発・生産・販売のあらゆる局面において日産自動車の支援なしでは事業継続がままならなくなっていたことが分かる。独立性の観点からも，この業務提携は同社のあり方を転換する契機になった。前述のように経営者に日産出身者を据えたこと，そして日産自動車からの出資比率が4.8％（第３位株主）から15.0％（筆頭株主）へと上昇したことで[7]，名実ともに日産自動車の傘下に入ったのである。

　経営再建に向けた取組の１つとしてこの時期に注目すべきことは，同年に決まった日産サニーのエンジンとトランスミッション製造の受注である。当初は他の企業や日産自動車の工場で製造が予定されていたこれらの品目が愛知機械工業に発注されるに至った要因には，戦時中に航空機を生産していたという高い技術力があったことは間違いないだろう。エンジンやトランスミッションといったパワートレイン系の部品は完成車メーカーにとって商品性を左右する基幹部品であるため，容易に外注の対象にはしないからである。また，愛知機械工業が完成車メーカーとしてこれらパワートレイン系部品の製造経験を有していたことも受注に至った要因として考えられる。こうしてモータリゼーションの最中に量販車種サニーの基幹部品を受注できたことは，その後の同社の発展や委託生産から撤退した現在の同社にとっても極めて重要な出来事であったと評価することができる。

　同社が完成車メーカーとしての役割を終えるのは，1970年のことである。1969年には自動車の資本自由化が決定し，業界再編の機運は待ったなしの状況

にあった。そのような中でコニーの販売は低迷を続け，1970年には市場からの撤退が決まった[8]。コニーの生産を担った永徳工場には，代わりに日産自動車のサニートラック製造が任された。すなわち，この時点で愛知機械工業は完成車メーカーとしての看板を下ろし，委託生産企業として日産自動車の生産分業機構に組み込まれたことになる。

　委託生産企業としての存立基盤を確立した愛知機械工業であったが，経営再建はまだ途上であった。1971年には新しい経営陣のもとで第二次再建計画が策定された。それにしたがって子会社の愛知機械販売やコニー販売店の再編が進められ，多くは日産チェリー販売店へと移管された。完成車メーカーではなくなった以上，この再編は必然であった。また小なりとはいえ完成車メーカーとして開発機能を保有していた同社では，その後日産自動車の開発業務の一部を分担したり，「モーターボート，フォークリフトおよび電気自動車といった未経験分野[9]」の製品を開発したりといった様々な仕事を経て，開発機能の維持・強化に努めた。この当時の開発対象として興味深いのが，電気自動車の開発である。愛知機械工業50年史編纂委員会編（1999）によれば，1969年に日産自動車中央研究所からの依頼を受けたことに始まり，電気自動車の開発・試作のプロジェクトを複数回にわたって担当し，それは1976年まで続いたとされている。同プロジェクトでは同社がスタイリング・車両設計・試作まで担当しており，一部の作業では設計者が日産自動車にゲスト・エンジニアとして派遣されていたことからも，日産自動車が同社の開発力を高く評価していたことを窺い知ることができる。

　日産自動車の生産戦略の一翼を担うようになった同社は，完成車の委託生産，エンジンとトランスミッションの生産という委託生産企業兼部品メーカーとして受注を拡大していく。同社の工場はこれらの生産に最適化するよう設備投資が進んで新鋭化された。独立系完成車メーカー時代に比べて生産台数が大幅に増加したため，工場の生産性向上は必要不可欠であった。図表3-1に示したように，委託生産の台数は最盛期の1981年度には14万1,000台超（1981暦年の日産車国内生産台数の約5％に相当）に達している。また生産機能の強化と同調するように，開発機能の充実も図られた。1982年の組織変更では，従来の設計部を機関設計部と車両設計部に分けるとともに，設計者を大幅増員している。

図表3-1 日産車の委託生産台数推移

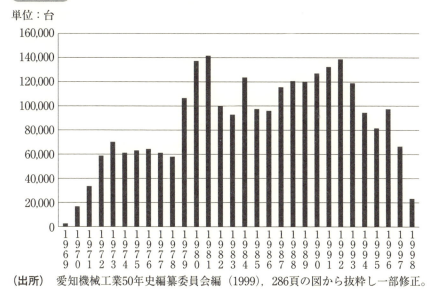

（出所）愛知機械工業50年史編纂委員会編（1999），286頁の図から抜粋し一部修正。

　これにより，パワートレイン系と車両系の部門が専門分化したことになる。同社と日産自動車との共同開発による商用車バネットは生産も同社が担当し，様々な派生車種を追加しながら商業的にも成功した。

　また日産自動車の海外展開に伴い，日産車のノックダウン（Knock Down, 以下，KDと略）生産を行う現地企業への技術指導や立ち上げ支援等の要請を同社は受けるようになる。すなわち愛知機械工業には，日産自動車の一部の車種においてマザー工場としての役割が与えられたのである。主力生産車種バネットがそうであるように，同社はワンボックス車種の開発・生産を得意としていたからである。具体的には，1980年に台湾の裕隆汽車とその販売子会社である国産汽車でのバネット，1985年にスペインのモトール・イベリカ社でのバネットラルゴ，1987年に韓国の大宇自動車（現，GM韓国）でのバネットのそれぞれKD生産の立ち上げ支援を行った。

　完成車とエンジンおよびトランスミッションの開発・生産のいずれにおいても日産自動車の強力なパートナーとして成長した同社は，累計生産台数も伸ばしていった。1992年4月には日産車の生産累計200万台を達成，1997年1月に

第Ⅰ部　委託生産・開発の歴史と実態

はマニュアル・トランスミッションの生産累計1,500万台を達成，そして1998年２月にはエンジンの生産累計2,000万台を達成したのである。順調に成長を続けてきた同社であるが，1999年に生産が始まったセレナを最後に委託生産の事業は大きな転換を迎えることになる。親会社の日産自動車が経営危機に陥ったのである。

2.3　委託生産からの撤退と基幹部品メーカーとしての再出発

　かつての経営再建時の救世主であり，二人三脚で歩んできた親会社の日産自動車の事業環境が悪化していくのに伴い，そのしわ寄せは徐々に愛知機械工業へと及んでいった。当時２兆円を超える有利子負債を抱えていた日産自動車は，わが国第２位の完成車メーカーでありながら倒産の危機に瀕していた。当然日産車の販売は低迷していたため，愛知機械工業が新しい車種の委託を受ける見込みは少なかった。同社では1994年に委託生産を行っていた工場を１つに集約し２車種の混流生産に切り替えていたが，製品のライフサイクル末期にあたっていたため販売はふるわず，工場の稼働率は低迷していた。その結果，1999年２月に同社は日産自動車の意向を受け，グループのマニュアル・トランスミッションの生産を集約して引き受けることと引き換えに，委託生産からの撤退を決意する[10]。これにより，同社はエンジンとトランスミッションの部品メーカーになったのである。その直後の３月には日産自動車が仏ルノーからの出資を受け入れることを公表し，日産・グループはルノーから派遣された新COO（当時）カルロス・ゴーン氏のもとで厳しいリストラクチャリングを経験していくのである。

　以上が愛知機械工業の委託生産事業への参入・発展・撤退をめぐる経緯である。同社の歩みは，常に完成車メーカーに翻弄され続けてきた歴史であるといえよう。このことは，**図表３-２**に示した同社の売上高の推移からも読み取ることができる。1970年から始まった委託生産事業と日産車向けのエンジンおよびトランスミッション事業は，一貫して同社の収益源であった。1980年代以降，委託生産事業の売上高は同社の大きな柱に成長し，1990年代前半には同社の売上高は2,500億円から3,000億円の規模に達していた。ところが1998年度には委託生産の売上高が急落し，同社の事業規模自体が大きく縮小してしまう。委託

第3章　委託生産企業の撤退と存立に関する要因分析

図表3-2　愛知機械工業の売上高推移

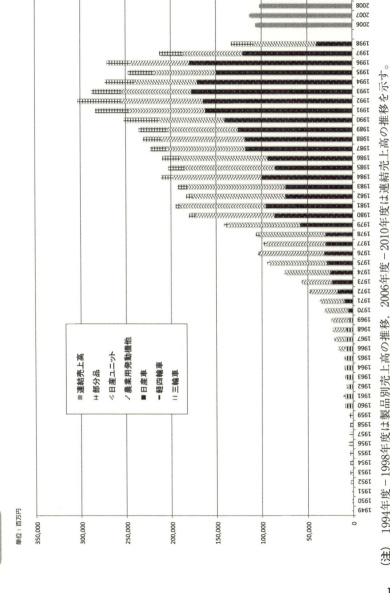

(注) 1994年度－1998年度は製品別売上高の推移, 2006年度－2010年度は連結売上高の推移を示す。

109

生産事業が同社にとっていかに重要だったのかは，図表の2006年度以降の連結売上高をみると明らかである。2001年に委託生産から撤退し，エンジンとトランスミッションの部品メーカーとして再出発した2000年代後半の連結売上高は，1,000億円前後の横ばいが続いている。この間にゴーン氏率いる日産自動車の業績は急回復したが，愛知機械工業がその恩恵を受けることはなかったのである。最盛期に比べると，実に3分の1まで事業規模は縮小したことになる。モータリゼーション期には日産自動車の生産能力不足を補う形で委託生産を伸ばし，逆に業績悪化時にはそれを引き上げられたという事実だけを取り上げるならば，愛知機械工業は景気変動のバッファーとして利用されたという側面があることは否めない。

　しかしながら同社は，日産自動車の単なる分工場としての地位に甘んじてきたわけではない。それは前述のように，電気自動車を試作することで日産自動車の基礎研究・応用研究を側面支援したり，日産自動車本体では事業として成り立たないフォークリフト等の特殊な製品を生産しラインアップ拡充に貢献したり，さらに一歩進んで日産自動車の海外KD生産事業におけるマザー工場機能を担ったりといった多様な取組みに現れている。そしてそれを可能にしたのは，戦前・戦中期に航空機メーカーとして，そして戦後のある時期までは独立系完成車メーカーとして連綿と紡いできた技術開発力と事業化の経験である[11]。同社は日産自動車の委託生産企業に転向した後も，こうした開発機能の維持・強化を怠らなかった。完成車メーカーが何よりも重視するエンジンやトランスミッションといった基幹部品を日産自動車が外注し続けている事実がその証左である[12]。委託生産企業には，それぞれが保有している固有の経営資源に応じて多様な貢献のあり方が考えられる。単なる完成車の生産，そしてそこから一歩進んだ開発のアウトソーシングだけでなく，こういった多面性もまた評価しておかなければならない重要な特徴なのである。

3　存立のケース：日産車体の事例

3.1　創業そして日産系委託生産企業としての発展

　次に委託生産企業としての地位を維持し存立の地位を確保したケースとして，

日産車体の事例を取り上げる。同社は，2011年8月に日産自動車九州が日産本体から分離するまでは日産グループ最大の委託生産企業であった。日産自動車九州分離前の2010年度に注目すると，完成車生産台数は次の通りである。日産自動車本体（栃木工場：16万5,869台，追浜工場：24万2,981台，九州工場：41万3,470台），日産車体（湘南工場：23万2,195台，子会社の日産車体九州：6万5,000台，子会社のオートワークス京都：特装車のみ少量）であり[13]，日産車体は日産・グループの国内生産のうち3割近くを担っていたことになる。

　日産・グループにおいて重要な生産補完機能を担う同社であるが，その前身は愛知機械工業同様に航空機メーカーであった。以下，『日産車体50年史』をもとに同社の歴史を振り返っておこう。1937年に資本金300万円で設立された日本航空工業と1938年に資本金3,000万円で設立された国際工業は1941年に対等合併し，資本金3,600万円，従業員数3,133名の日本国際航空工業が発足した。軍需産業としてスタートした同社の航空機製品は，自社開発によるものとライセンス生産によるものとの2種類が混在していた。また製品展開としては機体（旧国際工業京都工場）のみならず，プロペラ（旧日本航空工業平塚工場），エンジンも生産していた。終戦を迎え民需への転換を迫られた同社は，自動車の車体ならびに鉄道車両を製造する日国工業として1946年に再出発した。

　戦後の同社では，平塚製作所は鉄道車両，京都製作所はトラックとバスのボディをそれぞれ担当することになっていたが，日野産業（現，日野自動車工業）から受注したトレーラーバスがヒットしたため，平塚製作所でもバスの製造を担うようになった。本業では好調だったものの，前身が軍需産業に属した企業であったため戦時補償特別税が設けられたことで同社は巨額の負債を抱えることになる。結局，企業再建のために第二会社を設立するというスキームを選択するに至った。これにより1948年には資本金1億円の新日国工業が設立された。

　新日国工業の経営は当初から資金繰りに悩まされ，多難な船出となった。1948年には工場火災により平塚製作所の生産機能が停止，さらにドッジライン不況の影響も大きかった。また，受注競争の激化による製品価格の下落と原材料価格の高騰もあり，同社の経営は行き詰まっていった。その際に日産自動車との提携を提案したのが，メインバンクの日本興業銀行である。バスボディで

取引があった日産自動車は1951年に新日国工業の株式の87％を取得し，同社を傘下に収めた。日産自動車から送り込まれた村上隆太郎新社長は，経営方針として次の3点を提示した[14]。

① バスボディの生産については，従来の実績を活かして受注を拡大し，生産面での合理化を進め，生産性の向上を図る。また日産自動車関係のバスボディについては，シャシ供給の安定ならびに標準車の見込生産を行うことにより，受注の季節変動を緩和して安定生産を図る。

② 日産自動車からは，四輪駆動車を中心に，同社における非量産車の組立について生産委託を受ける。また自動車部品機械加工の受注により保有する工作機械の活用を図る。

③ 現有の設備，技術を活かして生産が可能な自社製品の開発を図る。

この内容からは，日産自動車資本のもとで同社がバスボディ，日産・ブランドの四輪駆動車の委託生産，部品の機械加工の3つの事業を柱にしていたことが分かる。バスの受注変動により業績は上下しながらも売上高は伸長し，それに併せて日産自動車向け売上高の比率も高まっていった。日産自動車からの委託生産ではバスとは異なりベルトコンベア方式の生産が必要になったが，同社は短期間にこれを習得したことで，日産・グループ内での委託生産企業としての地歩を固めていったのである。また併せて小型乗用車の生産も日産自動車から任されるようになった。その一方で，グループ内での機能軸での再編により事業の柱の1つであった機械加工が1965年に厚木自動車部品（現，日立オートモティブシステムズ）へと移管された。『日産車体50年史』によれば，この時期に日産・グループ入りした東急機関工業（現，日産工機）と愛知機械工業の機械加工部門の存在感が徐々に大きくなり，同分野においては同社が機能面で優位性を発揮できなくなっていた実態が記されている。

その後も次々と生産現場の近代化を経た同社は，1961年に東証一部上場を果たし，翌1962年には日産車体工機と改称したことで名実ともに日産・グループ入りした。この時期を境に，同社の乗用車生産への傾斜が加速する。1963年には本格乗用車としてフェアレディ（SP310）の生産が始まり，また1969年にはその後継車種であるフェアレディZ（S30）の生産も担当している。それとは逆に，戦後の看板商品だった大型バスボディの生産からは撤退している。この

ような事業部門の整理に伴い業容と社名に違和感が生まれてきていたことから，日産車体工機から工機の名称を外すことで1971年には現在の日産車体へと社名が変更されたのである。

3.2 委託生産企業としての存立基盤の確立

　日産・グループ入りしてから現在に至る日産車体の企業経営上の特徴を端的に述べるならば，それは生産機能を高度化するための継続的な設備投資と早期の自主開発機能の獲得である。つまり，委託生産企業としての正常進化の経路をたどったということになる。その上で注目したいのは，1970年代に急速に整備が進んだ開発機能である。

　高度経済成長期におけるモータリゼーションにより日産・グループの生産台数は飛躍的に伸び，その間も絶えず設備の近代化と合理化に努めてきた同社は，石油危機後の需要構造の変化に対応するために設計開発体制を構築していった。具体的には，1976年に設計部から試作課と実験課を分離し実験部を設置，続く1979年に秦野事業所第2期工事として周回路730mのテストコース建設を経て品質保証能力を獲得した。また1978年には日産自動車から商品企画段階で使用するクレイモデルの新工法を習得するよう依頼があり，開発機能の中でも最上流工程にあたるスタイリング，モデリングの技術を身につけた。設計ツールの近代化にも早期から着手しており，CAD/CAMは1972年から段階的に採用が進んだ[15]。1980年代はこれらの開発機能の一層の高度化が進んだ時期でもある。こういった取組が日産自動車から評価され，1995年の「新日車構想」では，日産車体は90年代以降に人気を博したRV（レクリエーションビークル）とCV（商用車）の専門メーカーという位置づけが与えられ，日産からの商品企画業務の移管，ユニット部品以外の開発参画が決まった。

　また1990年代に入ってからは，日産自動車の海外展開のサポート業務も発生している。例えば，1991年のメキシコ日産，1992年のタイ・サイアム日産における商用車生産の立ち上げである。具体的な業務としては，各仕向地の設計開発，現地調達部品の技術支援，そして日産自動車の海外工場立ち上げ時のオペレーション支援が挙げられる。

　以上のような委託生産企業としての正常進化があったことで，1999年からの

ゴーン改革における系列再編の中で，同社は委託生産企業としてグループの存立基盤を改めて確保することができたのである。委託生産企業ではなく部品メーカーとして再編された前述の愛知機械工業との最大の違いは，早期から委託生産の規模が大きかったことである。1970年には累計生産台数100万台，1980年には同500万台，1992年には同1,000万台を記録している。1992年の段階で，日産車体の委託生産事業は愛知機械工業の実に5倍の規模があったのである。

4　考　察

2社の事例からも明らかになったように，委託生産企業にとって戦略の自由度には大きな制約がある。いずれも日産自動車に資本，人材，事業の面で依存していることから，委託生産企業の戦略とは要するに親会社の戦略の従属変数の域にとどまっているのである。それは愛知機械工業が委託生産から撤退させられたこと，日産車体が機械加工分野を分離させられたことからも明らかである。完全に主体的な戦略を持ちえないことの現時点での最大の課題は，海外市場への参入機会が事実上閉ざされていることである。

愛知機械工業と日産車体には多くの共通点がある。それにもかかわらず両社の進む道が異なってしまった決定的な要因は，多くの制約条件を前提としつつも，その中で事業ドメインをどのように規定してきたのかという点に尽きる。愛知機械工業は委託生産企業兼部品メーカーであったため，必然的に経営資源が分散していた。他方の日産車体は，早期にテストコースを建設するなどして開発機能の高度化を図り，また生産のオペレーション能力向上に注力してきた。日産車体の開発・生産機能の近代化ならびに高度化への投資は，親会社である日産自動車にとって大きなスイッチング・コストになっていたのである。そして日産・グループの場合，トヨタ系とは異なり委託生産企業間の同質化競争が組織化されていた形跡は見られないため，高度な開発機能を持つことはその後の生産までの一貫受注につながりやすかったという側面は無視できない。日産車体のほうが約十年早くグループ入りしたとはいえ，モータリゼーションを両社揃って迎えており成長の機会は平等に与えられていたはずである。したがっ

てこのような事業ドメインの捉え方が各々の経営資源蓄積の方向性に違いをもたらし，その帰結として両社の委託生産企業としての基本能力と競争力に大きな格差をもたらしたのである。

　国内の自動車生産台数が頭打ちする中，我が国の委託生産企業には3つの選択肢が与えられている。1つ目は，愛知機械工業のように委託生産に携わりながら他の分野にも経営資源を分散し，事業ポートフォリオを構築するという方法である。2つ目は，日産車体のように親会社の生産補完機能を高度化することに特化した正常進化，そして可能であればそれを活かした海外生産の実現である。3つ目は，かつてトヨタ系委託生産企業だったアラコやセントラル自動車のように，別の委託生産企業に吸収され独立企業としての存続を諦めることである。

　委託生産からの撤退時には，当然ながら次の事業の柱が必要である。愛知機械工業がそうであったように，日産・グループ内で何らかの事業領域の調整が行われなければ実現することはできない。同社の場合，戦前の航空機メーカー時代に習得した高度な技術開発力があったこと，委託生産と同時にエンジン，トランスミッションといった基幹部品の開発・生産が並行して行われていたこともあり，（大幅な売上高の減少はあったものの）企業としての存立が脅かされることなく比較的穏当な形で事業領域の再編が行われた。完成車メーカーの経営状況に常に左右される存在である委託生産企業は，部品メーカーとは異なり独自に新規顧客を開拓するのは難しい。したがって万一そこからの撤退が必要になったとき，次にどの事業に存立基盤を見出すのかという意思決定が重要になる。愛知機械工業は委託生産企業としての存立こそ叶わなかったものの，他の企業に吸収されたり親会社から株式を放出されたりすることはなく，日産グループの中核企業の一角として存立基盤を確保することには成功したのである。

　他方の日産車体の場合，ゴーン改革こそ乗り切ったものの2011年に日産自動車九州が親会社からスピンオフしたことで，日産・グループ内最大の委託生産企業という地位は必ずしも絶対的なものではなくなった。したがって今後の存立の条件としては，日産自動車九州が持ちえない開発・生産上の差別化が必要不可欠になる。例えば2013年に日産車体が実施した湘南工場の再編では，モノ

コック車とフレーム車を混流生産し，ワンボックス，バン，セダン，ピックアップといったそれぞれ形状が異なる車種を1つのラインで生産するという高度なフレキシビリティを実現した[16]。今後も委託生産企業としての存立を望むならば，こういった固有の強みが一層要求されることであろう。

おわりに

　本章の目的は，わが国自動車産業において発達してきた委託生産方式が近年の競争環境においてどのような変化をみせているのか，そしてその背景にある要因は何なのかという点を明らかにすることであった。本章での分析ならびに先行研究の検討からみえてきたのは，委託生産方式はその存立をめぐって転換期にあるという事実である。2000年以降，日産系，トヨタ系を問わず委託生産企業の再編が続いているからである。決定的に重要になってくるのは，グローバル競争下における海外生産に対する完成車メーカーの考え方である。わが国の大半の委託生産企業は，本業としての完成車生産事業を海外に展開できていない。海外展開するのはあくまで完成車メーカーの海外現地法人である。そのため委託生産企業の市場は縮小が続く国内生産分に限定されている。完成車メーカーの海外生産の基本方針が変わらない限り，委託生産方式を支配するのは縮小均衡の論理のみである。

　他方で，委託生産企業が撤退するのか，あるいは存立し続けるのかを決める最終的な要因は，あくまで委託生産企業側にあるのも事実であった。その要諦は事業ドメインの規定にある。愛知機械工業は委託生産と部品事業に経営資源が分散していたため，結果として大規模な委託生産企業として成長する機会を逸した。それに対して日産車体は，早期から生産のみならず開発機能の獲得・強化に努めることで，1992年時点では愛知機械工業の5倍の生産量を確保し，その後も委託生産企業としての地位を保持してきた。ただしこれも，厳密には両社の置かれた環境による経路依存的な影響を割り引いて評価しなければならない。それだけ委託生産企業の戦略には制約が大きいのである。

　本章が言及できなかった点としては，存立し続けることができた日産車体が，親会社との間でどのような関係を構築することで愛知機械工業とは異なり，大

規模な委託生産企業になりえたのかという取引上の要因の解明が挙げられる。富野（2011）は，NPW（日産プロダクションウェイ）はTPS（トヨタ生産方式）とは異なり，「限りないお客様への同期[17]」に最大の関心を置くという強い確定受注生産志向を持つと指摘する。そこで例えば，日産自動車が目指す理想的な生産システムに対する日産車体の貢献が同社の委託生産の事業規模拡大にどう影響したのかという，顧客との相互作用とパフォーマンスとの関係性という視点からのアプローチが考えられる。今後の課題としたい。

※本章は佐伯（2015b）に加筆・修正したものである。

注

1 この会は1967年に，かなめ会へと移行し現在に至る。愛知機械工業50年史編纂委員会編（1999）24頁参照。
2 コニー失速の最大の要因は，商用車のラインアップしかなかったことにあると同社社史では分析している。乗用車の新規開発を目指した「150開発計画」が検討されたものの，それが実現することはなかった。前掲49頁参照。
3 日本興業銀行は1966年に旧通産省の完成車メーカー集約の意向を受け，日産自動車とプリンス自動車工業の合併を仲介した。それ以前から同行は日産自動車のグループ化を支援してきた経緯があり，愛知機械工業もまたその枠組みに沿って日産自動車との提携に至ったと考えられる。当時の経緯については，日本興業銀行年史編纂委員会編（1982）680頁参照。
4 愛知機械工業50年史編纂委員会編（1999）60頁参照。
5 日産自動車は1964年から愛知機械工業の株式を取得し始め，1965年初頭には日本興業銀行，東海銀行（現：三菱東京UFJ銀行）に次ぐ第3位株主となり事実上系列下に収めたのである。日産自動車株式会社社史編纂委員会編（1975）30－31頁参照。
6 愛知機械工業50年史編纂委員会編（1999）71頁参照。括弧内は筆者追記。
7 同上参照。日産自動車からの出資がいつの時点から始まっていたのかについては明確な記述がみられないものの，同社社史内の資料によれば1962年の大株主（上位10名）に日産自動車の名前はないため，技術提携が始まってから順次出資されたものと考えられる。
8 コニーの累計生産台数は，12年間で延べ32万2,040台であった。前掲85頁参照。
9 前掲89頁参照。
10 最後の委託生産の車種であったセレナの生産は，2001年に日産自動車へと移管された。なお愛知機械工業50年史編纂委員会編（1999）では，委託生産からの撤退については同社の努力が十分に実らなかった結果であるというニュアンスでの記述しかみられなかったが，日産自動車の関係者へのヒアリングによれ

ば，「当時は経営不振で自らの工場稼働率を確保することが最優先されたため，その影響が大きかったのではないか」とのコメントを得た。

11　戦前のわが国航空機産業はその規模や技術開発力の高さが際立っていた。戦後のGHQによる占領政策の一環として航空機の開発・製造が禁止されたことで，当時の優秀なエンジニアは自動車産業にも数多く流出し，戦後の同産業の急速な発展に貢献したのである。当時の経緯については，例えば藤本（1997）71-72頁参照。

12　日産自動車が愛知機械工業の開発および生産の能力を高く評価していることは，ゴーン氏が進めた系列会社の株式保有政策の転換時にも現れている。日産自動車はリストラクチャリングの一環として日産系部品メーカーの保有株式の大半を放出したが，愛知機械工業や日産車体，カルソニックカンセイといった中核企業の株式は保有し続け，むしろ出資比率を引き上げていった。そして2012年3月には愛知機械工業は日産自動車の完全子会社として内部化されている。

13　生産台数実績はアイアールシー編（2011）による。同資料記載の生産台数を合算すると日本自動車工業会が発表した同年度の日産自動車の国内生産台数を超過してしまうが，理由としては九州生産分の重複計上が疑われる。

14　日産車体株式会社社史編纂委員会編（1999）53頁参照。

15　設計開発能力自体も高度化し，1982年には自動車用マイコン開発のツールを導入してソフトウェア開発に着手した。その後，日産・グループ内委託生産企業初の電子部品内製化にも成功している。日産車体株式会社社史編纂委員会編（1999）140-141頁参照。電子部品の開発については，同社がフェアレディZという先進的なスポーツカーの生産を受注していたことも大きい。一般的に，電子部品のようなハイテク機器はフェアレディZのような高級車から採用が始まるからである。生産量が少ないため日産車体に生産が任されたというのが実態であろうが，それがかえって同社にとって新しい技術を身につける格好の学習機会になったのである。

16　『日刊自動車新聞』2013年1月30日3頁参照。

17　富野（2011）165頁参照。

（佐伯靖雄）

第 II 部

委託生産・開発のマネジメント

第4章　委託生産企業の製品開発
第5章　委託生産企業の部品調達方式
第6章　委託生産と資金格差

第4章
委託生産企業の製品開発
関東自動車工業とトヨタ車体の委託開発事例にみる完成車メーカーとの異同

はじめに

　本章の目的は，トヨタ・グループの委託生産企業のうち，トヨタならびにレクサス・ブランドの開発・生産に重要な役割を果たしてきた関東自動車工業（現，トヨタ自動車東日本[1]とトヨタ車体を分析対象とし，その委託開発の実態を明らかにすることである。この両社を取り上げる理由は，いずれもトヨタ・グループ屈指の大企業であり，委託生産に関与してきた歴史とその実績からみて，国内外の委託生産企業の中でも先進的な存在だという点にある。併せて，両社はトヨタ自動車主導のグループ再編でも中心的な役割を担っており，顧客であるトヨタ自動車もまたこの両社を重要視していることが明確であるという点も指摘できる。

　委託生産企業の生産機能については，各社の公表資料に生産品目や台数が明示されており，比較的実態を把握することは容易である。その一方で，外部から観察しづらい開発機能については，その有無だけが論じられてきたに過ぎず，実質的に完成車メーカーとの間でどのような分業構造が形成されているのかという細部まではほとんど明らかになっていない。委託生産企業の存立基盤を明らかにしていく上で，生産のみならず開発の局面に対してどれくらい彼らがコミットしているのか（あるいはできているのか）を分析することは，自動車産業における分業構造の全容を明らかにする一助になると同時に，委託生産企業の今後の展望を語るためにも有益な示唆を与える契機になるはずである。また，委託生産企業における開発は，あくまで顧客である完成車メーカーからの受注

が起点となるため，分析を通じて完成車メーカーが進める主体的な製品開発とは異なる特殊性を見出すことができよう。本章の問題意識はこの点にある。

以降では，まず先行研究を検討することで完成車メーカーにおける製品開発業務の諸特徴を整理し，本章で取り上げる委託生産企業との異同を分析するための評価軸とする。その後，関東自動車工業とトヨタ車体の製品開発を2つの枠組みから分析する。1つ目は，企業内部での管理についてである。具体的には，製品開発を推進するための組織とプロジェクトを運営するプロセスの実態を明らかにしていく。2つ目は，企業の境界を越える組織間関係についてである。その内訳は，完成車メーカーおよび部品メーカーとの間における組織間分業の視点と他の委託生産企業との関係性の視点に分けることができる。なお，本章では委託生産企業が完成車メーカーの依頼を受けて製品開発活動に取組むことを「委託開発」と名づける。

1 自動車産業における製品開発の管理

1.1 製品開発組織とプロジェクトの管理

製造企業の製品開発は，自社の近未来の収益性を占う上できわめて重要なプロセスであり，そのため外部から観察することは容易ではなかった。また，その特性上開発プロセスには機密に関する部分が多く，プロセス自体の暗黙知的側面も相まって，その実態を明らかにしながら企業間の比較を試み，優劣を判定することは一層困難なことであった。しかしながら，大半の先進国では多くの製品市場が飽和点に達してしまったことから，今日の製造企業は単にモノを作って売るというだけでは存続することができない。多くの製品市場には，顧客が明確に認識することができ，追加的な支払いを許容するだけの差別化が求められている。これに対応するには，マーケティング視点からのブランドの確立，他方のオペレーション視点からでは製品開発の強化といった方策がとられる。したがって，製造企業における現在の製品開発には，市場要件を満たしつつ，新しい技術革新にも積極的に取組むという使命が課されているということになる。

複雑性を増した製品開発の管理をいかに効率化するかという点で分析された

研究は，Wheelwright and Clark（1992），延岡（2002），Ulrich and Eppinger（2003），Morgan and Liker（2006）等，いくつか存在する。それらの先行研究の中でも，とりわけ自動車産業における製品開発のパフォーマンスを定量的に測定し，かつ大規模なフィールド調査を経て日米欧主要企業間の国際比較にまで言及したClark and Fujimoto（1991）の研究からは，多くの示唆を得ることができる。Clarkらは，リードタイム，開発生産性，総合商品力の3つの軸から製品開発の経済効率性を分析し，その結果，研究が進められた1980年代後半にはトヨタ自動車を含む日本の上位完成車メーカーがあらゆる点で欧米企業を上回り，競争優位を持つことを明らかにしたのである。

図表4-1 製品開発のプロセス

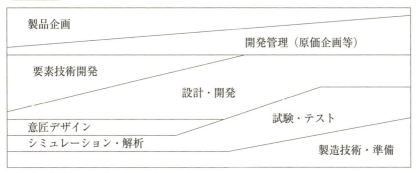

(出所) 延岡（2002），95頁，図4-1。

Clarkらの研究は多様な視点から製品開発を論じているが，その中でも組織管理のあり方については重要な発見があった。それこそが，重量級プロダクト・マネージャー（Product Manager，以下PMと略記）と呼ばれる強力な権限を持つ機動的なマネージャーの存在である。**図表4-1**に示したように，通常，現在の自動車産業における大企業での製品開発ともなると，組織は高度に専門分化されており，そのため多種多様な人員が大量かつ有機的に作用し合うことになる。その期間は長く，かつては4～5年を要し，現在でも平均して2～3年を下ることは稀である。長期間に及ぶ開発プロジェクトは，必然的に進捗段階によって各部門の関与の度合いを動態的に変化させるため，局面に応じて組織管理のあり方を調整する必要がある。このような動態性の渦中にあって，

製品コンセプトの構想から実際の量産まで一貫性を維持しながら開発を推進することは困難な作業である。したがって，局面ごとに組織の中身が変わったとしても，すべてを見通して大局的な判断ができる人物が必要になる。それが重量級PMなのである。

ここで簡単に自動車の製品開発プロジェクトのフローについて説明しておこう。年次改良やモデルチェンジではない完全な新規車種の場合，開発期間は3年から4年程度必要になる。ただし，既存車種から主要システムや部品を戦略的に流用するには，この期間は短縮される傾向にある。プロジェクトはまず，開発責任者に就任予定の重量級PMやデザイナー，マーケティング担当者等が集まり，商品企画が行われる[2]。ここでは，デザイナーが描いたスケッチ等を参照しながら，どういった顧客層を標的とし，年間何万台程度の販売が見込まれるか，販売価格はどれくらいが適切かといった検討が進められる。ここで商品化に向けたゴーサインが出ると，今度は製品企画へと局面が移る[3]。同じ企画とはいっても，この段階では製品化に向けたエンジニアリング視点から検討が進められる。すなわち，どのような要素技術を採用し，どういった開発組織が担当し，生産はどの工場で行うべきか，どの部品を外注するか，製造原価はいくらになるかといった議論である。

以上の企画段階を経て，工程はいよいよ開発実務へと移る。この時点で量産まで約2年の時間が残されている。当初は設計部門が外部の部品メーカーとも協力しながら図面や仕様書を作成する作業が中心である。その後各社の計画にしたがって試作車が数台から数十台製作され，各種の実験が行われる。近年はシミュレーション技術が発達してきたため，高額な試作車を仕立てる数は減少傾向にある。このプロセスは，設計，試作，実験という形で何度か繰り返され，問題点が次の図面や仕様書にフィードバックされる。この過程で，生産技術部門が積極的に関与し，工場で作りやすい設計を提案することになっている。このような製品エンジニアリングと工程エンジニアリングの連携は，コンカレント・エンジニアリングと呼ばれている[4]。

開発プロジェクトも後半に入ると，量産に向けた工場の準備が本格化し，収益管理のために原価企画部門の活動も活発になっていく。量産に使用する金型（プレス型やモールド型等）が完成すると，設計部門の関与は相対的に減り，

代わって生産技術部門が主軸となって，どうすれば効率的な量産ができるかという視点から生産ラインの構築を進める。この時点で，量産までの残り時間は約半年から数か月である。生産技術部門と製造部門では，工場で使用する金型・設備・治工具類の調達を終え，実際に組立を担当する現場スタッフのための作業標準を作成する。量産の約1か月前には先行量産[5]を行い，現場スタッフの訓練を兼ねて最終確認が行われる。たいていの場合，この頃には当該新規車種のプレスリリースは済んでいるため，量産立ち上げの遅延は絶対に許されない。こうして最初の量産車がライン・オフし，開発プロジェクトは終了するのである。以上が典型的な自動車の製品開発プロジェクトの流れである。

再び開発組織の管理に論点を戻そう。Clarkらの説明によると，重量級PMは，組織内でも高い地位にあり，機能別の部門長と同等もしくはそれ以上の存在とされている。「開発の推進にあたっては，必要とあらば機能別部門とのリエゾン担当者を介さずに直接実務担当者とも意思疎通し，プロジェクトの内外を問わず強力な影響力を行使することも厭わない。また，内部組織の調整のみならず，製品企画やコンセプト設計にも関与する。まさに開発プロジェクトにおけるジェネラル・マネージャーとして君臨している[6]」のである。

このような強力な権限を持つマネージャーが必要になるのは，前述のように開発に関与する高度に専門化された多様な人員が関与すること，開発期間が長いこと，自動車という製品が2万点から3万点という膨大な数の部品から成り立っていること，そしてそれらの開発や調達には内部組織のみならず外部組織にも経営資源を求める必要があることといった諸要件の複雑性に起因する。そのため製品には高い統合度が求められる。藤本（2001）によれば，日本企業は，自動車のように高い統合度を要求される擦り合わせ重視の製品を得意としてきた[7]。その方法論の1つが，重量級PMの採用だったのである。

他方で，現在の巨大な完成車メーカーにおける製品開発では，単独のプロジェクトのみを管理していればいいというわけではない。トヨタ自動車級ともなると，完全な新規車種の開発と大小のモデルチェンジを含めると十数本の開発プロジェクトが併走していることは決して珍しいことではない。したがって，複数の開発プロジェクトをいかに効率的かつ収益性を落とさないように推進するかという視点が重要になる。そのような点に着目したのが，延岡（1996）の

研究である。複数の開発プロジェクトを最適化する上で大事なのは、部品共通化と範囲の経済を活かしたマスカスタマイゼーションの達成と、中核となる経営資源であるコアコンピタンスの2つである。この両者を巧みに組み合わせて製品開発に臨むことが、マルチプロジェクト戦略の要諦であると延岡は主張している。この戦略には、プロジェクト間の関係から見た製品開発戦略の類型として4つが挙げられる。それらは、新技術戦略、並行技術移転戦略、既存技術移転戦略、現行技術改良戦略である。このうち、並行技術移転戦略を採用することが市場シェア向上に最も有効であるとされている。延岡の研究においても、マルチプロジェクト戦略を成功させている事例としてトヨタ自動車が取り上げられているが、同時に、重量級PMは効率を優先するあまり、自らが担当する個別のプロジェクトを過度にコントロールしてしまい、プロジェクト間での最適化という観点からは、問題を残す存在として指摘されている。

　以上の議論から明らかなことは、製品開発組織とプロジェクトの管理の局面において重視すべきは、組織がどのように専門分化されプロジェクトに動態的に関与しているかという点と重量級PMの存在およびその役割である。大規模な製品開発のプロジェクトにおいて、高度に専門化された組織が強力な権限を持ったマネージャーによって調整されていることが、複雑性の高い自動車のような製品を効率的に開発していく上で必須の要件なのである。

1.2 製品開発と組織間関係

　次に、企業の境界を越えた組織間関係にまつわる先行研究を検討する。自動車産業のような総合加工組立産業の場合、完成車メーカーがすべての工程を内製することは効率性やコスト競争力の点からみても現実的ではない。そこでは分業という形での組織間関係が築かれていくことになるが、同産業における組織間関係でまず挙げるべきは、素材、部品、資本財等の調達という垂直方向での分業である。ここでは、その中でも最も研究が進んでいる部品メーカーとの関係性に注目する。自動車産業における外注管理機構は、単なる仕掛品や半製品の調達・供給構造を指すわけではない。浅沼（1997）によると、完成車メーカーは原価基準でみた時に、約7割から8割を外部から調達しており、かつその大半を承認図方式で取引している。すなわち、調達機能の中には、外部の部

品メーカーとの間での共同部品開発という要素が含まれているのである[8]。完成車メーカーは，部品メーカーの経営資源を最大限に活用しながら製品開発を進めているのである。

この点を指摘した研究には，例えばIMVP（International Motor Vehicle Project）の調査を挙げることができる。かつてアメリカのMITでは，1980年代に隆盛を極めた日本の自動車産業を分析するため，日本自動車産業の競争優位の源泉が何であるかを徹底的に調査した。その調査内容をまとめたWomack et al.（1990）では，日本の完成車メーカーが欧米企業よりも遙かに高い生産性を有していることが明らかにされた。その要因の1つとして指摘されているのが，わが国完成車メーカーが作り上げた，部品メーカーの秀逸な管理機構である。

前述のClark and Fujimoto（1991）もまた，同様の指摘をしている。Clarkらは，日本の完成車メーカーは限定された少数の有力な部品メーカーとだけ直接取引し，それら一次部品メーカーにはさらに下位の部品メーカーを管理させるという階層性の特徴を見出している。また，製品開発の段階から積極的に有力部品メーカーを参画させることでコミュニケーションの密度を上げ，組織間での取引でありながらあたかも組織内での取引のような効率性を達成している点も明らかにした。

製品開発における組織間関係を円滑にするためには，いくつかの工夫が見られる。その最たるものは，ゲスト・エンジニア制度の導入である。ゲスト・エンジニアはレジデント・エンジニアと呼ばれることもあり，部品メーカーのエンジニアが完成車メーカーの設計・開発棟に常駐し，顧客からの様々な要望を先行的に解決したり，顧客内部の情報収集をしたりといった役割を担う[9]。ゲスト・エンジニアは顧客である完成車メーカーのエンジニアと机を並べて作業するため，必然的にコミュニケーションの密度は濃厚になる。これは開発プロジェクトで頻発する雑多な問題を解決する上で有効であり，時には次の開発プロジェクトに部品メーカーが早期に参画するための契機にもなり得る。このような取引上の直接的な利益のみならず，ゲスト・エンジニアを派遣し顧客に受け入れてもらうことは，部品メーカーにとって人材育成の側面を持つという指摘もある[10]。

わが国自動車産業の外注管理機構が優れている理由については，藤本（1997）が端的に3つの点から説明している。第1に，長期継続的取引関係である。長期継続的取引は，完成車メーカーと部品メーカーとの間に信頼関係を育む。そしてこういった長期継続的取引を基盤に，わが国の部品メーカー群には相対的に技術力を高めた承認図メーカーが増加していったのである。

第2に，少数企業間の激しい競争である。わが国自動車産業では，部品メーカーは系列外にも顧客を求め，他方の完成車メーカーは系列外からも部品を調達してきた。しかしながら，部品もまた技術的に専門化していく中で，ある特定の部品の受注をめぐっては，どこの完成車メーカーからの引き合いであっても，だいたい同じような部品メーカーが毎回競争することになる。こうして部品メーカー同士は，完成車メーカーによって管理された狭い市場の中で，顔をよく知る競合他社と受注競争を繰り広げることになる。

そして第3に，承認図方式では完成車メーカーが部品メーカーに「まとめて任せる」ようにしてきたことである。部品メーカーは，開発から生産，そして納入時の品質管理責任まで一括して請け負う。これにより，完成車メーカーはエンジンやシャシー等の付加価値がより高い分野の開発・生産に経営資源を集中できるようになった。その一方で，部品メーカーは部品供給における一連の諸工程を自社最適に統合化・合理化することが可能になった。こうしてわが国自動車産業では，完成車メーカーと部品メーカー双方の利害が一致したことで，飛躍的に生産性が向上し，国際競争力を高めていったのである。

以上の議論で重要なのは，組織間関係が何らかの強制力を伴って設計されているわけではないという点である。たしかに部品の外注管理の実態として，完成車メーカーは自社の競争優位性に直結するような部品を供給する重要な部品メーカーに対しては資本関係を結び，役員派遣を行うことを通じて影響力を行使している。しかしながら藤本（1997）が指摘したように，その背景にあるのは部品メーカーが率先して協力したくなるような魅力的なインセンティブである。部品外注の管理機構に見るわが国自動車産業における組織間関係の特徴には，インセンティブを媒介とした相互依存関係という側面もあるということである。

1.3　委託生産企業の開発への関与

　ここまで，自動車産業の製品開発における企業内部の管理，企業の境界を越える組織間関係という2つの枠組みから先行研究を検討してきた。本節の最後として，委託開発に関する先行研究の到達点と限界を指摘しておこう。

　わが国自動車産業では，とりわけ高度経済成長期以降のトヨタ自動車や日産自動車といった上位完成車メーカーは，傘下の委託生産企業に製品開発機能の一部を移管し，開発工数の不足を補ってきた。このような委託開発の存在については，例えば清家（1993），塩地（1993），Morgan and Liker（2006）によって指摘されてきた。ただしこれらの研究は，あくまで委託開発の有無に言及しているに過ぎない[11]。例えば清家（1993）は，トヨタ・グループにおけるボディローテーションの概念を説明する上で，自動車の生産過程が3つの過程に分割されると述べている。ボディローテーションとは次のような概念である。まず，「生産過程を細分化し，生産単位（デザイン，R&D，製造）に分け」，そして「各事業主体にこの生産単位が存在し，事業主体間で互換性をもつ」というものである[12]。この指摘によって初めて，委託生産企業はR&D（研究開発）の機能を保有しているという点が強調され，さらにはその上流工程にあたるデザインにも関与している事実が明らかにされたのである。しかしながら清家の主たる関心は，生産過程が分割可能であることと，それにより事業主体（委託生産企業）同士が競争関係にあり，そこでの切磋琢磨がトヨタ・グループの競争力の底上げに貢献したという点にある。そのため委託開発の実態にまでは踏み込んでいないものの，開発とデザインが完成車メーカーから外注されている事実を指摘したことの研究上の貢献は大きいといえよう。

　しかしながら，ひと言に開発といってもその期間は長期にわたり，その局面ごとに実質的な開発業務の内容は異なる。この点に鑑みると，従来の研究に不足しているのは，委託開発の具体的な中身の検証である。前述の通り，開発には商品企画・製品企画から量産開始までにいくつもの段階がある。先行研究では，それらの諸工程のうち，どの範囲までが実質的に委託開発として外注されているのかを必ずしも明確に論じていない。また，委託生産企業が製品開発の過程でどのような調達を行っているのかという視点は完全に欠如している。エンジニアリングの限定された一部だけを担当するのと，完成車メーカーのよう

に上流から下流まで車種や量産規模を問わずにフルセットで担当するのとでは大きな違いがある。したがってこの点を明らかにしなければ、委託生産企業の実力と潜在性を理解することはできない。次節からは、関東自動車工業とトヨタ車体の事例研究を行い、完成車メーカーの製品開発との異同について検証する。

2 関東自動車工業とトヨタ車体における製品開発組織とプロジェクトの管理

本節では、企業内部の管理という視点から委託開発を分析する。注目するのは、関東自動車工業とトヨタ車体の委託開発では、開発組織がどのように専門化された編成になっているのかという点と、長期間にわたって複雑な問題解決の繰り返しが必要になる開発プロジェクトが誰によってどのように管理されているかという点である。具体的な分析に入る前に、事例で取り上げる両社の概要について簡単に整理しておこう。

2.1 企業概要

関東自動車工業とトヨタ車体は、今やトヨタ・グループの委託生産企業の両巨頭であるが、その起源は少し異なる。関東自動車工業は、1946年に関東電気自動車製造として設立された。企業名が示すように、設立期の主力製品は電気自動車であり、独立した完成車メーカーであった[13]。1948年にはトヨタ自動車工業（当時）からトヨペットボディの生産を受注し、トヨタ自動車との取引が始まった。それ以降、トヨタ自動車からの委託生産は拡大し、その過程で資本の受け入れも進んでいく。委託開発にも順次取組み、とりわけ1967年に生産が始まったセンチュリー（トヨタ・ブランドの旗艦車種）はトヨタ自動車との共同開発によるものであり、現在でも生産は同社のみに限られている。そして2000年には同じくトヨタ系委託生産企業のセントラル自動車と開発部門を統合し、グループ内の委託生産企業再編の基軸となる。2012年1月にトヨタ自動車の完全子会社となり、同年7月には前述のセントラル自動車、トヨタ自動車東北と合併し、トヨタ自動車東日本として再出発している。現在、トヨタ自動車東日本はトヨタ・グループの東北地方での生産拠点として位置付けられ、主に

コンパクト車を担当している。関東自動車工業としての最後の決算である2012年3月期公表値によると，委託生産台数は36万4,000台，連結売上高は5,041億円であった。

他方のトヨタ車体は，まさにトヨタ直系と呼ぶにふさわしい歴史を持つ。その前身は，豊田自動織機製作所（現：豊田自動織機，当時トヨタ自動車は同社の一事業部門であった）が自動車生産のために建設した愛知県刈谷の工場である。1937年にはトヨタ自動車工業（当時）が豊田自動織機製作所から分離し，間もなく現在の豊田市にあたる挙母に工場が完成したため，刈谷工場はボディ生産の工場として位置付けられる。そして終戦を迎えた1945年に刈谷工場はトヨタ自動車工業から独立し，トヨタ車体工業が発足した。当時の主力事業はトラックボディの生産であった。その後1965年からは乗用車生産に進出し，日本で初めてハードトップ車を生産した実績を持つ。しかしながら事業の起源がトラックボディだったこともあり，もっぱら得意としてきたのは商用車，ミニバン，SUVといった非主流の車種であった。その後，国内市場の嗜好が転換し，1990年代以降のミニバン・ブームに乗ったことで，同社の生産は躍進する。主力車種の1つであるミニバンのエスティマ，商用車のハイエースは同社の委託開発によるものである。トヨタ車体もまたグループ内の委託生産企業再編の中核企業であり，2004年にアラコの車両事業を統合，2007年に岐阜車体工業を完全子会社化した。そして2012年にトヨタ自動車が出資比率を引き上げ，完全子会社となった。上場時代の最後の決算である2011年3月期公表値によると，委託生産台数は63万9,000台，連結売上高は1兆4,626億円であった。

以上が両社の概要であるが，関東自動車工業は独立系完成車メーカーから，トヨタ車体はトヨタ自動車の一工場からとそれぞれ設立経緯は異なるものの，2000年代以降にトヨタ・グループの中堅委託生産企業を次々と統合し，かつ2012年に揃ってトヨタ自動車の完全子会社になっている点からも，両社がグループの委託生産企業の中でも中核的な位置づけを与えられていることが分かる。

図表4-2に示すように，ダイハツ工業，日野自動車，富士重工業といった固有ブランドを持つトヨタ系完成車メーカーによる委託生産を除く，いわゆるトヨタならびにレクサス・ブランドのみの生産を行う純粋な委託生産企業には，

第Ⅱ部　委託生産・開発のマネジメント

図表4-2 トヨタ・グループの委託開発，委託生産の現状

企業名	固有ブランド	委託開発	年間生産台数	生産車種区分				
				軽乗用車	セダン・コンパクト	ミニバン・SUV	トラック・バス	福祉・特装車
関東自動車工業		○	36.4万台		○	○		○
トヨタ車体	＊1	○	63.9万台		○			○
トヨタ自動車九州		△	30.2万台		○	○		
豊田自動織機		○	27.8万台			○		
ダイハツ工業	○	○	22.2万台	◎	◎		◎	△
日野自動車工業	○	○	15.3万台			○	◎	
富士重工業	○		0.9万台	◎				

（注）　年間生産台数は2012年3月期の公表値（トヨタ車体のみ2011年3月期）。トヨタ自動車九州と富士重工業の生産台数は，トヨタ自動車およびグループ他社への販売台数を近似値として使用した。

＊1：トヨタ車体の固有ブランドは，小型EVの「コムス」のみが該当する。トヨタ車体の生産台数には岐阜車体工業生産分を含む。網掛けの固有ブランドを持つ完成車メーカーについては，生産車種区分の記号を次のように定義する。◎＝固有ブランドと委託生産の両方，○＝委託生産のみ，△＝固有ブランドのみ。なお，ダイハツ工業の委託生産は富士重工業への供給分も含む。

（出所）　関東自動車工業は2012年3月期有価証券報告書，トヨタ車体は2011年3月期有価証券報告書，トヨタ自動車九州は『トヨタ自動車九州決算報告』他，豊田自動織機は『豊田自動織機レポート2012』，ダイハツ工業は『アニュアルレポート2012』，日野自動車は『HINO REPORT第100期報告書』，富士重工業は『アニュアルレポート2012』を使用し筆者作成。

　他にも豊田自動織機（2012年3月期の委託生産事業における売上高3,544億円，生産台数27万8,000台）とトヨタ自動車九州（2012年3月期の売上高7,810億円，トヨタ自動車への販売台数30万2,453台）という大企業が存在する。

　しかしながら，豊田自動織機は委託開発を行う実力があり生産高も多いが，トヨタ自動車の源流企業という特殊な位置付けにあること，かつ本業は産業用車両の製造であることから，トヨタ自動車が完全に管理できる対象とはいい難い。またトヨタ自動車九州は，売上高と販売台数（実質的には生産台数）こそ大きいものの，本稿執筆時点での委託開発への関与はきわめて限定的であり，100％出資の生産専門子会社という役割のほうが際立っている[14]。したがって，

委託開発から委託生産まで網羅しつつ，トヨタ自動車の今後のグローバル戦略に随行できる候補としては，やはり関東自動車工業が母体となったトヨタ自動車東日本とトヨタ車体の2社がその筆頭となるであろう。冒頭でもふれたように，本章が両社を取り上げる理由は，トヨタ自動車の戦略的機動展開を可能にする存在であり，委託生産企業の潜在性を展望する上で適切な分析対象だからである。

2.2 製品開発組織の管理
2.2.1 関東自動車工業の場合

続いて両社の製品開発組織についてである。関東自動車工業では，図表4-3に示したように委託開発（設計・実験等）を担う部門には約1,100名が，他方の生産技術部門には約600名がエンジニアリングに携わっている[15]。開発能力は年間4車種であり，トヨタ・グループ全体に占めるボディ開発能力は約2割に達する。

同社には開発を担う部門が2つあり，1つは社長直轄である。こちらでは主に開発業務の企画や新技術の発掘を行っており，人数は全体で数十名規模である。他方で，委託開発業務の主力を担うのが開発本部である。中心となるのは2つのボディ設計部であり，併せて400名近い陣容を誇る。他にも材料や電子技術を担う部門が約100名超，デザイン部門に約100名が所属する。実験部門も領域別に2つあり，人数は併せて300名程度となっている。試作を担当する部門もあり，こちらは百数十名が配属されている。これ以外にも，技術管理や企画，用品の設計部門がある。委託開発の機能強化に伴い，近年は開発本部の人数が増加傾向にある。

図表4-3 関東自動車工業の開発本部・生産本部・生産技術本部の人数

部門	人数	開発・生産能力	トヨタ・グループのボディ開発・生産能力に占める比率
開発	約1,100人	年間4車種	18%
生産技術	約600人	年間3車種	13%
生産	約3,600人	52万台/年（2工場3ライン）	14%

（出所） 同社への聞き取り調査をもとに筆者作成。

第Ⅱ部　委託生産・開発のマネジメント

　図表4-4に示すように，関東自動車工業の設計・開発領域は，アッパー・ボディを中心に，一部の機能部品，ユニット部品に及ぶ[16]。具体的には，車体の骨格にあたるボディシェルの開発，外装部品はバンパー，サンルーフ，グリル等の樹脂部品とガラス，内装部品はインパネやシートといった大物が中心である。機能部品には電装部品が多く，灯体関係，ワイヤー・ハーネス，メーターやオーディオ等のインパネ組付部品である。これらを3つの設計部門が担当している。

図表4-4　アッパー・ボディ中心の関東自動車工業の設計・開発領域

第1ボディ設計部	第2ボディ設計部	材料・電子技術部
ボディシェル	ヘッドランプ	ワイヤーハーネス
バンパー	リヤコンビランプ	ジャンクションボックス
グリル	サンルーフ※	メーター
ガラス	ドアロック※	オーディオ
モール	インパネ	スイッチ
ウェザーストリップ	シート	材料評価
	シートベルト	
	内装トリム	

(注)　※の部品は可動部品（機能部品）。
(出所)　同社への聞き取り調査をもとに筆者作成。

　アッパー・ボディ以外はトヨタ自動車が自社もしくは部品メーカーから調達し，関東自動車工業に供給している。その内訳は，アンダー・ボディ関係ではエンジン，トランスミッションといった駆動系部品全般，ブレーキやサスペンション（緩衝器）等の足回り関連の部品，そして燃料タンクや排気系統である。つまり関東自動車工業は，いわゆるプラットフォームの概念に近い領域の開発には参画していないのである。それ以外に，ハイブリッド車専用のバッテリーやインバーター，モーターもトヨタ自動車が内製もしくは部品メーカーとの間で開発している。その一方で，関東自動車工業は，試作車を製作してからはCAE（Computer Aided Engineering）を経て，車両評価と安全試験等の実験を担っている。また，委託生産企業として当然ながら工程エンジニアリング全般も担当している。

第4章　委託生産企業の製品開発

　こういった開発組織を管理・統制しているのは，重量級PMに相当するチーフ・スタッフ（Chief Staff，以下CSと略記）というマネージャーである。車種によって若干の違いがあるものの，開発活動全般に関与し，トヨタ自動車から任されている範囲内での原価責任も負う。同社では大部屋制度を採用しており，複数のCSが1つの部屋で執務することで，開発中のプロジェクト間での情報交換を促進するよう工夫している。

　しかしながら，同社のCSはトヨタ自動車における重量級PMと全く同じ権限を持つわけではない。図表4-5に示したように，トヨタ・グループ全体の開発体系の中では，CSはある特定車種開発における責任者の1人として位置づけられている。したがって，開発車種の基本性能に関わる部分の決定や変更をする場合には，必ずトヨタ自動車の承認が必要になる。また出図のタイミングでは，トヨタのチーフ・エンジニア（Chief Engineer，以下CEと略記）が関東自動車工業に出向いて様々な調整をすることもある。他方で，開発途中での仕様変更や設計変更による原価の変動幅については，関東自動車工業が任されている総原価の中で収めるのであれば，個々の部品・箇所についてはCSに決定権が与えられている。実際には，様々な背景を持った人がCSとして開発組織を管理しているが，一般的な傾向としては，ボディの設計部門出身者が向いているようである。

図表4-5　関東自動車工業のCSの位置づけ

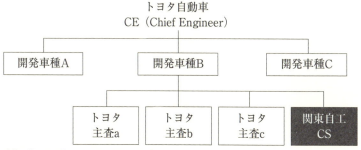

（出所）　同社への聞き取り調査をもとに筆者作成。

2.2.2　トヨタ車体の場合

　トヨタ車体では，委託開発に関係している設計，試作，実験の部門に約1,450

名が所属している[17]。最新の開発組織図は入手できていないが，同社社史『トヨタ車体40年史』によると，1985年時点には設計部，技術部（試験と材料評価を担当），生産技術部がすでに2つずつあり，早くから開発体制は整備されていた。また，当時からデザイン室が独立した部門として設置されているのは注目に値する。相応の歴史と経験の蓄積があることにより，同社のデザイン力はトヨタ自動車から高く評価されている。委託開発で最も任された分野が大きかった車種では，企画段階のクレイモデル製作も行った。他にも，工程エンジニアリングを担当する同社の生産技術部門は，トヨタ自動車から海外工場の立ち上げ支援を任されたこともある。とりわけ2000年代の海外生産の急拡大期には，トヨタ車体の工場がマザー機能を担ったこともあり，まさにトヨタ自動車とは二人三脚で歩みを進めてきた。

　同社の2020年ビジョンは，「ミニバン・商用車・SUVで完成車両メーカーを目指す」というものである。トヨタ車体にとって完成車両メーカーの定義とは，第1に主体性を持って商品企画ができること，第2に商品を自律的に開発・生産できることである。これはつまり，現在は商品企画には関与していないこと，さらには自律的に開発ができていない領域があるということである。商品企画はトヨタ自動車で行われ，その後の製品企画から参画しているが，それもまだ完全に主導権を握るほどではない。近年はこの機能を強化するために，商品営業企画室を新設し，少しずつ主体的に市場調査を始めるようになった[18]。

　トヨタ車体の設計・開発領域は，車体の骨格を形成するアッパー・ボディ，プラットフォームにあたるアンダー・ボディの一部，そしてシートを中心とした内装部品，ワイヤー・ハーネス等である。エンジンやトランスミッションといった駆動系部品，そして排気系統，制御部品の開発には関与していない。同社では，今後完成車両メーカーを目指すために，エンジン以外はすべて開発できるように目標を定めている。他方で，試作車を製作した後に必要となる実験機能は充実しており，衝突試験，風洞試験のような大規模な設備投資を要する実験であっても自社で完結して評価することができる。さらには，海外での耐熱，寒冷地試験といったものも対応している。

　開発組織の管理においては，委託開発の車種にもよるが，最終責任を負うCEはトヨタ自動車側に配置される。トヨタ車体側の開発責任者は「室長」と

呼ばれ，主担当員，主任と呼ばれる3～4名のスタッフが直属の部下になる。開発中には，CEがトヨタ車体に来て室長と連携して様々な調整をすることもあればその逆もある。関東自動車工業の場合と同様に，開発車種の仕様にまつわる意思決定には必ずCEの承認が必要になる。ただし，例えばトヨタ車体の看板車種の1つであるハイエースがそうであるように，最初から同社が全面的に開発に関与し生産も担ってきた車種の場合は，トヨタ車体側が主導権を握ることもある。

開発組織の管理体系や委託開発の実質的な範囲等の諸点において，関東自動車工業とトヨタ車体には類似点が多いことが分かる。しかしながら決定的に異なるのは，トヨタ車体にはビジネスとしてはまだ小さいながら，「トヨタ車体」という固有ブランドで開発から生産まですべて同社だけで完結しているEV（電気自動車）のコムスという商品があるという点である。コムスは2004年に事業統合した旧アラコの技術を継承し，トヨタ車体が完全に自力で開発した小型EVである。同製品はトヨタ・ブランドではないものの，現在はトヨタのディーラーで販売されている。

2.3 プロジェクトの管理
2.3.1 関東自動車工業の場合

関東自動車工業では，重量級PMであるCSの指揮の下，**図表4-6**のようなフローで委託開発が進められている。開発期間が長いプロジェクトの場合，3年半の期間に延べ60万時間（約300人/月）の工数をかけることもある。ここで

図表4-6 関東自動車工業の委託開発フロー

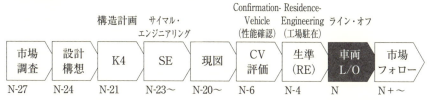

（注）各項目下の数字は，ライン・オフ時点（N）までの月数を指す。また，車種，開発規模，生産場所によって日程の変動は大きくなるため，本図は一般的なモデルに過ぎない。
（出所）同社への聞き取り調査および同社提供資料をもとに筆者作成。

は，モデルケースとして開発期間が2年半程度の場合を検討する。

　まず，量産開始の2年程前から市場調査が始まる。この領域は商品企画にかかわるため，顧客であるトヨタ自動車の企画部門やマーケティング部門に依存することになる[19]。量産開始まで2年を切ると，設計構想の段階に入る。ここでは，安全，NV（Noise and Vibration），剛性（操縦安定性），強度という4大性能をどの水準に定めるかがエンジニアリングの視点から検討される。そこからさらに進んでK4（構造計画）に入ると，紙と鉛筆を使って具体的に断面図やポンチ絵を描き，検討を進める。その前後からサイマルテイニアス・エンジニアリング（Simultaneous Engineering）と現図の作業が始まり，手描きでの作業を3D-CAD等の設計ツール上で再現し，出図へと進む。この時，どのように設計すれば工場で作りやすいかも併せて検討される。

　量産開始まで半年の時期にはCV（Confirmation Vehicle）があり，図面をもとに試作車が製作され，設計の狙い通りの性能が達成できているかどうかを確認するための各種試験が行われる[20]。また，この設計で本当に工場での組立が可能かどうかという確認も行われる。トヨタ自動車のグローバル展開に伴い，関東自動車工業の工場のみならずトヨタ自動車の海外工場でも併産されることが想定される場合は，現地作業者を招聘し，現地工場と同じ条件を再現して検討される。このようにして得られた膨大な評価結果は設計へとフィードバックされ，量産に向けて問題解決や商品性向上のための設計変更が加えられる。

　量産開始まで4か月の時期になると，いよいよ量産に向けて生産ラインの準備が本格化する。生産準備プロセスでは，設計担当者もまた工場に出向き，量産までの4か月から半年程度の間，現場張り付きで問題解決に当たる。実際にはSEや現図の段階で工場側の製造要件は図面に反映済みではあるものの，関東自動車工業ではこうして不測の事態に備えることにしている。そうして無事初号車がライン・オフして量産が始まるが，その後も新しく市場に投入された車種を実際に運転してデータを収集したり，ユーザーの使い方等を調べたりといった市場フォローの作業が残されている。

　以上が関東自動車工業の委託開発のモデルケースである。いうまでもなく，このような長いプロジェクトの進行中，開発総責任者たるCSは，トヨタ自動車のCEとも連携しつつスケジュールが遅滞なく進むよう日々調整を行ってい

るのである。開発には外部の部品メーカーとの調整も含まれるが，この点は次節で詳しく議論する。

2.3.2　トヨタ車体の場合

　トヨタ車体における基本的な開発フローもまた，前述の関東自動車工業と似ている。すでにここまでの議論でプロジェクトの管理についてもある程度言及してきたため，ここでは重複を避けるために要点だけを指摘しておく。まず管理主体であるが，トヨタ車体では重量級PMに相当する室長が社内の開発プロジェクトを取りまとめている。同社は商品企画には関与しておらず，製品企画から参画している。トヨタ車体のデザイン部門はトヨタ自動車からの評価が高く，自動車そのものの内外装デザインに加えて，商品化に向けてクレイモデル製作も行うことができる。

　その後のエンジニアリングについては，委託開発の対象によって関与の度合いが大きく変わってくる。トヨタ車体の主導による開発・生産車種として代表的なものは，ミニバンのエスティマ，商用車のハイエースであるが，これらの開発においては同社の発言力は相対的に大きくなる。トヨタ自動車のCEが最終的な開発の総責任者である点に変わりはないものの，トヨタ車体の室長との間のパワーバランスはケースバイケースで変動するのは関東自動車工業と同じである。すなわち，最終的な意思決定権はトヨタ自動車側にあるものの，実質的には委託生産企業の重量級PMが決定しトヨタ自動車側は形式的な追認作業のみなのか，あるいはかなり具体的な点までトヨタ自動車側が指定し委託生産企業はその都度顧客の意向を確かめることになるのかは，プロジェクトの性格に左右されるということである。なおこの点は，外部の部品メーカーから調達する部品の開発をどう扱うかによっても変わってくるため，次節で改めて言及する。

　トヨタ車体の開発フローにおいて特筆すべきは，同社は2012年にトヨタ自動車の完全子会社になった後，完成車両メーカーを目指すと明言していることである。同社の目標は，エンジン設計と制御以外のすべての企画・設計・実験・生産準備を行うことである。この対象には，自動車設計の根幹にかかわるプラットフォーム設計も含まれる。実際に，トヨタ車体は製品エンジニアリングではデザインと実験の能力に優れており，工程エンジニアリングではトヨタ自

動車の海外工場の立ち上げを実質的に任されるといった顧客からの信頼がある。基礎的な開発・生産能力水準の高さに加えて，同社自身がさらなる成長に意欲を持っていることに鑑みて，今後トヨタ自動車からの権限委譲は段階的に進んでいくことが十分に考えられる。このように，現状での基礎体力やこれまでの実績に加えて，トヨタ自動車の期待に添う形での明確な成長戦略を持っているという点において，トヨタ車体はトヨタ・グループの委託生産企業の中でも際立った存在なのである[21]。

3 関東自動車工業とトヨタ車体の組織間関係

第1節の先行研究の検討でも述べたように，我が国の完成車メーカーは車両原価の約7割から8割もの部品を外部の部品メーカーから調達している。また，そのうちの少なくとも6割以上は承認図方式で取引されており（Clark and Fujimoto（1991）），部品メーカーとの間で共同部品開発が行われている。このことからも，自動車の開発は部品メーカーとの関係を抜きにして語ることはできない。この点も含め，本節では委託開発における組織間関係を2つの枠組みから検討する。1つは，承認図方式で取引される部品の実質的な開発主体はどちらなのかをみるための，委託生産企業と完成車メーカーおよび部品メーカーとの間での組織間分業の枠組みである。もう1つは，グループ内での再編下において，委託生産企業間の存続を占う組織間競争の枠組みである。はじめに組織間分業についてである。なお，これらの枠組みは，清家（1995a）の議論で展開されたものである。

3.1 組織間分業の実態
3.1.1 委託生産企業の素材・部品調達構造

承認図方式の共同部品開発について言及する前に，委託生産企業における素材・部品調達の基本構造について整理しておこう。**図表4-7**に示すように，自動車生産に必要になる素材・部品の調達形態は，委託生産企業自身による内製，顧客であるトヨタ自動車からの支給，そして外部の部品メーカーから調達する自給の3つに分類することができる。図の上方向ほど委託生産企業の自律

図表4-7　委託生産企業の素材・部品調達構造

			内　製			
外注	自給	完全自給（かなり少ない）	貸与図部品	承認図部品	市販品	支払：サプライヤー 意思決定主体：委託生産企業 （仕様・価格・調達先）
		管理自給	※調達上は市販品形式同等			支払：サプライヤー 意思決定主体：完成車メーカー （仕様・価格・調達先）
	支給	有償支給	完成車メーカー内製部品（エンジン等）	完成車メーカー手配による部品・素材		支払：完成車メーカー 意思決定主体：完成車メーカー （仕様・価格・調達先）
		無償支給	―			

（上から下へ：委託生産企業の自律度　高→低）

（出所） 各社聞き取り調査および磯村・田中（2008）をもとに筆者作成。

度が低く，逆に下方向ほどそれが高いことを意味している。

　内製とは，各委託生産企業が主体的に開発・生産まで一貫して行うことである。次の支給であるが，これは無償支給と有償支給とに分けられる。無償支給は現在ほとんど行われていないため有償支給に論点を絞ると，これはトヨタ自動車の内製部品や外部の部品メーカーから調達した素材・部品を委託生産企業が「有償」で支給を受ける，つまり購入することを指す。こういった有償支給部品の代表例は，エンジンとトランスミッションである。

　また自給は，委託生産企業が自らの責任で調達する管理自給と完全自給とに細分化できる。前者の形態では，委託生産企業による直接調達ではあるものの，調達先はトヨタ自動車が指定し，委託生産企業は部品メーカーと納期と数量の決定とそれに対する支払いをするだけである。開発もトヨタ自動車と部品メーカーとの間で行われる。鋼板は管理自給で取引される典型的な素材である[22]。後者の場合，委託生産企業は素材・部品を部品メーカーと共同で開発したり，標準品を自ら選択したりすることにより直接調達する。ただし聞き取り調査によれば，管理自給と完全自給の中間形態，例えば仕様と調達先は完成車メーカーが決定するものの価格決定権は委託生産企業にあるといった場合があるということが分かっているため，取引される部品・素材によっていくつかのバリ

エーションがあるということに注意されたい。

　以上の点から，委託開発における実質的な権限の所在を把握するには，委託生産企業が直接部品メーカーと共同部品開発を行う完全自給の実態を明らかにすることが要点であることが分かる。有償支給と管理自給は，いずれもトヨタ自動車の関与がきわめて大きく，そして委託生産企業の開発対象になっていないという点が同じなので紛らわしいが，本章では委託生産企業にとって直接取引する相手が誰なのかという基準から分類する。すなわち，トヨタ自動車から購入する場合は有償支給であり，トヨタ自動車が指定する部品メーカーから購入する場合は管理自給ということである[23]。以上の事前整理をもとに，関東自動車工業とトヨタ車体の事例をみていこう。

3.1.2　関東自動車工業の場合

　関東自動車工業の素材・部品調達では，完全自給の比率が高いのは開発から生産まで一貫受注した車種であり，逆にトヨタ自動車ないし他の委託生産企業が開発し生産だけを請け負う車種ではその比率が低いという傾向が顕著である。例えば，2011年時点での調達金額基準で見ると，完全自給の比率が高い車種で3割超，低い車種では2割を下回る。

　項目別に見ていくと，内製はバンパーのような大物樹脂部品の一部に限られる。有償支給は，エンジン，トランスミッション等の駆動系部品である。有償支給もまた，集中購買によりスケールメリットを活かす対象であるため，複数の車種で共用される品目が中心になる。自給については，承認図方式での取引を含む完全自給は，シート，インパネ，内装材といったインテリア周りとワイヤー・ハーネス，灯体関係等の電装部品（ハイブリッド車向けを除く）とワイパー等の機能部品の一部が該当する。もちろん，それ以外に貸与図方式や市販品の取引もある。また同社は，共同部品開発を円滑に進めるために，ワイヤー・ハーネス，シート，トリム（内装材の一種），灯体関係の部品メーカーからゲスト・エンジニアを恒常的に迎えている。機能部品の部品メーカーも，短期間だけ受け入れる場合がある。逆に，関東自動車工業から発注元であるトヨタ自動車にゲスト・エンジニアを送ることはない。

　しかしながらここで注意しなければならないのは，これらのインテリア系部品，電装部品，そして一部の機能部品の承認図方式での取引においては，関東

自動車工業が部品メーカーと直接技術的な検討を行うものの,そこでの図面や仕様書の承認時には,関東自動車工業がそれを行った後,改めてトヨタ自動車による最終の承認が必要になるという点である。つまり,委託生産企業単独で承認図方式の取引が完結しているわけではなく,トヨタ自動車を含む二重承認が基本なのである。

　前節で指摘したように,開発中の車種の基本性能にかかわる部分についてはトヨタ自動車のCEが最終的な判断をするということであるから,これはやむを得ない。そこで重要なのは,この二重承認が果たして形式的なものなのか,それとも実質的なものなのかの判断である。結論からいえば,委託開発の車種の特性と扱う部品次第でそれは決まるということになる。対象が関東自動車工業の得意とするコンパクト車であり,かつ開発のための経営資源の大半を同社が拠出している場合,その承認の効力は実質的なものになるであろうから,トヨタ自動車の二重承認は（万全のチェックを前提に）形式的なものとして処理されるだろう。ただし,仮にそのような車種であっても,トヨタ自動車が重点管理対象にしている部品や新規性の高い部品であるならば,二重承認は実質的なものになるに違いない[24]。いずれにせよ,完全自給に分類される部品であったとしても,何らかの形でトヨタ自動車の関与が必ず認められる点は,委託開発の大きな特徴の1つとして指摘することができる。

　管理自給については,鋼板,その他鈑金部品,そして完全自給の対象ではない部品群が該当する。機能部品であれば,もっぱらプラットフォームに組み付けられる部品であり,例えばブレーキ,サスペンション,燃料系統,排気系統といったものである。ハイブリッド車用のバッテリーやモーターもここに含まれる。これらの部品はトヨタ自動車の内製もしくはトヨタ自動車が部品メーカーとの間で開発したものであり,関東自動車工業はそれを購入するだけである。

3.1.3　トヨタ車体の場合

　トヨタ車体の素材・部品調達もまた,自社が委託開発から生産まで一貫して請け負った車種であれば完全自給の比率が高く,生産だけを任されている車種のそれは総じて低いという点で関東自動車工業と同じ傾向にある。この比率は車種によってかなり差があるため一般化することは難しいが,極端に高い場合

と低い場合を除くと，概ね2割前後である。

　以下，トヨタ車体が相対的に主導権を握って委託開発を担った看板車種であるハイエースの例をもとに，調達構造の内訳を見ていこう。まず内製は，バンパー関係とインパネといった大物の樹脂成形部品が対象となる。支給では，現在は無償支給がほとんど存在しないため有償支給のみである。調達対象はエンジン，トランスミッション等の駆動系部品である。この傾向も関東自動車工業と同じである。

　自給のうち完全自給は，シート等の内装部品，ワイヤー・ハーネス等の電装部品の一部，そして締結用のボルト類といった小物部品が対象になっている。トヨタ車体の影響力が相対的に大きいハイエースの場合，完全自給の比率は3割から4割程度とされる。興味深いのは部品メーカーとの取引方式の割合であり，同社への聞き取り調査によると貸与図方式[25]が約8割，承認図方式が約2割，市販品はごく少数という興味深い数字が得られた。ただしこれは部品点数基準の比率であり，調達金額基準ではない。承認図方式での取引は，関東自動車工業の時と同様に，トヨタ自動車による最終の承認が必要になるため，実態は二重承認である。しかしながら，ハイエースのようにトヨタ車体が初代から委託開発を担ってきたような車種の場合は，二重承認は（対象部品にもよるが）形式的なものにとどまる場合が多い。トヨタ車体でもまた，部品メーカーとの共同部品開発を効率的に進めるため，ゲスト・エンジニア制度を採用している。承認図方式で取引される内装部品に関しては，同じトヨタ・グループのトヨタ紡織から数十人規模でエンジニアの派遣を得ている。他にも，ワイヤー・ハーネスの部品メーカー等10社程度からゲスト・エンジニアが参加する。

　部品点数基準とはいえ，完全自給の中でも貸与図方式の取引が多いことには次のような意味がある。まず，貸与図方式では部品メーカーと情報交換しながらトヨタ車体側が図面や仕様書を作製するため，社内に技術と経験が蓄積されることになる。主体的に部品メーカーを管理するための技術もここで学習されることであろう。トヨタ・グループの委託生産企業は，必然的にトヨタ自動車の協力会組織（協豊会）に加盟している部品メーカーとの取引が多くなるが，実は委託生産企業もまた独自の協力会を組織しており[26]，貸与図方式の取引相手はおそらくこの加盟企業が中心になるはずである。そのため，相対的にトヨ

タ車体の影響力が行使しやすい環境があると考えられる。その一方で，現状から考えるとおそらく貸与図もまた出図前にトヨタ自動車の確認が入ることが考えられるものの，承認図方式に比べると貸与図方式で取引される部品のほうが相対的に重要度は低いため，ある程度コスト情報がブラックボックス化できるはずである。その結果，量産が始まってからのトヨタ車体の収益性を確保するための源泉になる。つまり委託開発における貸与図方式の取引は，委託生産企業にとっては自由度の高い方法であるため，学習機会や利益の源泉という意味で大きなインセンティブになっていると考えられるのである。

　管理自給に関しては，集中購買の対象である鋼板をはじめとする他の機能部品類が調達対象であり，この項目も概ね関東自動車工業と同じとみられる。繰り返しになるが，ここでの事例は委託開発へのコミットメントが大きい場合に限定した記述であるため，実際は開発対象の車種や個々の開発環境によって調達の区分やトヨタ自動車の関与の度合いはかなり変動することがあるということに注意されたい。

3.2　組織間競争の実態

　委託生産企業の開発とそれに伴う調達の実態が明らかになったところで，次にこれらの企業の存続について議論しよう。すなわち，委託生産企業の組織間競争の視点である。清家（1995b）が詳しく述べているように，かつてトヨタ・グループの国内自動車生産市場では，ボディローテーション政策によってデザイン，開発，生産の諸工程が分割され，それぞれが擬似的な個別市場を形成していた。ある企業はデザイン，開発を担うが，生産は別の企業が行うということや，生産中のある車種がモデルチェンジを期に別の企業に移管されるといったことが頻繁に行われていた。そこにはトヨタ自動車の諸工場も競争相手として参入してくるため，委託生産企業は少しでも技術力や生産性を向上し，より収益性の高い車種の受注を目指すという競争が繰り広げられてきた。ただしそれは，あくまでトヨタ自動車によって管理された競争であり，特定の委託生産企業が全く受注できなくなり倒産するような事態には決して陥らなかった。いうならば，「生存権を保証された限定的競争」というのが実態だったのである。

　しかしながら状況は大きく変わった。バブル崩壊を境に国内自動車生産市場

は縮小の一途をたどっている。また，同時期にトヨタ自動車の海外生産比率が高まったことで，輸出向け自動車生産市場の拡大も見込めないようになった。委託生産企業は，トヨタ自動車の大方針によって単独での海外進出を認められていなかったため，拡大する海外市場の恩恵をほとんど受けることなく，縮小均衡に陥る国内市場で事業を続けざるを得なかった[27]。そこではカイゼン活動を基盤とする徹底した合理化の努力が積み重ねられてきたものの，市場の縮小を打開する手段にはなり得なかったのである。その結果，トヨタ自動車は2000年代半ばから委託生産企業の大再編に着手し，それまで独立した委託生産企業だったセントラル自動車，アラコをそれぞれトヨタ自動車東日本，トヨタ車体に吸収・合併させ，企業としての存続を認めなかった。また，岐阜車体工業もトヨタ車体に完全子会社化させ，事実上の分工場として再編してしまった。

　縮小する国内自動車生産市場への対策として，トヨタ自動車はボディローテーション政策を転換し，各委託生産企業には専門性に合致した車種を集約することで，分業上の役割を明示化した。固有ブランドを持つダイハツ工業等を除くと，関東自動車工業を母体の1社とするトヨタ自動車東日本にはコンパクト車，トヨタ車体にはミニバン・商用車・SUV，直系子会社のトヨタ自動車九州にはレクサス・ブランド車と大型乗用車といったように，存続する委託生産企業は製品分野別に専門化されたのである。そしてもう1つ指摘すべきは，2012年にトヨタ自動車東日本，トヨタ車体の両社は完全子会社化され，トヨタ自動車九州と合わせると，主力委託生産企業はすべてトヨタ自動車の完全なる管理下に置かれたということである。このように，もはや委託生産企業の組織間競争の場においては，生存権の保証はなくなり，何らかの専門性を持つ特徴ある委託生産企業のみが存続を許されるようになってきているのである。

　トヨタ自動車による委託生産企業の再編は，組織間競争の新しい局面の到来を予想させる。従来，委託生産企業は「生存権を保証された限定的競争」の場において，顧客からの開発・生産の仕事に対してはどちらかというと受動的に取り組んできた。もちろん，各社は現場での生産性向上への努力を怠ることなく続けてきた。しかしそのような努力は，これからの組織間競争で生き残るためには必要条件ではあっても十分条件ではない。その努力に加えて，少なくとも次の2点が競争優位性の確立のために必須となるであろう。第1に現地生産

を含む海外展開（のさらなる充実），第2に委託開発の機能強化である。

　第1の点は，聞き取り調査によっても確認することができた。トヨタ自動車東日本とトヨタ車体が上場廃止し完全子会社になったことで，トヨタ自動車はもはや少数株主のためのリスク回避的な理由で委託生産企業の海外展開を躊躇する必要はなくなった。これからは委託生産企業の存続を賭けたグローバル化が本格的に始まるであろう。第2の点はより重要である。トヨタ自動車東日本，トヨタ車体，トヨタ自動車九州の3社のうち，トヨタ自動車九州の委託開発は緒についたばかりである。塩地（1993）によると，同社は少なくとも1990年代前半から委託開発領域への進出を望んでいたが，それから20年近く経ってようやくマイナーモデルチェンジの一部を担ったに過ぎない。このことからトヨタ自動車は，当面の間は委託開発の主要な担い手をトヨタ自動車東日本とトヨタ車体の2社に絞り込んでいるものと推測することができる[28]。

　関東自動車工業が母体となったトヨタ自動車東日本とトヨタ車体の2社は，トヨタ自動車の別働隊として委託開発を担う任を帯びており，実際それに応えるべく企業ドメインの再定義を行っている。そのことは，トヨタ車体での聞き取り調査で聞くことができた「2020年までに完成車両メーカーを目指す」という意思表示にも現れている。しかしながら，委託開発の機能強化を目指す上での懸案も残されている。それは，研究開発費をどのように捻出していくかという問題である。

　聞き取り調査によれば，これまでのところ関東自動車工業もトヨタ車体も，委託開発にまつわる開発費は一括ないし開発期間中の四半期ごとにトヨタ自動車から支払いを受けている。細かい支払い方法は状況によって多少異なるが，量産に入ってから生産された完成車の引渡金額に含めるという台当たり償却の考え方ではない。

　問題は，基礎・応用研究と製品開発の規模および特徴を判断する上で重要な指標となる研究開発費の総額がまだ少なく，しかも両社ともにその大半をトヨタ自動車からの受託開発費に依存しているという点にある。**図表4-8**と**図表4-9**は，両社の研究開発費の推移と内訳である。総額は，2011年3月期時点で関東自動車工業が約200億円，トヨタ車体が約250億円である。我が国完成車メーカーの中で最も規模が小さい富士重工業の2012年3月期における研究開発

第Ⅱ部　委託生産・開発のマネジメント

図表4-8　関東自動車工業の研究開発費の推移

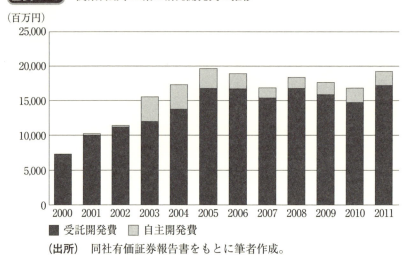

（出所）同社有価証券報告書をもとに筆者作成。

図表4-9　トヨタ車体の研究開発費の推移

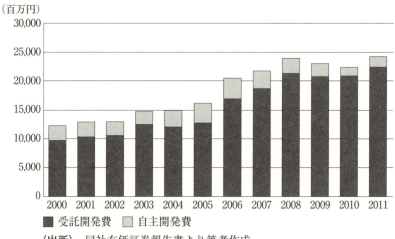

（出所）同社有価証券報告書より筆者作成。

費が約480億円であることから，関東自動車工業もトヨタ車体も，少なくとも2〜3車種を独自に開発していけるだけの投資水準にはまだ達していないことが分かる。

　研究開発費全体に占める自主開発費の比率は，2011年3月期時点で関東自動

車工業が約10.2％，トヨタ車体が約7.7％に過ぎない。集計期間の平均を取ると，前者が約10.3％，後者が約15.2％である。この自主開発費の比率の低さは，先進的な技術開発や主体的な委託開発の推進にとって妨げになる。独自の商品企画を経た新しい車種をトヨタ自動車に提案できるようになるためには，研究開発費総額の積み増しと，自主開発費の比率向上という量的な意味での企業努力が求められる。

それと同時に，研究開発の質的向上にも今後は注力していかなければならない。承認図方式の取引で実質的な権限委譲を引き出すためには，これまで以上に幅広い分野の技術体系を扱う必要があり，また個々の技術開発や製品開発を担当するエンジニアの確保・育成を目指さなければならない。この点は時間をかけて取組む必要があるものの，例えばトヨタ自動車から専門性の高いエンジニアを出向させることで，比較的短期間に対応するという方法はある。トヨタ自動車東日本，トヨタ車体を完全子会社化したことで，トヨタ自動車はこういったフレキシブルな人的資源の配置転換も想定しているかもしれない。

いずれにせよ，委託開発の機能強化を考える上で，現状の資金面での裏付けは乏しいといわざるを得ない。研究開発費の量的拡大と開発の質的向上は，両社にとって喫緊の課題なのである。

4　考　察

4.1　委託開発の現状と展望

本節では，ここまでの関東自動車工業とトヨタ車体の事例研究から明らかになった内容を整理し，現在最も先進的な委託開発の実態はどのようなものなのか，そして完成車メーカーとは本質的にどの点が異なるのかを考察する。事例で取り上げた2社は企業設立の契機や委託生産企業としての発展の経緯こそ異なるものの，委託開発における機能的な側面にはかなりの部分に共通項を見出すことができた。事業面での端的な相違は，開発・生産を担当する車種による専門性の部分にみられるが，これは両社の強みを考慮した上でのトヨタ自動車の再編による結果である。ただし，委託開発の機能強化に向けた姿勢という点では，トヨタ車体のほうがやや積極性の面で優っているように映る。それは完

成車両メーカーを目指すという長期ビジョンの明示や，実際にここ数年の研究開発費の伸長にも顕現している。

　開発組織の専門化の程度や，プロジェクトの管理というプロセスの部分においても両社には共通点が多かった。設計部門はアッパー・ボディの開発を主に担当し，プロジェクト管理には重量級PMに相当する関東自動車工業のCS，トヨタ車体の室長という存在を各々確認することができた。しかしながら，社内的には重量級PMであっても，これらのマネージャーはトヨタ・グループにおける車種開発プロジェクトという大きな枠組みの中では，必ずしも絶対的な権限が与えられた存在ではなかった。経営資源の大半を委託生産企業に依存するようなプロジェクトであっても，最終的な責任者はトヨタ自動車のCEであった。

　また，重量級PMに権限上の制約が見られたのと同様に，製品開発の分野にも委託生産企業が関与できる場合とそうでない場合とがはっきりと分かれていることが明らかになった。**図表4-10**は，両社の委託開発の現状を業務分野ごとに整理し，関与の度合いを一覧化したものである。併せて，調達構造との関係性についても言及している。これまでの議論から，最も権限委譲された車種であっても，委託生産企業が開発に主体的に関与できる比率は，調達金額基準の3割から4割の間であり，大半の車種が2割ないしそれ以下にとどまっているということが明らかになった[29]。このことから現状の委託開発とは，とりわけ製品エンジニアリングの領域に注目すると，その字義通りの水準に達しているとはいい難いのである。なぜなら開発に深くコミットしているのは，アッパー・ボディ周りの設計と，車両評価を行う実験の一部に限定されているからである。しかしながら，他方の工程エンジニアリングに関しては，トヨタ自動車の大量生産体制確立の一翼を担ってきただけあって，海外工場の立ち上げ支援を任されるくらいの高い生産技術力と工場管理能力がある。

　再編を経た両社の委託生産企業は，これから開発機能強化に取組まなければならない。両社が中長期的な到達点として想定しているのが，図表4-10の中の「あるべき将来像」の項目である。両社ともにエンジン，トランスミッションといった駆動系部品については将来も関与しないことを決めているため，今後開発の実質的な中身を充実させるには次の3つの機能強化が必要となる。そ

図表4-10　先進的委託開発の現状と将来像

広義の製品開発業務				委託開発の現状	あるべき将来像	備考
商品企画				×	△	現状はマーケティング機能が未整備
製品企画				△	○	
デザイン				○	◎	
製品エンジニアリング	設計	アッパー・ボディ	シェルボディ	◎	◎	
			外装部品（バンパー等）	◎	◎	
			内装部品	○	◎	現状は二重承認
			インパネ	○	◎	現状は二重承認
			シート	○	◎	現状は二重承認
			ワイヤー・ハーネス	○	◎	現状は二重承認
			その他機能部品	△	○or◎	部品により完全自給もしくは管理自給
		アンダー・ボディ（プラットフォーム）	エンジン	×	×	有償支給
			トランスミッション	×	×	有償支給
			ブレーキ	×	△	現状は管理自給
			サスペンション	×	△	現状は管理自給
			燃料系統	×	△	現状は管理自給
			排気系統	×	△	現状は管理自給
			その他機能部品	△		部品により完全自給もしくは管理自給
	実験	アッパー・ボディ		○	◎	
		シャシー		△	◎	
		走行（操縦安定，制動）		×	○	現状は走行性能の評価はしていない
工程エンジニアリング	生産準備			○	◎	単独での海外工場立上げが課題

(注)　◎＝十分に関与し，主体的な意思決定ができる，○＝関与しているが，最終的な意思決定の権限が明瞭ではない（完全自給のうち承認図方式での取引における二重承認），△＝部分的な関与に留まる，×＝全く関与していない（有償支給ないし管理自給＝市場取引）

(出所)　筆者作成。

れは第1に，企画機能の向上である。現状は商品企画にまで関与できていないため，マーケティング能力の獲得と製品コンセプトを生み出すだけの構想力をいかに身につけるかということが急務である。第2に，最もコミットしている

アッパー・ボディ周りの開発をより実質的なものに近づけることである。端的にいえば，二重承認の撤廃を目指すということである。承認図方式で取引される部品は相対的に付加価値の高いものが多い。そのような部品の承認を，トヨタ自動車から完全に任されるだけの高い技術力を備えていかなければならない。そして第3に，これまで十分関与できていなかったアンダー・ボディの開発領域にまで進出することである。そのためには，新しい技術体系の習得が必要になるであろうし，それらの領域のエンジニアの調達を内部労働市場に求めるのか，それとも外部労働市場に求めるのかを検討しなければならない。これは時間がかかる取組みであるため，まずは現在の技術力と照合した上で，範囲の経済が期待できる部品に焦点を定めて着手するのが望ましい[30]。

以上のような開発機能の強化の集大成は，委託生産企業の重量級PMが名実ともに開発の総責任者となり，トヨタ自動車側のCEを不要にすることである。現場を統括するマネージャーの権限が強くなれば様々な調整コストが大幅に節約できるため，開発業務のあり方にさらなる合理化を期待することができるようになるかもしれない。

また，委託開発ならではの特徴として興味深いのが，完全自給で調達する部品のうち，貸与図方式の意義が完成車メーカーとは大きく異なることである。完成車メーカーにとっては，貸与図方式はもはや主流ではなく，かつその取引先は設計・開発能力に乏しい中小企業であることが多い[31]。したがって相対的に重要度が低いのであるが，他方の委託生産企業にとっては，自社に設計資源が蓄積されることと，トヨタ自動車からコスト情報が見えづらくなることといった貸与図方式ならではのインセンティブが存在するというのが特徴であった。このことは，承認図方式が実質的には二重承認であることによって，委託生産企業側に意思決定が完全に権限委譲されているわけではないことに起因していた。

いずれにせよ，関東自動車工業が母体となったトヨタ自動車東日本，そしてトヨタ車体の両社は，今後トヨタ自動車のグループ経営ならびにグローバル戦略の重要なパートナーとして成長することを期待されているのは間違いない。両社に求められているのは，単独での海外展開・運営，そして自主自律の製品開発の2つである。トヨタ自動車の完全子会社となった両社はこれら2つの能

力を涵養し，真の意味でトヨタ自動車の両翼として発展していかねばならない。委託生産企業は今後，大きくその役割を二分していくことであろう。1つは，本章が事例で取り上げた両社のように，開発・生産機能を一層強化しグローバル化にも取組むという意味で完成車メーカー相当の存在になることである。もう1つは，トヨタ自動車九州のように高度な生産技術力とフレキシビリティの高い工場管理能力とを一層研ぎ澄まし，高品質かつコスト競争力に優れるオペレーション優位型の企業になることである。以上が製品開発の視点から展望した委託生産企業の将来像である。

4.2　委託生産企業存立のための提言

　最後に，1点だけ提言を試みたい。それは，委託生産企業の存立基盤を顧客視点から考えるということである。ここまでの議論では，もっぱら機能軸から委託生産企業を分析してきた。事例として取り上げたのは，今やトヨタ自動車の完全子会社として再組織化された関東自動車工業とトヨタ車体であり，両社の議論の前提は，顧客はトヨタ自動車だけであるということであった。しかしながら，現状では委託生産企業による海外展開は（一部企業を除くと）まだ実現されておらず，長期的に見て国内自動車生産市場の縮小は不可避であるという現実に鑑みると，顧客を絞り込むことには一定のリスクが伴う。したがって，リスク管理や事業ポートフォリオの視点から考えられるのは，例えばカナダの部品メーカー大手マグナ・インターナショナルの子会社マグナ・シュタイヤーのように，完成車生産をサービス業の一種として確立し，トヨタ自動車以外の顧客を広く世界に求めるという長期志向の成長戦略である。つまり，トヨタ自動車を最優先顧客として重視するのは当然のこととして，他の完成車メーカーからも委託生産，そしてできれば開発まで請け負うことで，規模の経済と範囲の経済の恩恵を同時に享受するのである。それは結果として完成車生産のコスト削減や委託開発の水準を引き上げることに貢献するため，トヨタ自動車にもメリットは還元されるのである。

　それを企図する時に真っ先に考えられる懸案は，トヨタ自動車が完全子会社の委託生産企業にそのような顧客開拓の自由を認めるかということと，トヨタ自動車に技術漏洩のおそれがある環境で他の完成車メーカーが開発・生産を委

託するかどうかという点である。しかしこれらの点は決して大きな問題にはならないはずである。

　まず第1の点について，かつてトヨタ自動車は，あえて系列企業の納入先複数化，つまり系列外取引を促進したという実績があり，その効用も知り尽くしている。グローバル競争下にあって，トヨタ自動車の地位が未来永劫安泰であるとは誰も保証することはできない。実際，アメリカの新生GMの復活，欧州のVWやルノー＝日産連合の躍進，韓国の現代・起亜・グループの猛追という競争環境の激化は目下進行中である。このような中にあっては，あらゆる手段が選択肢として現実味を持つと考えるのが自然である。したがって，委託生産企業がトヨタ自動車以外の顧客を開拓する可能性を完全に否定することはできない。

　第2の点は，より楽観的に考えても良いだろう。まず，トヨタ自動車以上に高い生産性を誇る完成車メーカーは世界中を見渡しても皆無に近い。したがって生産技術上の機密漏洩の問題はほぼ存在しないとみなすことができる。アメリカのEVベンチャーであるテスラ・モーターズのように，かつて完成車そのものを外部から調達するビジネス・モデルが存在した以上，顧客は既存の完成車メーカーのみならず，ベンチャー企業や新興国企業にも見出すことができる。そういった完成車生産の実績に乏しい，もしくは皆無の企業群にとっては，トヨタ生産方式を熟知した委託生産企業の技術力は垂涎の的となるであろう。他方の委託開発についても，機密保持契約を万全にし，開発組織を顧客単位で峻別し相互交流がないように管理すればよいだけである。エレクトロニクス産業ではごく一般的に行われていることであるため，これも実現可能なはずである。

　このように考えると，委託生産企業の展望は大きな拡がりを見せる。ただしこのようなドラスティックな戦略転換は，目下の課題をクリアしてからの取組みにすべきである。単独での海外展開の実力と委託開発の機能強化とを備えた完成車メーカー相当の方向性であれ，今以上の高品質と低コストを両立するオペレーション優位型の方向性であれ，まずはその実現こそが次の段階への礎石となる。大事なことは，トヨタ自動車の管理下にある段階からそのようなビジョンを描き，自社に必要な経営資源の獲得・醸成を継続していくことである。そしてもう一つ付言するならば，外部顧客の開拓という戦略は，何もトヨタ・

グループの委託生産企業だけの専売特許ではないということである。日本のものづくりの能力は，長年「リーン生産方式」という総称によって高い評価を受けてきた（Womack et al. (1990)）。したがってこの戦略は，日産自動車系の日産車体や日産自動車九州，ホンダ系の八千代工業等にとっても十分適用が可能な，より一般化した提言なのである。

おわりに

　本章の目的は，トヨタ・グループの委託生産企業のうち，トヨタならびにレクサス・ブランドの開発・生産に重要な役割を果たしてきた関東自動車工業とトヨタ車体を分析対象とし，その委託開発の実態を２つの枠組みから明らかにすることであった。１つ目の枠組みである企業内部の管理の側面からは，製品開発組織とプロジェクトの管理について分析した。２つ目の枠組みである組織間関係の側面からは，組織間分業と組織間競争について分析した。
　明らかになったのは以下の諸点である。企業内部の管理については，現状の委託開発では製品企画，アッパー・ボディ開発，そして実験の一部が委託生産企業にとって実質的な関与のある領域である。製品エンジニアリングに関しては，エンジン等駆動系部品とアンダー・ボディ全般の開発にはほとんど関与していない。他方の工程エンジニアリングに関しては，委託生産企業がほぼすべてを担当している。開発プロジェクトはトヨタ自動車の重量級PMが管理しており，それゆえ最終的な決定権は顧客であるトヨタ自動車が掌握している。
　組織間関係のうち，組織間分業の視点から明らかになったのは，素材・部品調達のうち，委託生産企業が部品メーカーと主体的に開発に関与できているのは，調達金額基準で高くても３割から４割であり，多くの場合は２割未満にとどまるという水準だということである。その上，この比率の中でも承認図方式の取引では，委託生産企業が図面・仕様書の承認をするだけでなく，トヨタ自動車からも承認が必要となる二重承認の実態が明らかになった。他方で，委託生産企業にとって貸与図方式の取引には様々な長所があることも判明した。組織間競争に関しては，これからの委託生産企業は２つの方向性で企業の経営資源を高める必要があり，そこにこそ存続の展望があるということが明らかに

なった。1つ目は，単独での海外展開および完成車メーカー相当の実力を備えた委託開発を実現することである。2つ目は，これまで以上の高品質と低コストを両立させるオペレーション優位の能力を研鑽することである。しかしながら，現在の研究開発費の水準は完成車メーカー相当の開発機能を保有するには不十分であるため，対処していく必要があることも指摘した。

　以上のような分析結果を踏まえ，本章では委託生産企業の長期的存続を企図するための提言を1つだけ提示した。それは，親会社である完成車メーカー以外に広く世界に顧客を求めるということである。この提言は決して荒唐無稽なものではなく，親会社にとっても十分魅力のある内容のはずである。ただし，委託生産企業の現在の実力ではまだ実現は難しいため，まずは長期的な視点に立った経営資源の蓄積が必要になる。

　最後に，本章が十分に取組めなかった最たる点は，委託開発における委託生産企業の実質的な関与領域の明確化である。より具体的には，二重承認のメカニズムや部品間での相違の有無，そして調達構造における有償支給と管理自給の区分が実務上ではどのように扱われているのかといった諸点である。これらの点は，本章が実施した複数の聞き取り調査内容を照合しても実態を把握するのが非常に困難であった。インタビュイーの所属企業や部門によって本件の認識や理解に微妙な齟齬があったことも大きいが，さらなる調査によってそれらを正確に定義し，改めて位置づけ直すという作業が必要になる。もう1つは，トヨタ・グループ以外の委託開発の実態を研究し，より一般性の高い議論を展開することである。以上が，本章の残された課題である。

　謝　辞

　本章を進めるにあたり，旧・関東自動車工業およびトヨタ車体の多くの方にヒアリング調査と資料提供のご協力を頂いた。記して感謝申し上げる。なお，本章における事実関係についての記述の責はすべて筆者にある。

　※本章は佐伯（2013a）に加筆・修正したものである。

注

1 関東自動車工業，セントラル自動車，トヨタ自動車東北の3社は2012年7月に合併し，トヨタ自動車東日本が発足した。同社は，中部，九州に次ぐトヨタ・グループ第3の国内製造拠点として東北地方で事業活動を行っている。本章の内容は，合併前の関東自動車工業での聞き取り調査をもとにしているため，呼称は当時のままとしている。
2 当然ながら役員クラスの関与を前提としている。他にも，生産部門や主要システムを担当する部品メーカーがこの段階から参画することもある。また，エンジニアリングに直接関与する重量級PM等はこの時点では参加せず，次のプロセスの製品企画から関わるという場合もある。
3 デザイナーはモデラーと共同で実寸より小さめのクレイモデル（粘土模型）を製作し，これが最初の外観判断の材料となる。その後，実寸でのクレイモデルが改めて作られ，最終的な商品化の判断のために供されることになる。
4 設計者と生産技術者の企業内での職階差が相対的に少ない日本企業は，この取組みを得意としている。これによって，大規模な設備投資がされる前の図面段階で問題点を解決することができるため，結果として開発費の抑制やリードタイム短縮に貢献している。
5 量産品同等の製品をごく少量だけ試験的に生産するプロセスである。この時に生産された車両は，主にカタログ撮影用やマスコミ関係者の試乗用等のプロモーション用途として使われることが多い。
6 以下の説明は，Clark and Fujimoto（1991）255頁参照。
7 藤本（2001）11頁参照。
8 このような調達のことを，開発購買ともいう。
9 この制度の詳細については，西口（2000），167－171頁が詳しい。
10 例えば，河野（2009）参照。
11 比較的詳細に委託開発について論じているのが，池田（1994）の論文である。ここでは，「委託生産車の開発過程」および「委託生産車の生産設計」という独立した節が設けられており，委託開発のスケジュールと設計業務の事例が紹介されている。ただし，設計業務の対象として取り上げられているのは委託生産企業の中でも小規模なものであり，それゆえの特殊性が明らかにされている点は興味深いが，一般的な委託開発の水準を把握するにはやや情報量が不足している。
12 清家（1993）62頁参照。
13 設立間もない時期に，東京の武蔵野乗合自動車から電気バスの再生車を受注している。その後も1950年代まで電気自動車の生産を続けていた。
14 トヨタ自動車九州には2008年まで自立した開発体制がなかったものの，それから数年で開発担当の技術者や技能者を増やし，2013年8月に上市したハイブリッド車「SAI」の内外装設計，シートならびに静粛性評価のマイナーモデル

チェンジを担当した。それまでにも年次改良でのエアロパーツの設計を担当することはあったものの、アッパー・ボディ開発に本格的に進出したのはこれが初めてである。2013年時点で開発人員は約180名である。『日刊自動車新聞』2013年9月5日参照。なお、2013年7月23日に同社で実施した聞き取り調査によれば、中長期的には生産車種のマイナーモデルチェンジ段階におけるアッパー・ボディ開発を順次担当していく意向があることを確認することができた。

15　開発組織の構成と人数は、いずれも2011年5月時点のものである。以降の事実関係に関する記述は、2011年9月14日に関東自動車工業東富士総合センターにて実施した聞き取り調査をもとにしている。

16　実際に委託開発を担う領域は車種によって大きく変動するとのことである。ここでは、最も関与が大きい場合を想定している。

17　以降の事実関係に関する記述は、2011年7月30日にトヨタ車体・富士松工場、2012年2月9日に同本社で実施した聞き取り調査、そして2012年2月8日に実施した同社OBへの聞き取り調査をもとにしている。

18　顧客であるトヨタ自動車は乗用車市場のマーケティングを重視するため、トヨタ車体が得意とする商用車市場の調査は自ら行い、その情報をもとにトヨタ自動車へ提案ができるようになることを目指しているとのことである。

19　トヨタ自動車では、商品企画プロセスおよびそれに先立つ新規開発予定車種のためのコンセプト作りであるFSC（Future Scenario Concept）プロセスと呼ぶ。量産開始の3年から4年前の時期に始まり、トヨタ自動車の調査部が作った将来の社会像（＝先読み）に見合うような自動車のコンセプトを1年程度かけて営業企画や海外事業所から集める。ここでは具体的なスタイリングには言及せず、ユーザーにどのような価値を提供すべきかという視点が重視される。そして公募によって集められたコンセプト案を3つ〜5つまで絞り込み、経営陣へのプレゼンへと進む。この時点では外観も検討されており、ある程度自動車としてのイメージができる状態になっている。経営陣の評価を経た後に、開発へと即座に進む場合、翌年まで持ち越しになる場合、そして廃案になる場合という3つの選択肢から結論が出される。FSCを通過した案はCP（Concept Planner）へと引き渡され、商品企画段階へと進む。実際に案件がエンジニアリングの総責任者である重量級PMに渡された時点から製品企画になるが、実際にはこれら2つの企画段階を明確に分けることは難しいようである。

20　2000年代初頭頃までは試作車を製作する評価イベントが最低でも2〜3回は行われていたが、近年はシミュレーション解析技術が発達してきたことや開発費抑制のために回数が減らされており、実質的にはCVの1回で済ませることも多くなっている。そもそも現在では試作という用語も使わないとのことである。この時に手配される試作車は車種にもよるが、各種評価用の完成実車が20台から40台、衝突試験用のホワイト・ボディが約50台、そしてカットボディが30台〜40台程度である。

21　同社への聞き取り調査において印象的だったのは、これまでトヨタ車体を始

めとするトヨタ・グループの委託生産企業は，同じくグループ企業であるデンソーやアイシン精機のような部品メーカーと比べ，総じて甘えてきたという発言があったことである。つまり，顧客であるトヨタ自動車から「いつまでに何台作るように」といった指示だけを墨守し，主体的な提案が十分にできていなかったという意味である。このように冷静な視点から内省し，その分析をもとに将来への発展の道筋を示す姿勢からも，同社の完成車両メーカーを目指す強い意欲を感じ取ることができる。

22　用途特殊的な機能部品やユニット部品とは違い，相対的に汎用性の高い鋼板は委託生産企業が調達するよりも，トヨタ自動車がグループで使用する全量を一括して発注したほうが様々なメリットがあるため，このような形態がとられる。また，このような調達方法は「集中購買」と呼ばれている。磯村・田中（2008）はその特徴を「スケールメリットを活かし，Q（Quality：品質），C（Cost：価格），D（Delivery：納期）の向上を図ろうとする」点であると指摘している。磯村・田中（2008），28頁参照。また，図表4-7の有償支給にあたる部品の一部（トランスミッション等）もまた同様の論理から集中購買の対象となり得る。

23　複数の聞き取り調査を通して分かったのは，実務家の方々も所属や立場によってこれらの分類に対する見解が分かれているということである。そのため以降の事例紹介では，実際の聞き取り調査内容をここでの判断基準に沿った形で読み替えた上で内容を整理している。

24　ただし，前述の通り関東自動車工業からトヨタ自動車にゲスト・エンジニアを送ることはしていないため，通常は開発業務に取組む経営資源の大半が関東自動車工業内部から拠出されていると見るのが自然である。開発の最終的な責任者であるトヨタ自動車のCEがたった1人で自動車1台分の図面や仕様書を全て確認することは不可能であるため，二重承認の実質的な作業は，トヨタ自動車が特に注意を払っている部品に限定されることになるであろう。しかしながら，委託開発の現場にトヨタ自動車からプロジェクト・チームの要員として相当数のエンジニアが出向しているならば違う見方もできる。この点は今回の調査では明らかにできなかったため，今後の課題としたい。

25　発注先の部品メーカーに渡される図面は「車体図」と呼ばれる。

26　関東自動車工業とトヨタ車体は傘下にグループ企業を擁するのみならず，各々NEXT（New Excellent Technical Team），トヨタ車体協和会を組織している。

27　本章執筆前の聞き取り調査時には，関東自動車工業とトヨタ車体は海外工場も持っているが，生産品目は樹脂部品やプレス部品，金型等に限定されており，完成車の生産のような大規模な事業ではなかった。また，トヨタ車体はトヨタ自動車の海外工場の立ち上げ支援として多くのエンジニアを派遣してきたが，大量生産の設備を持った同社にとっては，そういったエンジニアリング・サービスは事業の柱になるような性格のものではない。しかしながら，トヨタ車体は2012年12月より，タイとインドネシアにおいてCKD（Complete Knock Down）

方式での完成車生産を開始した。
28　豊田自動織機もまた委託開発機能を持つが，前述のようにトヨタ自動車との間の歴史的な関係性に鑑みて，今後もトヨタ自動車が完全に支配下に置くとは考えにくいため，ここでは議論の対象に含めていない。
29　内製による調達分を含めるともう少し比率は上がるかもしれないが，大まかな傾向はこの数値が示す通りである。
30　トヨタ自動車東日本，トヨタ車体の両社ともに，福祉車両の開発・生産を行っている。これらはトヨタ自動車の影響を全く受けていないが，一般的な乗用車とは異なる独自の技術やノウハウが必要な部分が少なからずあるはずである。そういった固有の技術も考慮しながら，アンダー・ボディのどの分野ならば着手できそうかを検討するという方法が現実的であろう。また『日刊自動車新聞』2013年9月5日によれば，トヨタ車体は複数のミニバンの統合アンダー・ボディ（プラットフォーム）開発に参画したことが記されており，少しずつ実質的な関与の度合いを強めている。
31　高い技術力が求められるにもかかわらず形式的に貸与図方式になっているエンジン関連部品等は除く。

　　　　　　　　　　　　　　　　　　　　　　　　　　　　　（佐伯靖雄）

第5章
委託生産企業の部品調達方式
集中と分散：その変遷

はじめに

　本章ではトヨタ・グループ系委託生産企業における部品調達方式について分析する。

　委託生産企業を含めたトヨタ・グループ全体の部品調達はどのようなシステムとなっているのか。塩地（1993），池田（1994），釜石（2006）では委託生産企業の部品調達ルートとして，委託生産企業の自給（独自調達）と自動車メーカーからの支給（有償支給，無償支給）を挙げているが，簡単な事例紹介にとどまっており全体像は判然としない。一方，清家（1995b）によれば「部品等の購入は委託生産メーカーの条件等にかなり任されており，原則として独自調達している」というがその実態は明らかでない。またそうした調達方式はどのように形成されてきたのであろうか。

　結論を先取りすれば，委託生産企業の調達方式のキーワードは集中購買システムである。では，集中購買とはどのようなシステムか。調達に関する実務書では頻繁に取り上げられる集中購買であるが，学問的には管見の限り磯村・田中（2008），磯村（2009），磯村（2011）以外にはほとんど分析が存在しない。

　それゆえ本章では第1に，委託生産企業の調達がどのような方式であり，どのように形成されてきたのか。第2に，トヨタ・グループの部品調達において委託生産企業はどのような役割を担っているのかを明らかにする。

　第1節では，まず集中購買システムの概要を論じる。続く第2節では委託生産企業における部品調達の歴史的変遷を明らかにする。そして「おわりに」で

まとめを行う。

1 集中購買システムとは

前述のように本章における1つの結論を先取りすれば，委託生産企業の調達方式のキーワードは集中購買である。そこで，ここでは集中購買システムの概要を確認しておく。

磯村（2011）によれば，自動車用鋼板取引における集中購買システムとは「自動車メーカーが自社工場で使用する鋼板だけではなく，部品メーカー（本書では委託生産企業—筆者）が使用する鋼板まで含めて管理する調達システム」と定義される。この定義の対象を自動車用鋼板に限らず拡張，一般化し，委託生産企業に当てはめると，集中購買システムとは自動車メーカーのコントロール（調達方針，部品メーカー選定，価格決定など）の下で，委託生産企業の調達活動を統括するシステムである。

ここで注意が必要な点は，集中購買という文字通りのイメージとは異なり，必ずしも自動車メーカーがすべてを購入する場合に限定されないことである。集中購買システムとは，調達方針や部品メーカー選定など自動車メーカーのコントロールの下において行われる調達活動を包含する概念である[1]。

そして集中購買システムは**図表5-1**に示したように，支給方式と管理自給方式からなっている）。

図表5-1 集中購買の範囲

		内製
外注	自給	完全自給
		管理自給
	支給	有償支給
		無償支給

（注）　網かけ部分が集中購買。
（出所）　図表序-4（12頁）を簡素化して作成。

1.1 支給方式

支給方式は集中購買の字義上のイメージに近く，**図表5-2**に示すように，

自動車メーカーがまとめて購買,調達し,委託生産企業に支給するものである。さらに支給方式は**図表5-1**でみられるように有償支給と無償支給に分けられる。ただし無償支給が行われるケースは現在ではほとんどない[2]。

図表5-2 支給方式

（出所）筆者作成。

1.2 管理自給方式

管理自給方式は**図表5-3**に示すように,自動車メーカーがベースとなる価格の交渉および部品メーカーの選定まで実施するが,詳細仕様の決定やそれに基づく最終価格の交渉,実際の購入は委託生産企業が行うものである。

中には最終価格の交渉や部品メーカーの選定まで自動車メーカーが担当し,委託生産企業は購入処理のみ行う場合もあるが,この場合,委託生産企業に裁量の余地はほとんどなく,実質的には有償支給と差異がないため,支給相当と位置付けられる。つまり管理自給方式とは基本的なところは自動車メーカーが握っているが,一定程度の裁量が委託生産企業に委ねられている調達方式である。

図表5-3 管理自給方式

（出所）筆者作成。

1.3 完全自給方式

こうした集中購買の反対となる概念が,完全自給方式であり,自動車メーカーは委託生産企業の調達活動には一切関与しない。

第Ⅱ部　委託生産・開発のマネジメント

2 委託生産企業における調達

2.1　委託生産企業3社の歴史

　第2節では委託生産企業における調達方式の変遷について，トヨタ車体を中心に関東自動車工業（現，トヨタ自動車東日本），トヨタ自動車九州の3社を対象に分析していく。そのため，まずは3社の歴史を簡単に確認しておく。

　トヨタ車体は2010年度において約63万台を生産するトヨタ系最大の委託生産企業であり[3]，主な生産車はハイエースなど1BOX車や2004年に事業統合した旧アラコが生産していたランドクルーザーなどである。

　トヨタ車体は1945年にトヨタ自動車工業から分離し，トヨタ車体工業として設立された。当時はバスやトラックの木骨ボディ生産を担当しており，その後スチールボディの生産を開始する。そして1965年に乗用車（コロナハードトップ），1967年に1BOX（ハイエースバン）の生産をスタートさせた。その後1979年に生産累計500万台，2001年に1,500万台，2010年には2,500万台を達成するなど成長を遂げている。またこの間，既述のように2004年に旧アラコの車両事業を統合，2007年にも同じく委託生産企業の岐阜車体工業を完全子会社化した。

　関東自動車工業は2010年度においてトヨタ車体に次ぐ約36万台を生産しており，主な生産車はラクティス，アクアに加え，最高級車であるセンチュリーなどである。

　関東自動車工業は1946年に関東電気自動車製造として設立され，当初は社名の通り電気自動車の修理・再生に取組んでいた。その後1948年にトヨペットボディの生産を受注し，トヨタ車の委託生産を開始する。その後はトヨタ系の委託生産企業として，特に小型乗用車の生産を中心に着実に成長し，1970年に生産累計100万台，1982年に500万台，1994年に1,000万台，2011年に1,500万台を達成している。

　そして2012年にはセントラル自動車およびトヨタ自動車東北と経営統合され，社名をトヨタ自動車東日本に変更した上で，トヨタによる完全子会社となった。

　トヨタ自動車九州は2010年度に約27万台を生産し，主な生産車種はレクサ

ス・ブランド車である。トヨタ車体，関東自動車工業と比較して，トヨタ自動車九州の歴史は新しく1991年にトヨタの100%子会社として設立された。2000年に生産累計100万台，2004年に200万台，2010年に400万台を達成している。

2.2 委託生産企業における部品調達方式の変遷

以下では委託生産企業における部品調達を，(1)終戦～1960年代前半，(2)1960年代後半～1998年，(3)1999年～2011年，(4)2012年以降，の4つに時代区分し，その変遷を分析していく。

(1) **終戦～1960年代前半（経路依存性に基づく集中購買システム　支給・完全自給時代Ⅰ）**

戦中の鋼材不足の影響のため，終戦後しばらくトヨタ車[4]の中心は木骨ボディであり，トヨタ車体もその生産を行っていた[5]。シャシーはトヨタが生産・支給し，トヨタ車体がデッキなどボディを架装していたのである。

そして同社に大きな影響を与えた一件が，1951年に実施されたBX型トラックでのスチールボディの本格採用である。BX型ボディの生産には，それまでとは異なり大型プレス機を採用したプレス加工技術や大量生産に適した品質保証が必要であった[6]。この結果，購買活動の対象もそれまでの木材中心からプレス・溶接品へと移行していてく。

しかし，プレス・溶接品の部品メーカーは木材加工品とは異なる。そのためトヨタ車体は内製では対応できなかった大物プレス・溶接品について，愛知県中小企業センターから紹介を受けた名古屋市笠寺周辺の部品メーカーから調達していく。

その後，生産量の増加に対応すべく大物プレス品の内製化を進めたことに伴い，調達部品の中心は小物部品へと移行する。そのため，トヨタ車体は本社が位置する愛知県刈谷周辺の鈑金メーカーに中・小型のプレス設備導入を指導し，関係を構築していった。

こうした部品メーカーとの関係をベースとして，1954年に主要38社によるトヨタ車体協力会が発足する。この協力会を通じてトヨタ車体は工場診断などによる部品メーカーの経営基盤の強化を図っていく。その後トヨタ車体の生産量増加にあわせ会員会社も増加していき，1956年には車体協和会へ改称する。

このような状況は関東自動車工業も同様であった[7]。会社発足当時，鈑金加工は場内作業として横須賀地区の鈑金業者に発注しており，1956年には協力会組織として東京・横須賀地区の部品メーカー52社で親浦会[8]をスタートさせている。

以上のように終戦から1960年代前半までにおいて，委託生産企業はシャシーなどをトヨタから支給[9]される一方で，独自に部品メーカーの開拓を進めていた。支給方式（すなわち集中購買システム）と完全自給方式が混在していたのであるが，この時点における支給は歴史的な経緯の中で行われていたのであり，トヨタは決して戦略的に集中購買システムを採用していたのではない。また委託生産企業もトヨタへ車両を供給すべく自社の部品メーカー網を構築し始めたのである。

(2) 1960年代後半〜1998年（経路依存性に基づく集中購買システムの継続 支給・完全自給時代Ⅱ）

1960年代後半になると委託生産企業の調達に若干の変化が生じる。

1960年代に入るとトヨタの生産台数は急増していくが，単純な量的拡大のみではない。ワイドセレクション（多仕様化）[10]政策の採用など多仕様化も並行して進展していったのである。こうした環境下，トヨタの委託生産政策は転換され，非量産・高級車種の委託生産から量産乗用車の委託へと拡大されたのである[11]。具体的にはトヨタ車体においてコロナハードトップ，ハイエースバンが開発され，それぞれ1965年，1967年に生産がスタートしたのである。

この結果，トヨタ車体の調達部品はそれまでのプレス部品中心から樹脂，ゴムなど内装部品へと拡大した。しかし乗用車向けのシート表皮用ファブリックやカーペットはそれまでの部品メーカーでは対応不可能であり，乗用車用シートの組み付けについても実績がなかった。そのためトヨタ車体は協豊会[12]に所属する部品メーカーとの取引を新たに開始する。また，プレス部品についても増産に対応するため，大型プレスを中心に静岡県や滋賀県の部品メーカーとの新規取引を開始している[13]。

さらに1989年のハイエースのモデルチェンジでは，ブロー成形部品の部品メーカーを新規開拓するとともに，ワイヤーハーネスのような寡占状態にあった部品についても，新規部品メーカーとの取引を開始することで，価格，技術

面での競争の活性化を図っている。

このようにトヨタ車体が開発を担当した車種の部品を中心に，同社は独自の調達活動を展開している[14]。委託生産企業にとってこうした自社開発・完全自給部品は利益源となる。なぜならば，完成車両の買い手であるトヨタは部品の詳細スペックを把握できず，正確な原価把握も困難なためである。また委託生産企業にとっては製造会社としてのプライド保持，社内の士気向上への影響も見逃すことができない。

ただし，エンジンやトランスミッションといった重要部品については独自開発，調達することはできず，トヨタから支給を受けている[15]。

一方，この時期，トヨタ車体以外の委託生産企業の動向はどのようなものであったのであろうか。トヨタは1966年に日野自動車工業と，1967年にダイハツ工業と業務提携を行い，両社はトヨタ車の委託生産を開始している。周知の通り両社はトヨタとの提携前より独自ブランドでの自動車開発と生産を行っており，また独自の部品メーカー網を持っていた。しかし委託生産の開始により部品の共通化が図られ，トヨタ系部品メーカーとの取引を開始するとともに，エンジンなどについてはトヨタから支給を受けている[16]。

また1992年にはトヨタ自動車九州が設立された。日野自動車工業，ダイハツ工業とは異なり，同社は新規設立会社であり，トヨタの九州地区における分工場という位置づけであった。そのため同社は調達機能を保有しておらず，全部品についてトヨタから支給を受けて車両の組み立てを行っている。

以上，1960年代後半から1998年において，トヨタ車体は自らが開発に関与してきた車種の部品については，引き続き完全自給による調達を行っていたのであるが，一方で協豊会所属の部品メーカーがトヨタ車体との取引に参入するなど，その後の変化の下地ができつつあった。

また，トヨタ車の委託生産を開始した日野自動車工業，ダイハツ工業においても完全自給と支給（および支給相当）が併存する形態であった。新たに設立されたトヨタ自動車九州においてはすべてトヨタからの支給であった。

1960年代前半までと同様に各委託生産企業の置かれた環境に応じて支給方式（もしくは支給相当），完全自給方式が混在した形態であり，トヨタの戦略的な意思決定に基づくものではない。またトヨタ自動車九州を除く委託生産企業各

社は，新たな車種の委託開始，増産に対応すべく協豊会メーカーを含む新規部品メーカーとの取引を開始するとともに，原価低減を図るなど独自の調達活動を行っていた。

(3) 1999年～2011年（集中購買システムの拡大　支給・完全自給・管理自給時代）

委託生産企業の調達に大きな変化が生じるのは1999年であり，その後，集中購買システムの拡大が推進されていく。

この年，トヨタは委託生産企業の調達機能を自社へ統合する方針を打ち出す[17]。目的はコストダウンであり，その背景として，①トヨタと比較して委託生産企業の調達額は少ないにもかかわらず，調達人員が過剰であること，②委託生産企業の調達先の多くはトヨタの調達先と重複していること，③情報化の進展に伴い調達情報もオープンになっていることが挙げられている[18]。

そして蛇川忠暉副社長（当時）は「ボディメーカー（委託生産企業）が本当に安い調達ができるのなら，トヨタもそこから買えば良い」[19]と発言しており，委託生産企業の調達価格を問題視していたことがうかがえる。

ただし日野自動車工業，ダイハツ工業については，トヨタでは生産していないトラックと軽自動車の生産も行っているため除外すること，その他の委託生産企業についても，少量生産車などで小口の取引の場合は，委託生産企業が継続して調達することもありうるとしている。

さらに記事によると，こうした調達部門の統合はかねてより検討されていたが，委託生産企業の自主性確保や各社の歴史の重み，プライドなどが問題になっていた。そのため委託生産企業の反発が予想され，混乱を防ぐため時間をかけて取組む方針であるという。

こうした方針変更の背景には生産台数の停滞がある。1990年代になるとトヨタの生産台数は500万台を下回る状態で停滞しており，特に国内生産は減少傾向にある。つまり国内生産台数の増加が見込めない環境下，委託生産企業の調達組織をスリム化させるとともに，トヨタと重複している部品メーカーを一括管理することでコストダウンを図ろうとしたのである。

では，トヨタの調達機能統合方針を受けて，委託生産企業における完全自給比率はどのよう変化したのであろうか？方針変更前の研究である塩地（1993）

では自給，支給の2つのルートがあると指摘されおり，清家（1995b）は「部品等の購入は組立企業の条件等にかなり任され，全くトヨタ自動車の指示した部品以外は使わないということはない」としている。つまり，かなりの比率で委託生産企業による完全自給が行われていたと推測される[20]。

一方，方針変更後の釜石（2006）によるとトヨタと委託生産企業において共通品番は，トヨタ手配の支給，その他は委託生産企業の自給（完全自給—筆者）であり，その比率は関東自動車工業で支給80％，自給20％であるという[21]。そして豊田自動織機はトヨタとの併産車種を担当しているため，すべて支給，トヨタ車体は1BOXやランドクルーザーなど併産ではない車種が多いため，自給が多くなっているとする。

また筆者が調査した部品メーカーA社の元営業担当も，委託生産企業が完全自給する部品は委託生産車種特有の少量流動品であり，各社の完全自給比率はトヨタ車体20～30％，関東自動車工業，セントラル自動車[22]10％以下とのことであった[23]。さらに委託生産企業B社の調達担当への調査では，トヨタ車体の完全自給比率はおよそ30％であった[24]。以上を総合するとトヨタ車体の完全自給比率が30％程度，関東自動車工業が10～20％程度と考えることが妥当であろう[25]。

トヨタが方針変更に至った要因の1つとして，中部経済新聞は前述のように蛇川忠暉副社長（当時）のコメントを記載して委託生産企業の調達価格がトヨタと比較して割高であることを指摘している。実際，部品メーカーC社の元営業担当によれば，トヨタ車体で併産していたエスティマハイブリッドをトヨタの内製工場でも生産したとき，調達部品の一部で価格差があることが判明し，それ以降トヨタ手配に変更になったという[26]。

トヨタの調達方針変更によって委託生産企業の調達も変化したのであるが，各社も唯々諾々と受け入れたわけではない。前述の中部経済新聞にも「大まかな政策はトヨタで，日々の調達業務は各社で」との委託生産企業首脳の要望が記載されている。当然，大株主であるトヨタの決定は重要であるが，トヨタ車体，関東自動車工業は上場会社でもあった。トヨタ以外の株主への還元のためにも利益確保が必要であり，前述のように完全自給は委託生産企業にとって利益源の1つである。さらに各社の生産会社としてのプライドの問題もある。

第Ⅱ部　委託生産・開発のマネジメント

　そのためトヨタの調達へ自社の担当者を教育出向させる際，トヨタが要望する人材と委託生産企業側が出向させたい人材とで調整があるという。委託生産企業側としては完全自給が継続できるような出向を検討するのである。このような委託生産企業側の状況にも配慮して，トヨタも集中購買の実施を一気呵成に行うのではなく，モデルチェンジや新規車種開発のタイミングを捉えて推進していった[27]。

　以上のように1999年以降，グループ全体でのコストダウンを推進したいトヨタと，自社利益を確保したい委託生産企業とのせめぎ合いの中で徐々に集中購買は拡大していったのだが，この時期，もう１つの変化が起きている。集中購買システムの１つである管理自給方式の採用である。

　具体的な事例で検討しよう。(2)1960年代後半～1998年（経路依存性に基づく集中購買システムの継続　支給・完全自給時代Ⅱ）にて検討したように，トヨタ車体は1989年のハイエースのモデルチェンジにおいて，ワイヤーハーネスの新規部品メーカー開拓による競合活性化に独自に取組んでいる（完全自給）。

　しかし遅くとも2002年以降，ワイヤーハーネスは管理自給方式に変更になっている。2012年１月公正取引委員会が矢崎総業に対し当該部品について，私的独占の禁止及び公正取引の確保に関する法律違反で排除措置命令を出しており，その命令書（公正取引委員会「排除措置命令書　平成24年第１号」）には管理自給方式が採用されていることが記述されている。

　すなわちトヨタは内製およびトヨタ車体，関東自動車工業への委託車種に搭載するワイヤーハーネスについて，矢崎総業，住友電気工業，古河電気工業の３社を対象にコンペを実施していた。トヨタは３社に対し見積算出用図面等を交付し，それに基づき提出された見積価格，技術提案込み見積価格，見積基準を検討し，発注先を決定していた。そしてトヨタ，トヨタ車体，関東自動車工業はその発注先に試作品の製造を複数回依頼し，量産用図面を確定し，量産用図面および見積基準に基づき発注価格，つまり量産価格を決定していたとある。そして，遅くとも2002年９月頃以降，ワイヤーハーネスメーカー３社は談合していたとのことである[28]。

　以上のようにワイヤーハーネスはトヨタが発注先を選定するものの，最終的な価格はトヨタ車体および関東自動車工業が決定しており，管理自給方式が採

用されていたのである[29]。管理自給方式は支給方式と比較した場合，トヨタにとっては支給時の伝票処理が発生しない，最終価格決定において委託生産企業のノウハウを活用できるなどのメリットが存在する。また委託生産企業としても若干とはいえ裁量の余地が残るなどのメリットがある。

つまりこの時期，トヨタは委託生産企業の調達機能を自社へ統合し，戦略的に完全自給方式を管理自給方式に転換することによって集中購買システムを拡大する一方で，委託生産企業特有の部品については完全自給として残すことで彼らの専門能力を活かすことを進めていった。こうした変化により，それまでと比較して委託生産企業独自の調達機能は縮小したのである。

(4) **2012年～（再分権化　調整自給方式の導入）**

2011年3月トヨタは委託生産企業の大規模な再編を発表した[30]。トヨタ車体，関東自動車工業を完全子会社化するとともに，関東自動車工業，セントラル自動車，トヨタ自動車東北の3社を統合し，新会社（現，トヨタ自動車東日本）を発足させた。そしてトヨタ車体がミニバン，トラック，SUV（フレーム付き）について，関東自動車工業など新会社はコンパクト車両について企画・開発・生産を一貫して主体的に担当することになり，両社の委託生産企業としての位置づけを明確にすることとなった。

この再編の狙いはプレスリリースのタイトルに「「日本のモノづくり」強化」とあるように，かねてからトヨタが掲げていた国内生産300万台体制維持に向け，東北を中部，九州に次ぐトヨタ第3の国内生産拠点とすることである。さらに新興国などグローバルでの事業展開を推進することも目的としている。「トヨタ1社であらゆる車種を開発することは「難しくなって」（トヨタ首脳）」[31]おり，トヨタは委託生産企業がこれまで培ってきた専門性を強化，有効活用するとともに，完全子会社にすることでグループ経営のスピードアップを図ろうとしているのである。

こうしたメーカー再編を経て委託生産企業の調達にも大きな変化が起きている。それは新会社であるトヨタ自動車東日本への部品調達権限の移譲である[32]。具体的には東北現調化センターを設置し，東北地区での部品メーカー開拓を進めようとしている。つまりいったん，トヨタへ統合した調達機能を再度，委託生産企業への分権化へと舵を切ったのである。

現時点でこうした動きが公表されているのは東北地区に限られており，トヨタ車体やトヨタ自動車九州への影響は不明である。しかし既述のようにトヨタ車体はミニバンなどの企画・開発・生産に一貫して責任を持つこととなっており，開発には部品メーカーとの共同活動が不可欠である。また，トヨタ自動車九州に関しても大物部品の輸送効率向上を図るためには，九州地区での現調化推進が不可欠であり，そのためにはさらなる部品メーカーの開拓が必要である。そのため両社に関しても部品調達権限の移譲が進むと思われる。

ただし従来のような単純な完全自給方式への回帰ではない。トヨタは部品の共用化を進め大幅なコストダウンを狙う新戦略「トヨタ・ニュー・グローバル・アーキテクチャー」を打ち出しており，調達に関しても2〜6車種をひとくくりとして同じ仕様の部品を一括して発注する方針である[33]。つまり集中購買システムを放棄したわけではない。むしろ委託生産企業への調整を図りながら分権化を進めようとしていると解釈できる。それは**図表5-4**に示した調整自給方式と分類できるものであろう。

図表5-4 調整自給方式

	内製	
外注	自給	完全自給
		調整自給
		管理自給
	支給	有償支給
		無償支給

（注）　網かけ部分が集中購買。
（出所）　図表5-1を修正して作成。

ただし本章で確認してきたように，過去，委託生産企業の調達方式が一気に変更されてきたわけではない。そのため今回もその変化は車両のモデルチェンジなど機会を捉えて行われるであろうし，従来の完全自給方式のまま残る部品も存在するであろう。

以上のように変革は完結しておらず不透明な点もあるが，トヨタ・グループ全体の調達方針はトヨタが策定するが，個別部品の調達権限は委託生産企業に移譲される方向において，つまりトヨタ・グループ全体の成長を担うため，委

託生産企業は調達面においても再び大きな役割を果たすことが求められている。

おわりに

本章では委託生産企業における部品調達方式について検討してきた。その変化の推移をまとめると**図表5-5**のようになる。

図表5-5 委託生産企業における部品調達方式の変化

(1)戦後〜1960年代前半　　　(3)1999年〜2011年　　　(4)2012年〜
(2)1960年代後半〜1998年
（注）　網かけ部分が集中購買。
（出所）　筆者作成。

委託生産企業の完全自給は当初より継続する一方で、集中購買システム（図表5-5の網かけ部分）の方式は変化してきている。支給方式のみであった当初から管理自給、調整自給と徐々に委託生産企業の自律度が高くなってきたのである。

ただし集中購買システムの始まりは経路依存的なものであり、トヨタが戦略的に拡大したのは1999年であった。その背景には国内生産台数の頭打ちがあり、目的はコストダウンである。そして海外生産比率が上昇する中、国内生産300万台体制の維持に向けて調整自給へとさらに変化しつつある。

また同時に委託生産企業の部品調達における役割も変化してきた。自給範囲の縮小および管理自給方式への移行に伴いいったん、委託生産企業の調達権限は縮小するが、再び拡大しつつある。自社の利益確保はもちろんのこと、トヨタ・グループ全体の国内生産体制維持に向けて委託生産企業が調達面においてもさらなる専門性を発揮することを求められているのである。

なお、本章では委託生産企業にとっての集中購買システムの意義については考察ができなかった。今後の課題としたい。

第Ⅱ部　委託生産・開発のマネジメント

注

1　集中購買と類似の用語として共同購買がある。これは集中購買とは異なり，同格の企業が共同で調達活動を行うものであり，代表例として日産とルノーの共同購買会社RNPO（Renault Nissan Purchasing Organization）が挙げられる。なお，一手購買とは複数の部品メーカーを集約する活動である。

2　無償支給の場合，支給部品を粗雑に扱い不良品にした場合でも支給先には直接的な負担が生じず，金銭的なロスは支給元が負うことになるためである。

3　連結での台数のため岐阜車体工業の生産台数も含む。

4　この当時はトラックが中心であった。トヨタ自動車（1987）。

5　トヨタ車体（1996）。以下の記述も同様。

6　スチールボディの採用は1949年のSC-4型からである。SC-4型の生産は手加工による鈑金によるものであった。

7　以下の記述は，関東自動車工業（1986）による。

8　親浦会は当初，関自会としていた。また2003年にはNEXT（New Excellent Technical Team）に改称している。

9　この当時の支給が，有償または無償であったかは残念ながら判然としない。

10　「ワイドセレクション」とは車種の内部に多様なバージョンを用意することである。塩見（1985b）を参照のこと。

11　塩地（1986）。

12　トヨタの主要仕入先による協力会。

13　静岡県，滋賀県の一部部品メーカーについては，その後，トヨタ車体・富士松工場の稼働などにより，順次取引を中止している。また，1973年にトヨタ車体は鋼板について，それまでの部品メーカーによる完全自給方式から，トヨタ車体による集中購買に切り替えている。なお，トヨタが鋼板の集中購買システム（管理自給方式）を採用したのは翌1974年のことである。この当時のトヨタ・グループにおける鋼板調達の動向については磯村（2011）を参照のこと。

14　関東自動車工業においても1997年のカローラスパシオなど，この時期，委託生産車の開発分野に進出しており，こうした独自開発車種の部品の一部は完全自給であった。

15　正確な時期は不明であるが，当時は無償支給ではなく，有償支給が中心であったと推測される。なお，豊田自動織機は1953年よりコロナ向けS型エンジンを生産しており，2013年6月時点ではAR型エンジンなどを生産している。AR型エンジンは豊田自動織機が委託生産しているRAV4に搭載されているため，豊田自動織機はすべてのエンジンについて支給を受けているわけではない。

16　詳細は塩地（1986）（1988）を参照のこと。

17　『中部経済新聞』1999年10月19日。以下の記述も同様。

18　トヨタが鋼板調達において現在のような集中購買システムを採用したのは，1975年であり，その主な背景はコストダウンではなく，調達難への対応であった。

詳しくは磯村（2011）参照。
19　括弧内は筆者記述。
20　部品点数ベースでの完全自給比率と金額ベースでのそれとでは違いが生じる。高価なエンジンなどは支給であるため，部品点数ベースよりも金額ベースの比率のほうが低めになる。しかし詳細データは不明であるため，ここでは両者の差異は問題にしない。
21　共通部品であってもネジ等小物部品は委託生産企業による完全自給であるという。これは部品単価が安価であり，価格も標準化されているためと推測される。
22　既述のように関東自動車工業，セントラル自動車はトヨタ自動車東北と経営統合し，現在はトヨタ自動車東日本。
23　2009年11月13日調査実施。
24　2012年4月18日調査実施。車種特有の少数流動品が完全自給となる理由は，①製品固有のVE/VAの推進　②物流費低減であるという。②について具体的には，ランドクルーザーやハイエースなどは仕向け先が中東地域など多岐にわたり，そのバリエーションも多いため，トヨタでは管理が難しく割高になるためである。
25　田中（2010）によれば関東自動車工業・岩手工場でも調達のほとんどがトヨタからの有償支給である。また委託生産企業ではないが，トヨタ自動車東北ではトヨタからの有償支給率が100％，アイシン東北では親会社であるアイシン精機からの有償支給率が約70％とのことである。
26　2011年6月19日調査実施。
27　前述，委託生産企業B社，調達担当による。
28　該当製品について同日に「排除措置命令書」は第5号まで発行されており，第2号はダイハツ工業向け，第3号はホンダ向け，第4号は日産向け，第5号は富士重工業向けである。
29　ここでの管理自給方式は，鋼板調達でトヨタが採用している管理自給方式と比べ，委託生産企業の裁量余地が小さい。鋼板調達における管理自給方式については，磯村・田中（2008），磯村（2011）を参照のこと。
30　2011年7月13日プレスリリース「トヨタグループ，「日本のモノづくり」強化に向けた新体制　―トヨタ車体と関東自動車を完全子会社化，東北3社統合に向け協議開始―」および『中部経済新聞』2012年7月14日。
31　同上『中部経済新聞』2012年7月14日。
32　同上『中部経済新聞』2012年7月14日および『中部経済新聞』2012年2月14日。
33　『中日新聞』2012年1月6日および『中部経済新聞』2012年3月20日。

（磯村昌彦）

第Ⅱ部　委託生産・開発のマネジメント

第6章

委託生産と賃金格差

はじめに

　本章の課題は，トヨタ―委託生産企業間の賃金格差を明らかにすることである。賃金格差は，序章で述べられている通り，委託生産企業の低コストを支えており，委託生産の競争優位要因の1つである。

　トヨタの賃金体系や労使関係，トヨタ―部品メーカー間の賃金格差についての研究は，周知の通り，数多く存在する[1]。しかし，トヨタ―委託生産企業間の賃金格差については，Shioji（1997）や田（2010）においてその存在が指摘されてきたものの，賃金格差の長期的な展開や詳しい実態が検討されてこなかった。そこで本章は，トヨタ車体・関東自動車工業・豊田自動織機製作所・日野自動車・ダイハツ工業・ヤマハ発動機の1960年代から90年代までの平均月額給与を分析する。また，全トヨタ労働組合連合会が刊行した『賃金労働条件調査資料』を利用し，セントラル自動車・荒川車体工業・岐阜車体工業の学歴別賃金モデルや賞与金についても検討する。

　さらに本章は，トヨタの100％子会社であるトヨタ自動車九州の設立過程を分析する。トヨタ自動車九州への委託生産の競争優位要因として賃金格差が機能していたことは，トヨタ自動車九州の設立からリーマンショックまでの経営展開を多角的に分析した第2章でも指摘されている通りである。本章は，トヨタの社内報である『トヨタ新聞』と『weekly TOYOTA』を利用し，トヨタ九州の設立の狙いとトヨタからトヨタ自動車九州への従業員の転籍の実態を，当時の社内資料から検討することとしたい。

本章の構成は以下の通りである。第1節は，1960年代から90年代の賃金格差を明らかにするとともに，賃金格差が発生した要因を検討する。第2節においては，80年代以降における委託生産の展開を追跡するとともに，トヨタが委託生産先を選択する局面で，賃金格差がどの程度重視されたのかを考察する。第3節は，トヨタ自動車九州の設立過程を検討する。

1　トヨタと委託生産企業の賃金格差

　トヨタと委託生産企業の賃金水準について，各企業の平均月額給与からみてみよう（**図表6-1**）。賃金格差は，有価証券報告書を利用して，トヨタの平均月額給与を分母に，委託生産企業の平均月額給与を分子にして算出した[2]。トヨタの賃金は，1965年，1974年から1978年，1988年を除いて，委託生産企業の平均値より高く，賃金格差の平均値は1990年代以降拡大する傾向にあった。委託生産企業6社の賃金水準の変動係数をみると，1965年から1980年頃までは低下傾向を示したが，1980年以降，緩やかな拡大傾向にあった。1990年以降の賃金水準を委託生産企業別にみると，相対的に，トヨタ車体・関東自動車工業が高くなり，豊田自動織機製作所・日野自動車・ダイハツ工業が低くなっていることが確認できる。すなわち，1990年代以降のトヨタ―委託生産企業間の賃金格差の拡大は，委託生産企業同士の賃金格差の拡大が一因となっていると考えられる。

　図表6-2から，トヨタと委託生産企業の勤続年数を比較したい。1964年から1993年まで，トヨタの勤続年数は，委託生産企業の平均値より短かった。トヨタは，委託生産企業と比較して，勤続年数が短い労働者を利用しているにもかかわらず，賃金水準が高かったのである。また，各委託生産企業の賃金がトヨタの賃金よりも高かった時期は[3]，各委託生産企業の勤続年数がトヨタ自動車の勤続年数よりも長かった。トヨタにおける一時的で相対的な低賃金は，平均勤続年数の短さが1つの要因になっていたと考えられる[4]。

　次に，男性の学歴別賃金モデルをみたい（**図表6-3**）[5]。全体的な傾向として，トヨタの賃金水準が最も高く，トヨタ車体の賃金水準が2番目に高く，岐阜車体工業の賃金水準が最も低い。学歴別にみると，大学卒事務・技術系35歳

第Ⅱ部　委託生産・開発のマネジメント

図表6-1 賃金格差（1965－1999）

年	トヨタ 平均月額給与(円)	トヨタ車体 平均月額給与(円)	賃金格差	関東自動車工業 平均月額給与(円)	賃金格差	豊田自動車織機製作所 平均月額給与(円)	賃金格差	日野自動車 平均月額給与(円)	賃金格差
1965	33,429	28,250	85%	40,677	122%	35,276	106%	27,774 ※2	83%
1966	37,502	33,310	89%	38,514	103%	36,741	98%	30,061 ※2	80%
1967	42,450	38,056	90%	47,124	111%	47,169	111%	—	—
1968	51,296	45,449	89%	48,941	95%	49,284	96%	—	—
1969	59,767	44,689	75%	51,857	87%	51,808	87%	—	—
1970	68,759	56,113	82%	58,034	84%	61,612	90%	—	—
1971	76,389	68,626	90%	71,722	94%	72,373	95%	—	—
1972	89,405	83,299	93%	80,373	90%	78,533	88%	107,726 ※3	120%
1973	113,867	105,968	93%	100,991	89%	101,468	89%	128,983 ※3	113%
1974	116,876	113,165	97%	127,045	109%	119,175	102%	158,968 ※3	136%
1975	132,652	127,270	96%	140,420	106%	136,125	103%	191,019 ※3	144%
1976	149,248	158,282	106%	157,745	106%	146,334	98%	212,348 ※3	142%
1977	171,466	202,459	118%	171,775	100%	169,447	99%	241,155 ※3	141%
1978	206,260	165,299 ※1	80%	200,880	97%	195,964	95%	267,201 ※3	130%
1979	226,375	172,309 ※1	76%	214,916	95%	211,097	93%	214,964	95%
1980	246,686	185,760 ※1	75%	230,624	93%	240,956	98%	232,383	94%
1981	258,791	199,579 ※1	77%	237,056	92%	248,782	96%	228,783	88%
1982	267,315	205,536 ※1	77%	246,364	92%	239,886	90%	252,043	94%
1983	283,038	276,425	98%	259,014	92%	247,859	88%	261,586	92%
1984	301,247	291,570	97%	271,354	90%	269,622	90%	287,698	96%
1985	314,958	321,222	102%	289,301	92%	289,450	92%	296,460	94%
1986	324,602	321,677	99%	305,052	94%	314,913	97%	304,690	94%
1987	317,629	320,287	101%	302,692	95%	319,642	101%	287,961	91%
1988	338,485	368,819	109%	330,912	98%	346,135	102%	323,676	96%
1989	361,195	376,319	104%	350,127	97%	358,975	99%	344,081	95%
1990	385,757	386,129	100%	364,537	94%	372,143	96%	356,467	92%
1991	385,012	401,149	104%	370,450	96%	360,953	94%	355,600	92%
1992	369,705	410,068	111%	363,771	98%	344,248	93%	356,259	96%
1993	378,266	390,064	103%	361,189	95%	335,100	89%	337,195	89%
1994	394,481	363,785	92%	348,957	88%	320,719	81%	319,874	81%
1995	407,157	403,411	99%	371,966	91%	344,085	85%	344,887	85%
1996	426,009	399,234	94%	377,872	89%	354,910	83%	352,109	83%
1997	431,615	420,120	97%	437,854	101%	385,550	89%	367,377	85%
1998	444,599	418,271	94%	397,693	89%	390,749	88%	356,333	80%
1999	452,515	414,528	92%	408,894	90%	395,229	87%	326,209	72%

（注）　賃金格差＝各委託生産企業平均月額給与÷トヨタ平均月額給与。平均月額給与
　　　　開始した1969年以降，ヤマハ発動機は委託生産を行った1966年から1970年の値を
※1　時間外労働の残業代を除く処理が行われている。1978年から1982年におけるト
※2　税込であるが，時間外手当，基準外賃金，賞与を含まない。
※3　税込で，時間外手当，賞与を含む。
※4　委託生産企業の平均値・最大値・最小値の算出に※1～※3は利用していない。
（出所）　各社『有価証券報告書』各年版より作成。

第6章　委託生産と賃金格差

ダイハツ工業 平均月額給与(円)	賃金格差	ヤマハ発動機 平均月額給与(円)	賃金格差	委託生産企業6社 ※4 平均値	平均値の賃金格差	最大値	最小値	標準偏差	変動係数
—	—	—	—	34,734	104%	40,677	28,250	5,088	15%
—	—	26,609	71%	33,794	90%	38,514	26,609	4,550	13%
—	—	30,790	73%	40,785	96%	47,169	30,790	6,861	17%
—	—	31,569	62%	43,811	85%	49,284	31,569	7,225	16%
52,507	88%	38,181	64%	47,808	80%	52,507	38,181	5,601	12%
64,187	93%	48,970	71%	57,783	84%	64,187	48,970	5,219	9%
85,314	112%	—	—	74,509	98%	85,314	68,626	6,397	9%
85,409	96%	—	—	81,904	92%	85,409	78,533	2,643	3%
121,280	107%	—	—	107,427	94%	121,280	100,991	8,231	8%
141,324	121%	—	—	125,177	107%	141,324	113,165	10,542	8%
150,179	113%	—	—	138,499	104%	150,179	127,270	8,244	6%
186,259	125%	—	—	162,155	109%	186,259	146,334	14,712	9%
213,659	125%	—	—	189,335	110%	213,659	169,447	19,156	10%
224,798	109%	—	—	207,214	100%	224,798	195,964	12,595	6%
219,106	97%	—	—	215,021	95%	219,106	211,097	2,833	1%
238,586	97%	—	—	235,637	96%	240,956	230,624	4,263	2%
246,926	95%	—	—	240,387	93%	248,782	228,783	8,046	3%
246,474	92%	—	—	246,192	92%	252,043	239,886	4,304	2%
264,132	93%	—	—	261,803	92%	276,425	247,859	9,181	4%
277,112	92%	—	—	279,473	93%	291,570	269,632	8,744	3%
294,440	93%	—	—	298,175	95%	321,222	289,301	11,857	4%
303,444	93%	—	—	309,955	95%	321,677	303,444	7,157	2%
295,088	93%	—	—	305,134	96%	320,287	287,961	12,976	4%
319,245	94%	—	—	337,757	100%	368,819	319,245	18,016	5%
336,699	93%	—	—	353,240	98%	376,319	336,699	13,658	4%
328,232	85%	—	—	361,502	94%	386,129	328,232	19,293	5%
343,325	89%	—	—	366,295	95%	401,149	343,325	19,507	5%
344,249	93%	—	—	363,719	98%	410,068	344,248	24,340	7%
327,195	86%	—	—	350,149	93%	390,064	327,195	22,962	7%
331,349	84%	—	—	336,937	85%	363,785	319,874	17,033	5%
357,298	88%	—	—	364,329	89%	403,411	344,085	22,014	6%
366,010	86%	—	—	370,027	87%	399,234	352,109	17,206	5%
393,286	91%	—	—	400,837	93%	437,854	367,377	25,109	6%
375,660	84%	—	—	387,741	87%	418,271	356,333	20,845	5%
393,405	87%	—	—	387,653	86%	414,528	326,209	31,747	8%

は，税込で，基準外賃金を含み，賞与を含まない値である。ダイハツは委託生産を掲載した。日野自動車の1967年から1971年の値は得られなかった。
ヨタ車体の賃金が大きく低下している理由であると考えられる。

179

第Ⅱ部　委託生産・開発のマネジメント

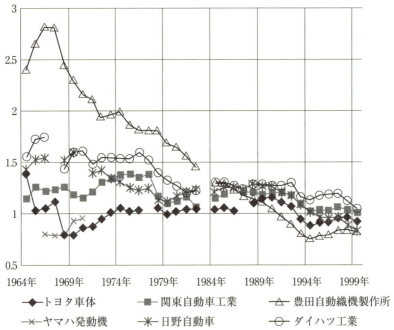

図表6-2　各委託生産企業平均勤続年数÷トヨタ平均勤続年数（1964-1999）

（注）　図の値は，各委託生産企業平均勤続年数÷トヨタ平均勤続年数。
　　　日野自動車・ダイハツ工業・ヤマハ発動機の掲載年は，図表6-1と同じ。
（出所）　図表6-1と同じ。

の賃金水準においてトヨタの高さが目立っている。一方，高校卒で現業を担う男性の賃金水準は，トヨタが高いが，格差の程度は相対的に大きくなかった。

　トヨタと委託生産企業の間で賃金格差が存在していたという事実は，労働組合の運動からも確認することができる。1972年9月に全トヨタ労働組合連合会が結成される以前は，各委託生産企業の労働組合がトヨタの賃金や労働条件を目標に活動していた。トヨタ車体労働組合は，第36期（1968年9月1日-1970年8月31日）の労働運動を次のように振り返る。「あらゆる会社の施策がトヨタ自工に追つこう，トヨタ自工を目指そうと集約されており，労働組合も賃金や，一時金，退職金など労働条件に差があるものを，トヨタ自工並にしようとの考え方にたち，トヨタ自工並を目指しました」[6]）。しかし実際には，賃金上

図表6-3 男性の学歴別賃金モデル

学歴/年齢			トヨタ	トヨタ車体	関東自動車工業	セントラル自動車	荒川車体工業	岐阜車体工業
大学卒	事務・技術	22	68,500	68,000	68,000	66,300	64,000	55,000
		25	84,400	81,006	78,782	78,433	77,700	68,000
		30	116,900	106,366	103,646	94,245	103,300	83,500
		35	152,600	129,835	—	116,288	142,300	86,700
高校卒	事務・技術	18	54,500	—	54,500	56,000	54,000	54,000
		20	62,100	59,870	59,462	60,921	59,200	57,000
		25	80,600	76,945	75,212	77,597	78,000	68,000
		30	97,900	99,794	96,476	93,600	95,200	82,000
		35	116,900	120,807	120,204	104,400	116,800	86,700
		40	146,400	—	—	—	153,000	92,500
高校卒	現業	18	54,500	54,500	54,500	56,000	54,000	—
		20	63,100	62,197	59,462	60,924	59,200	
		25	81,900	78,192	75,212	77,597	80,000	—
		30	—	95,899	96,476	93,600	99,200	
		35	—	116,100	120,204	104,400	116,800	
		40	—	—	—	—	148,000	—

(注) 単位は円。
(出所) 全トヨタ労働組合連合会（1973）『賃金労働条件調査資料』第1号（昭和48年版）より作成。

昇額と賃金上昇率の両方においてトヨタを下回り，初任給や一時金についてもトヨタ並という目標を達成することはできなかった[7]。例えば1972年における年間の賞与金は，トヨタ428,632円，トヨタ車体371,393円，関東自動車工業370,565円，セントラル自動車345,380円，荒川車体工業337,387円，岐阜車体工業304,546円であった[8]。

全トヨタ労働組合連合会の結成以降，トヨタ・グループにおいては[9]，「賃金，ボーナスを中心とする基本的労働条件は，全トヨタ労連を中心にして統一的な取組み」が行われることとなった[10]。しかし，トヨタ―委託生産企業間の賃金格差は縮小しなかった。1975年まで，賃上げ率の規模別格差が大きかったため，全トヨタ労働組合連合会は格差拡大の阻止を図る要求を掲げた。その後，1976年から1979年にかけて，賃上げ率の規模別格差は縮小したが，賃上げ率は等し

くならなかった[11]。トヨタと委託生産企業の規模について従業員数で比較すると，委託生産企業の従業員数は，トヨタの従業員数の10%強であった[12]。

　全トヨタ労働組合連合会結成以前，トヨタ車体の労働組合はトヨタを目標に活動を展開したが，トヨタと同程度の条件を獲得することは困難であった。そしてトヨタ―委託生産企業間の賃金格差は，上述したように，全トヨタ労働組合連合会結成後も解消されなかった。トヨタと委託生産企業における賃金格差の存在は，内製ではその格差を利用することが困難であるという意味で，委託生産の競争優位要因の1つであった[13]。

2　委託生産の展開と賃金格差

　ここでは，委託生産企業におけるトヨタからの委託生産台数と賃金格差の関係を分析する。トヨタが，委託生産の発注先を選択する局面において，賃金格差をどの程度重視してきたのかを考察することとしたい。収集できたデータの制約から，1970年と1990年の2時点を分析対象とする。

2.1　国内生産拡大期

　まず，国内生産拡大期の委託生産における賃金格差の意義を検討する（**図表6-4**）。委託生産台数が多かったトヨタ車体（34%）・関東自動車工業（33%）はトヨタとの賃金格差が大きく，この2社で67%のシェアを占めた。一方で，委託生産台数が少なかったのは，1969年に委託生産が開始したばかりのダイハツ工業（4%）と[14]，ヤマハ発動機（0%，71台）であった。トヨタ―ヤマハ発動機間の賃金格差が大きかったが，ヤマハ発動機へ発注したのは2000GTであり，あくまで一時的な取引関係であった。トヨタは，「多くの新車開発の計画をかかえ，試作工場の生産能力に余裕がなかったこと，さらに本格生産に移した場合も，普通の乗用車よりも特に入念なクラフトマンシップ（仕上げのよさ）を必要とするため，量産ラインで流すことができない」ため，ヤマハ発動機を活用したのであった[15]。そのため，ヤマハ発動機への委託生産は，1966年から1970年におけるトヨタ2000GTの339台のみであった[16]。

第6章　委託生産と賃金格差

図表6-4　委託生産台数と賃金水準（1970・1990年）

1970年

会社名	委託生産台数(年)	シェア/a	シェア/(a+b)	賃金格差	平均月額給与(円)	平均勤続年数(年)	平均年齢(歳)	従業員数(人)
トヨタ車体	295,500	34%	18%	82%	56,113	4.6	27.4	5,345
関東自動車工業	280,476	33%	17%	84%	58,034	6.2	29.1	4,650
日野自動車	104,789	12%	6%	―	―	―	―	―
セントラル自動車	52,803	6%	3%	―	―	―	―	―
豊田自動織機製作所	49,991	6%	3%	90%	61,612	11.7	32.3	5,995
荒川車体工業	41,374	5%	2%	―	―	―	―	―
ダイハツ工業	33,993	4%	2%	93%	64,187	8.7	31.2	7,126
ヤマハ発動機	71	0%	0%	71%	48,970	5.1	26.9	4,406
委託生産台数合計a	858,997	100%	51%					
トヨタb	818,732		49%		68,759	5.4	27.3	38,168
a+b	1,677,729		100%					

1990年

会社名	委託生産台数(月)	シェア/a	シェア/(a+b)	賃金格差	平均月額給与(円)	平均勤続年数(年)	平均年齢(歳)	従業員数(人)
トヨタ車体	42,000	24%	12%	100%	386,129	14.2	34.5	6,796
関東自動車工業	37,000	21%	10%	94%	364,537	14.8	35.2	5,951
日野自動車	35,500	21%	10%	92%	356,467	15.6	37.4	8,227
ダイハツ工業	20,000	12%	6%	85%	328,232	15.7	36.9	11,664
豊田自動織機製作所	18,000	10%	5%	96%	372,143	12.9	33.6	7,152
アラコ	10,000	6%	3%	―	―	―	―	―
セントラル自動車	7,300	4%	2%	―	―	―	―	―
岐阜車体工業	3,100	2%	1%	―	―	―	―	―
委託生産台数合計a	172,900	100%	48%					
トヨタb	185,000		52%		385,757	12.4	33.6	70,814
a+b	357,900		100%					

（注）　岐阜車体工業は，資料上，生産台数が31,000台となっていたが，内訳は3,100台分であったため，3,100台であると判断した。

（出所）　委託生産台数については，1970年：塩地（1986）53頁．1990年：産業ジャーナル編（1990）78頁．平均月額給与・平均勤続年数・平均年齢・従業員数については，図表6-1に同じ。

2.2　海外生産拡大期

　1973年と1979年における石油危機の発生は，主要先進国における自動車生産

を減少あるいは停滞させたが，日本自動車産業は増産を続けた。1970年代以降，国内市場の拡大傾向が緩やかになる中で，日本企業は北米・ヨーロッパに対する輸出を急増させたのであった。外部要因としては，石油危機によるガソリン価格の高騰により，日本自動車産業の生産する燃費効率の高い小型車に対する需要が世界的に増加したことが大きかった。しかし，こうした需要の変化という要因のみで輸出の急増が説明されるわけではない。第二次石油危機の時点における日本自動車産業は，デザイン等の品質面においても能力を構築し，急増する需要を掴む競争力を形成していた[17]。

アメリカ自動車産業は，小型車需要の急増という変化に対して，迅速に対応することができなかった。大型車・中型車中心の製品展開をしてきたアメリカ自動車産業にとって小型車は，経験が少なく，利幅が少なかった。そのため，小型車生産という戦略は，アメリカ自動車にとって魅力的な選択肢にならなかった。1978年から1980年にかけて，アメリカ乗用車市場における小型車のシェアは48％から64％に上昇し，輸入車が占めるシェアは18％から27％へと拡大した。こうした状況の中で，GM・フォード・クライスラーの3社は1980年に巨額の赤字を記録し，大量の失業者を発生させることとなった[18]。

こうして，日本企業の大量輸出に不満が向けられ，日米自動車貿易摩擦問題が引き起こされた。この問題については，1981年5月1日，日本企業が対米乗用車輸出規制措置を採用することで合意がなされた[19]。輸出自主規制は，1984年185万台，1985年230万台となり，その後1990年代まで継続された。しかし，日本自動車メーカーの現地生産が進んだことで，「1980年代後半には有名無実化」していたという[20]。例えばトヨタの海外生産比率は，1960年0.3％，1970年5％，1980年7％，1990年18％，2000年34％と，80年代から急激に上昇した[21]。トヨタ社長・豊田章一郎は，1984年を「海外元年」，1989年を「海外での大事業を実行に移す年」と表現しており[22]，80年代から海外生産を積極的に展開したのであった[23]。とりわけ90年代は，海外生産台数が増加する一方で，国内生産台数が減少した。

トヨタは，1983年に分野調整方針を打ち出し，委託生産の見直しを進めた。基本的な方針は，同一車種を複数の委託生産企業に発注している取引形態を改め，車種ごとに1社への集中発注を行うというものであった。対象となった委

第6章　委託生産と賃金格差

図表6-5 委託生産の複数発注

会社名	工場名	生産車種
豊田自動織機製作所	長草工場	商用車（スターレット，パブリカトラック，カローラバン），小型ダンプトラック，キャブオーバートラック
トヨタ車体	富士松工場	コロナマークⅡ，チェイサー，カリーナ，トラック，ダイナ，ハイラックス，トヨエース，タウンエース
	刈谷工場	ハイエースバン，ライトエースバン
関東自動車工業	東富士工場	センチュリー，クラウン，コロナマークⅡ，ワゴン・バン，コロナ
	横須賀工場	カローラセダン・クーペ・リフトバック，スプリンター・クーペ・リフトバック
日野自動車	日野工場	ディーゼルトラック・バス
	羽村工場	カリーナ，ハイラックス
ダイハツ工業	池田第二工場	ライトエース，タウンエース，クォーレ，ハイゼット，デルタ，デルタワイド，タフト
	京都工場	スターレット，シャルマンバン，シャレード
荒川車体工業	本社工場	ランドクルーザー，マイクロバス，ハイエース
岐阜車体工業	本社工場	ダイナ，ハイエース，ハイエースオープンバン等
セントラル自動車	本社工場	コロナバン，クラウンバン，コロナマークⅡピックアップ，救急車，キャンピングカー，特装車
トヨタ	本社工場	トラック（ハイエース，トヨエース，スタウト，ダイナ，タウンエース）
	元町工場	乗用車（クラウン，コロナマークⅡ，チェイサー）
	高岡工場	乗用車（カローラ，スプリンター，ターセル，コルサ）
	堤工場	乗用車（セリカ，カリーナ，コロナ）
	田原工場	トラック（ハイラックス，スタウト），カローラ，ソアラ

(注)　工場の業態が「組立」である工場を抽出．岐阜車体工業は，資料上は「組付」であるが，1983年における分野調整の対象企業であったため，「組立」を行っていたと判断し，追加した．
(出所)　アイアールシー（1982）8-12頁より作成．

託生産企業は，トヨタ車体・関東自動車工業・荒川車体工業・セントラル自動車・岐阜車体工業・豊田自動織機製作所の6社であった．**図表6-5**から，分野調整方針が打ち出される前における複数発注の実態を確認しよう．例えばコロナマークⅡは，トヨタ・元町工場，トヨタ車体・富士松工場，関東自動車工業・東富士工場の3つの工場で生産されていた．他にも，ダイナ（トヨタ・本

工場，トヨタ車体・富士松工場，岐阜車体工業・本社工場）やハイエース（トヨタ・本社工場，荒川車体工業・本社工場，岐阜車体工業・本社工場）が3つの工場で生産されていた。

　分野調整方針では，こうした複数発注の実態を踏まえ，①乗用車の場合，同一車種の複数委託生産企業への複数発注を改め，一定の車種は特定委託生産企業に一本化する，②乗用車・商業車・トラック等の多様な車種を組み立てている委託生産企業については，できるだけ専門化し，生産を集中させることが意図された。1社に限定した発注政策は，専門化による効率化だけでなく，トヨタが委託生産企業に供給する部品を，複数の工場に輸送する費用を低減させるというメリットも持っていた[24]。①については，スターレットの事例が確認できる。1984年において，スターレットの輸出仕様車は豊田自動織機製作所，国内仕様車はダイハツ工業が生産していた。つまり複数の委託生産企業に対して発注がなされていたが，フルモデルチェンジの際，生産効率を高めるために豊田自動織機製作所へ集約されたのであった。スターレットの生産が中止となるダイハツ工業に対しては，カローラバンの発注がなされた[25]。

　分野調整方針②については，トヨタ車体の事例が指摘できる。1975年の時点で，トヨタ車体は，小型四輪貨物車を5車種，小型四輪乗用車を6車種生産していた[26]。小型四輪貨物車と小型四輪乗用車において最大の生産台数を占めるカローラとカローラバンは生産していないものの，トヨタ・ブランド全体の販売台数において5％を占めるコロナやカリーナハードトップの生産も行っていた。その後1985年において，トヨタ車体は，小型四輪貨物車を5車種，小型四輪乗用車3車種の生産が担当となった[27]。1985年7月におけるカリーナクーペの移管を入れれば，1975年と比較して，小型四輪乗用車が4車種減少したのであった。その他の3車種であるが，コロナハードトップが1982年1月，マークⅡセダンが1984年3月，マークⅡハードトップが1984年7月に移管された[28]。トヨタは，トヨタ車体に対する乗用車の発注を減少させ，トヨタ車体をトラックに特化させることを意図したと考えられる[29]。

　発注政策の効果について，トヨタは次のように指摘している。「生産委託をしているボデーメーカーについても，委託車種を調整することによって，投資の効率化をはかるとともに，その責任体制を明確化した。また，（新製品への）

切替え時のトラブルの要因を各社ごとに徹底して解析したうえで，ボデーメーカー研修会を開いて再発防止を推進した結果，これを着実にこなす実力を蓄積させることができた（括弧内引用者）」[30]。投資の効率化や責任体制の明確化は，1車種を1社に発注する方式がもたらしたメリットであると考えられよう。

分野調整方針によって委託生産企業の専門化が進められる一方で，委託生産企業は，柔軟性の高い生産ラインを構築した。トヨタ車体は，石油危機以降，短期的な生産変動が目立つようになったため，①異なるラインの作業工程をこなす「多能工」の養成，②設備の汎用化・共用化を推進した[31]。関東自動車工業は，1987年，全社的にフレキシブル・マニュファクチュアリング・システムを導入した。ロボットの台数を旧ラインの2倍以上の71台に増やし，独自に車種切替装置を開発する等，車種変更があってもライン構成を変更しないで対応できる生産体制を整えた。関東自動車工業は，消費者ニーズの多様化による車種の多品種化を背景に，中・少量生産車種の受託を狙ったのであった。こうした委託生産企業間競争は，新製品に限らず，既存の車種についても展開された。関東自動車工業製造部長・相模兵介は，生産経験のないカリーナも流せるようにする等，「なんでもつくれる体制にしておく」と述べている。関東自動車工業は，カリーナの生産を可能にすることについて，他の委託生産企業を刺激するが，生き残るために必要であると認識していた。関東自動車工業の技術者は，「最も動向が気になるのは日産系車体メーカーなどではなく，グループ内の車体メーカーだ」と指摘している[32]。

図表6-4から1970年と1990年における委託生産企業のシェアを比較すると，トヨタ車体（24%）・関東自動車工業（21%）のシェアが後退し，日野自動車（21%）・ダイハツ工業（12%）・豊田自動織機製作所（10%）が上昇した（括弧内は1990年の値）。1990年においては，1970年と比較して，各社のシェアが拮抗するようになっており，激しい競争を展開していたことがうかがわれる。委託生産企業が柔軟性のある生産ラインを構築したことは，委託生産企業間の競争を激しいものにする一因であったと推測される。

最後に，以上の委託生産の歴史的分析を踏まえ，賃金水準との関連について，再度図表6-4から検討したい。非常に限られたデータしか収集できていないことを強調しておきたいが，1970年においては，委託生産台数と賃金水準に強

い負の相関関係を確認できるが[33]，1990年においては，委託生産台数と賃金水準にやや弱い正の相関関係を確認することができる[34]。1990年のトヨタ車体は，最も生産台数が多く，トヨタよりも平均月額給与が高かった。1990年においては，1970年と比較して，委託生産において賃金格差の持つ意義が後退したことが推測される。

トヨタは，1960年代以降，爆発的な需要の拡大に対応する1つの手段として委託生産企業を利用してきた。この過程で，委託生産企業は乗用車・商業車・トラックの多様な車種を生産する能力を蓄積したが，委託生産企業の専門性は必ずしも高まらなかった。トヨタにとっては，爆発的に拡大する需要に対応することが重要であり，発注先をコントロールすることで委託生産企業の専門性を確立することは困難であったと考えられる。その後トヨタは，1983年に分野調整方針を打ち出し，委託生産企業の専門性を高めていった。1990年において賃金格差の持つ意義が後退したことは，トヨタによる分野調整方針やそれぞれの委託生産企業が構築した組織能力の違いによって，委託生産分野の棲み分けが成立したことが関係していると推測される[35]。

3　委託生産と地域間賃金格差

1990年7月，福岡県宮田町・若宮町とトヨタの間で企業立地協定が署名・調印された[36]。1990年7月27日の『トヨタ新聞』には，九州に工場を建設する理由が次のように記述されている。「今回新しく工場を建設するのは　①お客様の要望の一層の多様化，高度化に対応するため，部品点数・生産工程の増加と複雑化が進んでおり，新たな工場が必要となった。②昨今の労働力不足，労働時間短縮のすう勢に対応していくために，工場立地を広域化して幅広い人材を確保する必要がある等のニーズによるものである」[37]。トヨタが2点目で労働力不足を指摘したとおり，愛知県の有効求人倍率は高かった（第2章）。1988年から1991年頃にかけて，とりわけ高い有効求人倍率を記録した。一方，福岡県の有効求人倍率は全国平均より低かった。

また愛知県は，自動車組立工の賃金水準において，相対的に高い水準にあった。**図表6-6**は，自動車組立工の所定内給与額について，愛知県を100％とし

て各県の値を算出したものである。福岡県における自動車組立工は，愛知県と比較して，平均88％程度の賃金であった。労働者の勤続年数や学歴などが揃ったデータではないため慎重な評価が必要ではあるが，福岡県への工場立地は，相対的に低賃金で労働力を利用できた可能性が高かった。

1990年12月，トヨタは，九州工場を別会社で運営することを発表した[38]。7月の企業立地協定において豊田社長が署名・調印したことから，直営工場への期待が高まっていたため，分社化の決定は，地元関係者に衝撃を持って受け止

図表6-6　男性自動車組立工の所定内給与額（各県÷愛知県）

	福岡県	三重県	岩手県	宮城県
1995年	96%	116%	73%	103%
1996年	100%	93%	98%	126%
1997年	96%		86%	72%
1998年	94%	93%	87%	
1999年	93%	93%	96%	
2000年	93%	88%	91%	85%
2001年	84%	81%	107%	64%
2002年	86%	78%	98%	85%
2003年	94%	96%	100%	56%
2004年	96%	91%	78%	74%
2005年	68%	116%	111%	97%
2006年	86%	80%	83%	
2007年	63%	147%	104%	
2008年	92%	133%	122%	71%
2009年	81%	142%	96%	103%
平均	88%	103%	95%	85%

（注）　所定内給与額とは，「労働契約，労働協約あるいは事業所の就業規則などにより予め定められている支給条件，算定方法によって6月分として支給された現金給与額（賞与等で算定期間が3ヶ月を超える給与は除く）から超過労働給与を除いたもの」である。一般労働者の値であり，短時間労働者の値ではない。表の値は，各都府県÷愛知県により算出した。空欄の値は不明である。1993年にトヨタ車体・いなべ工場（三重県），関東自動車工業・岩手工場（岩手県）が完成し，2011年にはセントラル自動車・宮城工場（宮城県）が稼働したため，それぞれの県のデータを参考として示した。

（出所）　『賃金構造基本統計調査』より作成。

第Ⅱ部　委託生産・開発のマネジメント

められたようである。別会社化決定の経緯について，1991年1月11日の『weekly TOYOTA』は次のように述べている。「新工場はお客様のご要望の一層の多様化・高度化と労働事情の変化に対応し，既存工場を含めた生産体制を再構築するとともに，地方経済の活性化に対応するために建設されるもの。その運営に関しては，①地域の実情に即し，機動的な意思決定ができ，迅速な企業活動ができる　②活力ある企業体質で，企業と従業員が一体となり地域に溶け込む　との観点から検討を重ねてきたが，このほど九州，北海道の両工場を新会社で運営することを決定し，関係機関へ申し入れた[39]」。トヨタは，「地域の実情に即」すこと，「地域に溶け込む」ことを考慮し，別会社化の決定に至った。

　九州工場の別会社化は，異なる賃金体系を構築することで賃金格差を利用するというだけでなく，地元企業を配慮した意思決定でもあった。地元企業は，トヨタに労働力を吸収されてしまうことを問題視しており，別会社のほうが直営工場よりも賃金が低くなるために望ましいと考えていた[40]。トヨタが大量の労働力を調達することによる賃金上昇を考慮し，福岡市から離れた工場立地を行う地元企業も存在した[41]。先に引用した通り，トヨタは別会社化について「地域の実情に即」すと冒頭で述べたが，この表現は，地元企業への配慮を意識したものであった。トヨタ自動車九州の別会社化は，少なくとも，低賃金労働の利用と地元企業の利害に対する配慮という2つの面を持っていた。

　トヨタ自動車九州は，トヨタの100％子会社として1991年2月8日に創立総会を開催し[42]，1992年12月から宮田工場の操業を開始した[43]。トヨタ自動車九州の従業員の一部は，トヨタからの転籍であった（**図表6-7**）。元町工場，田原工場，堤工場，高岡工場の各工場から転籍者がいたが，最も多かったのは元町工場総組立部であった。トヨタ自動車九州は，元町工場からマークⅡを移管され，マークⅡのみで立ち上がった。従業員の転籍元において元町工場総組立部が大部分であったのは，トヨタ自動車九州での組立を円滑に開始するためであったと考えられる。

図表6-7 トヨタからトヨタ自動車九州への転籍

1993年		1994年	
出身	人数	出身	人数
元町工場総組立部	67	トヨタ自動車九州（出向中）	3
田原工場第3製造部	5	スタンピングツール部	1
元町工場品質管理部	4		
堤工場総組立部	4		
田原工場第2製造部	4		
元町工場車体部	1		
高岡工場品質管理部	1		
高岡工場第2総組立部	1		
堤工場車体部	1		
係長級	1		
トヨタ自動車九州（出向中）	1		
合計	90	合計	4

（出所）『weekly TOYOTA』1993年1月15日、『weekly TOYOTA』1994年1月16日より作成。

おわりに

　トヨタは，内製ではなく，外部での委託生産を選択することで，長期的に，低賃金で労働力を利用した。トヨタ─委託生産企業間の賃金格差は，1960年代から2000年頃まで，委託生産の競争優位要因であり続けたのであった。ただし，賃金格差が大きい委託生産企業の委託生産台数が多く，賃金格差が小さい委託生産企業の委託生産台数が少なかったわけではない。賃金格差は，委託生産の競争優位要因の1つであったが，トヨタが委託生産先を選択する決定的な要因ではなかったといえよう。

　トヨタ自動車九州の事例は，委託生産が，地域間賃金格差の利用という性格も有していたことを示している。地域間賃金格差を利用するうえで，トヨタは，トヨタからトヨタ自動車九州への従業員の転籍を行ったが，物価の地域差を考慮すれば，従業員にとって必ずしも生活水準の低下にはならないであろう。ト

第Ⅱ部　委託生産・開発のマネジメント

ヨタ自動車九州への従業員の転籍は，第2章において両社の一体性，継続性を担保する要因として指摘されており，本章は，その点について同じ見解を共有しているが，地域間賃金格差を巧妙に利用する方法でもあったことを強調しておきたい。

本章は，なぜ内製ではなく外部の委託生産なのかという問いに対して，日本国内の賃金格差という観点から検討したが，海外の低賃金国への車両生産拠点の移転という選択肢を考慮することができなかった。しかしトヨタが海外生産を拡大した1980年代以降，日本で生産する委託生産企業とトヨタの企業間関係は，国際的な賃金水準を視野に入れて評価されるべきであろう。日本より低い賃金水準で均衡している労働市場も含めた国際比較の視点から委託生産の分析を深めていくことは，筆者の今後の課題としたい。

付　記

本章1節，2節は，菊池航（2011）「トヨタにおける委託生産取引と賃金格差」『立教経済学研究』第65巻第2号，を大幅に加筆修正したものである。はじめに，3節，おわりには，新たに書き加えた。

注

1　代表的な業績として，野村（1988a），野村（1988b），野村（1989），愛知労働問題研究所編（1990），猿田（1990），猿田編（2008）などが挙げられる。また，トヨタの現場労働を労働者の視点から明らかにした伊原（2003）も，近年の重要な研究成果である。筆者は，拙稿（2012）で高度成長期における自動車メーカー・部品メーカー間の賃金格差を検討したことがあり，部品メーカーとの賃金格差の実態についてはそちらも参照していただきたい。

2　2000年以降における有価証券報告書では，平均月額給与ではなく，平均年間給与が記載される。平均年間給与は，平均月額給与と異なり，税込で，基準外賃金および賞与金を含む値が記載されている。そのため，データの連続性を考え，本表には含まなかった。

3　該当する時期は以下の通りである。トヨタ車体：1985年・1990年，関東自動車工業：1965年・1975年，豊田自動織機製作所：1965年・1975年，ダイハツ工業：1975年。

4　1977年以降，トヨタと委託生産企業間の平均勤続年数の差は，徐々に小さくなっていった。つまり平均勤続年数の伸びは，トヨタのほうが委託生産企業よ

りも高かった。1990年代以降における賃金格差の拡大は，トヨタを構成する従業員が，相対的に高年齢化したことも一因であったと考えられる。
5 なお，各社の女性従業員比率は約5％から10％程度である（各社『有価証券報告書』）。
6 40年のあゆみ編集委員会（1986）62頁。
7 同上。
8 全トヨタ労働組合連合会（1973）『賃金労働条件調査資料』第1号（昭和48年版）。
9 日野自動車・ダイハツ工業・ヤマハ発動機は，それぞれの労働組合が存在し，全トヨタ労働組合連合会に加盟しているわけではない。これらの企業についてのより詳細な検討は，今後の課題としたい。
10 40年のあゆみ編集委員会（1986）68頁。
11 植田（2002）40-41頁。
12 各社『有価証券報告書』。
13 委託生産企業の賃金水準は，トヨタと比較して相対的に低賃金であったが，賃金を支払う委託生産企業にとっては少なくない負担であった。トヨタ車体は，1979年以降の有価証券報告書において，コストプラス要因として人件費の上昇があったことを繰り返し指摘している。
14 ダイハツ工業（2007）126-129頁。
15 トヨタ自動車工業株式会社社史編纂委員会編（1967）624-631頁。
16 塩地（1986）66頁。
17 通商産業省・通商産業政策史編纂委員会編（1993）442-450頁。
18 通商産業省・通商産業政策史編纂委員会編（1993）450-454頁。
19 日米自動車貿易摩擦問題の詳細な交渉過程については，通商産業省・通商産業政策史編纂委員会編（1993）454-484頁を参照。
20 藤本（2003）226-234頁。
21 田（2010）75-79頁。
22 『トヨタ新聞』1988年1月1日，2面。
23 トヨタにおける海外生産の展開については，上山（2003）を参照。
24 『日本経済新聞』1983年1月20日，地方経済面，10頁。
トヨタ車体・関東自動車工業・荒川車体工業・セントラル自動車・岐阜車体工業との取引について，「同一車種を別々の車体メーカーに並行発注している現在の外注形態を改め，車種ごとに集約，一本化するという体制見直しを検討している」という指摘もあった（アイアールシー（1984）36-37頁）。
25 『日経産業新聞』1984年8月20日，10頁。
26 自動車検査登録協力会編（1977）2-6頁。トヨタ車体株式会社社史編集委員会（1985）160-163頁。
27 自動車検査登録協力会編（1986）2-11頁。
28 トヨタ車体株式会社社史編集委員会（1985）162頁。

29 トヨタ車体は,「トヨタ自動車は,60年代に向けてグループ間における開発・生産分担の見直しを順次実施し,当社の開発担当車種も大きく変貌した」と指摘している（トヨタ車体株式会社社史編集委員会（1985）69-71頁）。
30 トヨタ自動車株式会社（1987）789-790頁。
31 トヨタ車体株式会社社史編集委員会（1985）85-86頁。
32 『日経産業新聞』1987年9月26日,7頁。
33 1970年の委託生産台数と平均月額給与の相関係数は,ヤマハ発動機を除くと,-0.95である。ヤマハ発動機を除いた理由は,本文でも述べた通り,2000GTの委託生産という一時的な関係であったためである。
34 1990年の委託生産台数と平均月額給与の相関係数は0.53である。
35 この点についての具体的な分析は,筆者の今後の課題としたい。
36 『九経エコノス』1992年,January Vol.28,28頁。
37 『トヨタ新聞』1990年7月27日,1頁。
38 『日本経済新聞』1990年12月21日,西部夕刊,20頁。
39 『weekly TOYOTA』1991年1月11日,1頁。トヨタ自動車北海道は,トヨタの100％子会社で,部品を製造した。
40 『日本経済新聞』1990年12月22日,14頁。
41 『日本経済新聞』1991年6月29日,西部夕刊,14頁。
42 『weekly TOYOTA』1991年2月15日,1頁。
43 『weekly TOYOTA』1993年4月16日,1頁。

（菊池　航）

第Ⅲ部

海外における委託生産

第7章　韓国ドンヒオートによる軽自動車の組立
第8章　台湾裕隆汽車における日産車委託生産と自主ブランド車開発
第9章　単一自動車メーカー・ブランドに依存しないサービス業

第7章
韓国ドンヒオートによる軽自動車の組立

コスト削減と労務管理

はじめに

　本章では，近年韓国内で行われている完成車の委託生産の仕組みを明らかにし，委託生産を高度に活用することによって需要の急増に対応してきた日本自動車産業との対比を通じて，その存在意義について検討する。

　日本自動車産業の競争優位を説明する主要な要因の1つとして，しばしば完成車メーカーと部品メーカー間の長期にわたる異種分業が取り上げられてきた。一方で日本の場合，部品生産のみならず，完成車生産においても外注取引が広く見受けられる。

　本書のこれまでの章で述べられてきたように，塩地（1986）（1993），Shioji（1995）（1997），清家（1993）（1995a）（1995b），田（2009）（2010）はこのような日本の自動車委託生産を分析した代表的な研究といえる。また，菊池（2011），佐伯（2011）により当該研究領域の拡張と深化が試みられており，自動車生産における同種分業の経営実践的重要性が再照射されつつある。これらの丹念な調査研究により，日本における委託生産の果たす役割は，組立の外注といった消極的なレベルから研究開発や海外生産，海外支援といった積極的なレベルにまで及ぶということが明らかになった。また，市場と企業の成長過程の中で，委託生産のあり方も変貌していく可能性が示唆された。一方，構造論の観点からも同種分業では異種分業より，発注する側と受注する側との間に潜在的に競合する可能性が高いと考えられる。なぜなら受注する側が自社ブランドを立ち上げると決めた場合，発注する側から学習してきたノウハウを相当の

程度転用できるからである。そこで，委託元である自社ブランドを保有する自動車メーカーから注文を受け，完成車の委託生産を行う委託生産企業へホステージ（hostage）を設け，競合の可能性を制御しようとするケースがさしあたり日本ではかなりの頻度で観察される。ここでホステージの設定とは，一方の経済主体が他方に持株のような経済的な担保を差し出させることによって機会主義的行動を抑制し，信憑性あるコミットメント（credible commitments）を図り，専属的資産の投資と継続的取引を支える統治構造（governance structure）の一要素と定義できる[1]。

ただし，これらの研究の主な分析対象は，トヨタ自動車を中心とした日本の自動車メーカーに集中してきたのも事実である。そこで，国際比較研究を加えることによって，当該分野の先行研究にさらに普遍性を補強する必要があると考えられる。本章ではこのような問題意識を踏まえ，2004年から本格的に始まった現代自動車・グループの韓国国内での委託生産に着目し，日本との比較を通じて，行動論，構造論，発生論の観点から，自動車委託生産という同種分業現象の含意を吟味したい。

結論を先取りして述べると，韓国における自動車委託生産は構造論的には，企業グループ内での取引ではなく，外注を成立させつつも自社ブランドを保有する自動車メーカー側が一定の影響力を及ぼしうる中程度のホステージ（moderate hostage）が設けられており，その機能的役割としては，固定資産投資のリスク回避以上に，賃金格差を利用した低付加価値品の外注という消極的な段階にとどまっているといえる。そこで，韓国での自動車委託生産で見受けられる重層構造の下請雇用形態と労使関係の特殊性を克服する上で求められる知見を日本との対比を通じて探る。また発生論的観点から，韓国における自動車委託生産は自国産業史の連続線上で現れた取引形態というよりも，日本の委託生産から学習した部分が大きいと考えられる。

次節では，自動車委託生産に関する先行研究をレビューし，第3節以降で韓国における自動車委託生産の歴史と実態，組織間関係の構造と行動，そしてその存在意義について論じていく。

1 自動車産業における分業

1.1 異種分業

今日，完成車メーカーは部品の開発と生産の多くを部品メーカーに外注している。このような現象は，取引コスト論やサプライヤー・システム論，サプライ・チェーン・マネジメント論の主要な研究対象として確立されている。研究視点としては，資本関係や人的関係などのホステージ（hostage）の設定により，取引関係をめぐった不確実性を克服する側面を重視する構造論や部品メーカーの「関係特殊的技能[2]」の利用やジャスト・イン・タイム（JIT），デザイン・イン（design-in）などの革新的なプロセス（process）の蓄積を重視する行動論，そして歴史の初期条件によりその後の展開（発展経路）が大きく左右されるとする発生・存続論，システムの効率性を認めつつも，賃金格差など元請と下請間の取引関係における不均衡性を喚起する新二重構造論など多岐にわたる。完成車メーカーと１次部品メーカー（tier 1）間の継続的取引の存在意義に関する初期の研究は，ホステージ（hostage）の設定による機会主義的行動の抑制効果に注目していたが[3]，その後企業間機能統合の革新的なプロセスの蓄積を重視する観点へシフトしてきたといえる[4]。

一方，サプライヤー・システムの全体像においては多面性が存在するのも事実である。特に，１次部品メーカー[5]から２次部品メーカー（tier 2）への発注額（取引規模）と出資率（ホステージの尺度）間の相関関係は，完成車メーカーから１次部品メーカーへの発注額と出資率との相関関係に比べ遙かに高いということが明らかになった[6]。そこでは，２次取引における業態の類似性からもたらされうる潜在的競合の可能性が，ホステージという私的な秩序付け（private ordering）のメカニズムの重要性を増大させていると考えられる。この業態の類似性による潜在的競合の可能性とホステージ設定の関係性の議論は後述する完成車メーカーの委託生産研究にも一脈相通じる観点といえる。

1.2 同種分業

他方で，経営実践的な観点から日本の自動車産業の分業体制を見極めると，

部品開発・生産の外注のような異種分業のみならず[7]，委託生産，すなわち完成車生産の外注のような同種分業もまた日本の自動車産業の量的，質的な急成長において，無視しえない程の役割を果たしてきたことが分かる。例えば，トヨタ自動車の場合，1970年のグローバル生産台数におけるトヨタ車体，関東自動車工業などの委託生産企業による生産台数は86万台と集計されており，トヨタ・グループ全体生産の51.2%を占めていた[8]。2007年においても，富士重工業の米国工業でのトヨタ車の委託生産（38,000台）を含めると，トヨタブランド車のグローバル生産の約33.8%に相当する288万台は依然として委託生産に大きく依存している[9]。

しかし，田（2010）も指摘しているように，これらの先行研究の蓄積にもかかわらず，依然として以下のような未開拓の研究領域が残されている。第1に，上記の先行研究は，主にトヨタ・グループ内での委託生産を分析対象の中心においている。ホンダや日産など他のほとんどすべての日本自動車メーカーが委託生産に関わっていることが確認されている以上，日本自動車メーカーの委託生産の企業横断的な比較研究が要請されるのはいうまでもない。第2に，日本以外にも韓国，ドイツにおいて，自動車の委託生産が観察されているが，このような自動車の委託生産の実態に関する国際比較研究も皆無に近い。

この2つの問題意識は，まさに本章の主題を支える2本の柱といえよう。本章ではとりわけ第2の問題意識に主眼をおきながら，韓国の現代自動車・グループの傘下で再建を遂げた起亜自動車とドンヒオート（東熙オート）間の軽自動車の委託生産取引の仕組みについて考察し，日本との比較分析を試みる。

ただし，第1の問題意識にも十分目を配る必要がある。「トヨタ式委託生産＝日本的委託生産」という図式を見直し，委託生産においては，個別企業の戦略とその企業がおかれた状況によって多様なあり方が存在しうるという点も直視しなければならない。

このような研究課題を遂行するため，2010月2月17日から2011年11月4日まで，現代自動車，起亜自動車，現代自動車南陽研究所，現代自動車台北支社，韓国自動車工業協会，韓国トヨタ自動車，韓国デンソー販売，トヨタ自動車，トヨタ車体，関東自動車工業，八千代工業（ホンダの軽自動車委託生産企業），極東開発工業など多岐にわたる関連企業を実地調査して集めたデータ，および

有価証券報告書や事業報告書，新聞記事などの2次データに依拠して日韓比較分析を行う。

2 現代自動車・グループの自動車委託生産

2.1 韓国自動車産業と委託生産

韓国自動車産業史の中で，国内自動車メーカー間で締結された完成車委託生産契約やその履行に関する記述が明記された文献は皆無に近い。その要因としては，以下の点が考えられる。第1に，民族系メーカーの技術力が乏しかったため，民族系メーカー間の委託生産が活性化する余地はなかったという途上国の自動車メーカーに共通する要因を取り上げることができる。第2に，韓国内需の狭小性を背景とする，韓国政府の半強制的ともいえる自動車産業集約政策が関わっていると考えられる。

ただし，韓国自動車産業においても委託生産に類似するケースが1968年に現れた。当時，政府の自動車産業の集約政策により，群小自動車メーカーが事業の廃止を強いられていたのは事実であるが，その場合一定の猶予期間が与えられていた。そのような文脈の中で河東煥自動車は政府の勧告を受け入れ，暫定メーカーとして新進自動車と業務提携を結び，韓国国内市場の一部で新進自動車のブランドをつけて自社製バスを供給するというOEM生産を行っていた[10]。しかし，これは経済的合理性に基づく持続的で安定した委託生産契約というよりも，政策的，あるいは政治的な要因により結ばれた暫定的で，かつ形式上（製品ブランドを一時的に借用したという意味で）の委託生産契約に過ぎない。その後，1980年から90年代にかけて，韓国自動車産業は果敢な投資により，急速な量的成長を遂げたものの，生産性や品質の作り込み，柔軟な多種少量生産方式の導入といった質的な成長が遅れたため，過剰投資や稼働率低下に陥り，ついには1990年代末に経済危機に瀕するに至る。しかしながら同時期に完成車委託生産が行われた例は見当たらない。

韓国で国内メーカー間の本格的な委託生産取引の記録が現れるのは，2001年からのことである。自動車部品メーカーのドンヒ・グループ[11]（東熙グループ，Donghee Group）は，2001年現代自動車・グループと共同出資し，ドンヒ

オート（東熙オート；Donghee Auto）という合弁企業を立ち上げ，2004年から起亜自動車の国内・輸出向け軽自動車の委託生産に踏み切ったのである[12]。現代自動車・グループは国内初の軽自動車の委託生産に先立ち，ホンダの委託生産企業である八千代工業など日本の委託生産工場を周到にベンチマーキングしたとされている。

次項で現代自動車・グループとドンヒオートとの委託生産をめぐる取引関係について検討する。

2.2 韓国現代自動車・グループとドンヒオートとの委託生産取引関係

ドンヒオートは，2001年部品メーカーであるドンヒ産業（東熙産業）[13]と起亜自動車，韓国パワートレインの3社が共同出資して設立された自動車組立委託生産企業である。

起亜自動車は1990年代末に経営破綻に見舞われたが，1998年に現代自動車・グループに買収された。買収直後は短期間で起亜自動車の経営再生を図るべく，商品企画，製品開発，設計品質，部品購買，マーケティングなどを統合的に行うことが試みられたが，現代自動車の起亜自動車に対する出資率緩和と起亜自動車の不振を機に，商品企画（コンセプト），マーケティング，デザインなどは現代自動車と起亜自動車のそれぞれで一定程度独自に行われるようになった。現在においては現代自動車・グループとして，製品開発，設計品質，部品購買が，現代自動車主導で統合的に行われている。現代自動車・グループは，近年品質経営に注力しているが，特に南陽研究所で行われる製品設計の段階からパイロット生産を通じて品質の作り込みを行っている。同社はこれを「設計品質」と称しており，現代自動車，起亜自動車が統合的に取組んでいる。これに対して，工場レベルでの「工程品質」は，労働組合との関係もあり，現代自動車と起亜自動車が別々に行っており，そのパフォーマンスにも差があるとされている[14]。

現代自動車・グループとドンヒオートとの委託生産取引関係の仕組みは**図表7-1**のように図式化することができる。

第7章 韓国ドンヒオートによる軽自動車の組立

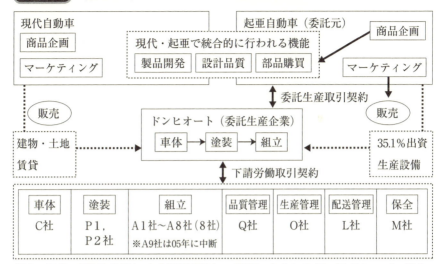

図表7-1 現代自動車・グループにおける軽自動車委託生産の仕組み

（注）通常，「設計品質」は「製品開発」の範疇に含まれるが，同グループの場合，設計品質にパイロット生産での作り込みも含めていることから，本稿では製品開発と設計品質を区分している。
（出所）現代自動車に対する取材，および『財務日報』2010年8月1日より筆者作成。

ドンヒオートは，2002年5月に韓国の黄海側に面する瑞山に工場を着工し，2004年2月からはモーニング（輸出名ピカント）という起亜自動車の軽自動車を委託生産している。同社の設備は2度の増設を経て，2008年8月には改造車種も含め，年産17万台，2009年には23万台へと，生産規模を拡張してきた。モーニングは，現在起亜車の中で最も販売台数の多い車種であり，その3分の2は輸出に向けられている。2011年には戦略車レイ（RAY：開発当初の名称はTAMと呼ばれていた軽CUV車である），2012年からはレイ電気自動車（RAY（EV））が投入され，3車種の混流生産が行われている[15]。

次に，ドンヒオートと現代自動車・グループとの関係について述べる。第1に，起亜自動車はドンヒオートとの間で，16万台の生産を基準にして1台当たり50万ウォン前後[16]の賃加工費を委託生産企業へ支払うという委託生産契約を結んでいる。ドンヒオートの瑞山工場には約930名の現場作業者が働いているが，彼らの少なくとも80％以上がドンヒオート社の下請企業である15～17社から派遣された人員で構成されている。現場の組立作業はほとんどすべて非正規

雇用に依存しており，二重の下請雇用関係となっている。また，2011年時点で末端の下請作業グループにおいて労働組合に加入している労働者は皆無に近い。例えば，**図表7-1**で示されているＡ9社の場合，同社の労働者が組合を結成した時期と同社とドンヒオートとの下請契約が中断した時期がほぼ重なっている。厳密な検証が必要であるが，このように労働組合設立により下請契約が打ち切られたとみられるケースが2008年3件，2009年には1件存在すると報じられている[17]。

　第2に，資本関係においては，2014年4月10日時点で，ドンヒ産業が45%，起亜自動車が35.1%，韓国パワートレイン社が19.9%の資本を投資している。ドンヒオートの最高経営者はドンヒ産業の親会社であるDHホールディングス（DH Holdings，ドンヒ産業に100%出資）の代表取締役であり，その経営権はドンヒ・グループ側に属しているが，工場長や財務担当常務などは，現代自動車や起亜自動車の出身者である。こうした出資構造とその他の資源依存の観点から，韓国の自動車委託生産のケースは日本とは異なる。例えば，ホンダは委託生産企業の八千代工業の発行株式の過半数を保有することによって経営権を有しており，さらにトヨタ自動車は近年中核をなすトヨタ車体と関東自動車工業の100%子会社化を図った[18]。筆者は韓国の自動車委託生産で見受けられるこのような構造的な現象を，日本の委託生産でみられる支配的なホステージ（dominant hostage）に対して，中程度のホステージ（moderate hostage）と称することにする。中程度のホステージの設定より，公式な経営権までは確保できないが，出資の負担を軽減しながらも他の経営資源を提供することにより，委託生産企業の経営において一定の影響力を行使することができる仕組みとなっている。第3に，その他の経営資源の関係において，敷地や建物の所有者は現代自動車となっており，長期賃貸する形をとっている。また，設備のほうは起亜自動車から提供されている。なお，部品調達は現代・起亜自動車により統合的に行われている。

2.3　ドンヒオートのパフォーマンスと評価

　前述の通り，起亜自動車は販売台数が最も多い車種の組立をドンヒオートへ外注しているという点は注目に値する。**図表7-2**は，起亜自動車の商用車を

第7章　韓国ドンヒオートによる軽自動車の組立

図表7-2 起亜自動車の車種別生産台数の推移（商用車を除く）

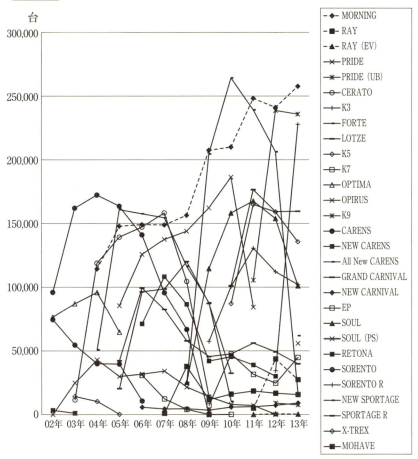

（注）　点線で示されている3車種が現在ドンヒオートで委託生産されている車種である。
（出所）　韓国自動車工業協同組合『自動車産業便覧』各年度より作成。

除いた乗用車の車種別生産台数の推移を示している。

　とりわけ，ドンヒオートに生産を委託しているモーニングは2007年から急激に販売を伸ばしてきており，2008年には起亜・ブランド車の中で生産台数において初めて第1位にランクされている。また，モーニングの生産台数は翌年の2009年にはさらに急成長を遂げている。2009・2010年は生産能力の限界，新車

投入の準備のため，生産台数が微増にとどまっているが，2010～2011年にはもう一度跳躍期を迎えている。一方，2011～2012年の間には，モーニングの委託生産が初めて減少に転じたが，この間戦略車種といわれたレイ（RAY）とレイ電気自動車（RAY EV）の2つの車種が追加的に投入され，生産性の高い3車種混流生産ラインを構築した。このように2002年より2013年までの起亜自動車のモデルを通して見渡すと，モデルチェンジや新車種投入が頻繁に行われていたため，結果的に車種間世代交代が激しい中で，ドンヒオートで委託生産されるモーニングの場合，コンスタントに成長してきており，現在も起亜自動車の代表的な量産車としてその地歩を固めている。つまり，現代自動車・グループは量産効果が見込めない少量生産車種を委託生産に回すことによって設備投資を抑えるというよりは，低付加価値製品の軽自動車の本格的量産を形式的にはグループ外の委託企業に外注するという仕組みとなっている。近年においては，電気自動車の量産体制を現代自動車・グループの本体ではなく，委託生産企業のドンヒオートで先行されているのも注目に値する。

　ドンヒオートのパフォーマンスについては生産車種のレベルと委託生産企業の利益率の側面から判断することができる。まず，生産車種であるモーニングの，品質に対する消費者の不満率の指標である「100台当たりのクレーム件数」は，現代自動車・蔚山工場での生産車種（12－15％）より低いとされている。ただし，新車開発や試作，パイロット生産まで現代自動車・グループの南陽研究所で統合的に行われているため[19]，製品開発や設計品質について委託生産企業であるドンヒオートが寄与する部分は極めて限定的である。なぜなら，委託生産企業のドンヒオートに新車開発や技術支援などが任されることは考えられないからである。とはいうものの，従来韓国の自動車業界では小型車や軽自動車の生産において利益を持続的に確保することが困難とされていたので，ドンヒオート社がなかったら軽自動車の生産拠点の国外移転を強いられる可能性もあるとし，その存在価値を評価する向きもある[20]。

　一方，同工場での生産性においても，起亜自動車の現場労働者は1人当たり年間平均60台を生産しているが，ドンヒオートの現場労働者は平均170台以上を生産している。ドンヒオートにはプレス工程がなく，また工数の少ない軽自動車を少ない車種で生産している点を勘案しなければならないが，稼働率も

100％近くまで達成しているなど生産性について良好な評価がなされている。図表7-3で分かるように同社の時間当たり生産台数は着実に伸びてきた。

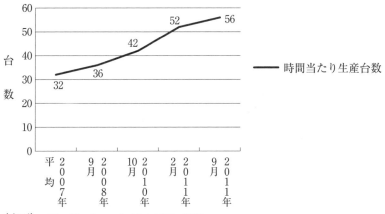

図表7-3 ドンヒオートの組立ライン生産性の推移

（出所）　The Hankyoreh, Oct, 10th, 2011.

　このような高い生産性の達成は，管理職主導で基本的な作業者教育が徹底され，労働組合の干渉を受けることなく，現場の改善が円滑に取り組まれたことに起因するが，同時に下請企業間の生産性競争や賃金格差の要因も大きいと指摘されている。例えば，これらの下請賃加工協力企業の労働者の賃金は，起亜自動車の正規の労働者賃金の約50％水準とされている[21]。また，起亜自動車の労働組合は急進的といわれており，ストの頻繁な行使，見なし残業手当の要求やジョブローテーション，柔軟なライン配置替えへの介入などを行使している[22]。ドンヒオートは事業所単位の労働組合を事実上有しないため，現代・起亜自動車は管理者主導の下で，より積極的に現場管理と改善が遂行できるようになったと考えられる。ドンヒオートでのこのようなプロセス成果は，図表7-4の売上高の大幅な伸び率にも寄与しているように思われる。ただし，営業利益率は固定資産を含む初期投資の負担が比較的少なかった設立当時はかなり高くなっていたものの，その後5％前後を推移しながら展開されており，2010年以降は3.38～3.84％で落ち着いている。

図表7-4 ドンヒオートの収益性の推移

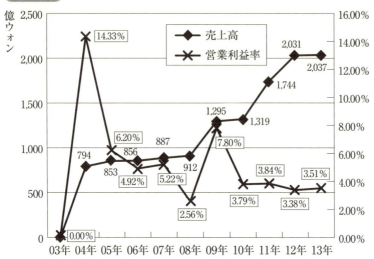

(注1)　枠付きの数値で示されているのは営業利益率である。
(注2)　売上高は左軸に，営業利益率は右軸に従う。
(出所)　「ドンヒオート監査報告書」各年度より作成。

3　韓国と日本における自動車委託生産の比較

3.1　委託生産の歴史（生成論）

　韓国の自動車産業史の中では，1968年の民族系メーカー間で一時的なOEM生産が行われて以来，民族系メーカーの技術力の未熟性，内需の狭小性，集約志向の産業政策，設備過剰などの要因により，委託生産は行われてこなかった。本格的な委託生産の始まりは，2004年のドンヒオートによる起亜自動車の軽自動車生産である。起亜自動車を傘下に収めた現代自動車・グループがグローバル新興国市場を軸に成長する中で低付加価値品生産を低コストで行う必要が生じた。ただし，自国同産業史上民族系メーカー間の委託生産の経験がなかったため，日本の委託生産を学習し，変容して導入する形で本格的な委託生産体制を立ち上げた。とりわけ，トヨタ式委託生産よりは消極的と思われるホンダ式委託生産体制が主なベンチマーキングの対象となったのである。

　日本の場合は現在トヨタ，日産，マツダ，三菱などが委託生産を行っている。

とりわけ，第1章で述べたようにトヨタ自動車の委託生産企業が生起したのは戦後の1940年代後半以降のことであるが，それらの生成パターンは分離型，出資型，業務提携型，新設立型など多様である[23]。ホンダは1972年より八千代工業に軽自動車の生産を外注している。

3.2 自社ブランドを保有する自動車メーカー（委託元）と委託生産企業との関係（構造論）

委託生産の過程で，委託生産企業は図面を含め，あらゆる知識を学習することができる。また，潜在的には独自のブランドを立ち上げたいという動機もある[24]。そこで自社ブランドを保有する自動車メーカー（委託元）は委託生産企業に対してホステージを設けたり，コンペなどインセンティブを与えたりする必要がある。

現代自動車・グループの場合，中程度のホステージの設定（起亜自動車からドンヒオートへ35.1％出資）により経営権はドンヒ産業側に帰属していながらも，資本以外の他の主要経営資源の提供（現代自動車から建物・敷地，起亜自動車から生産設備），経営参加（現代・起亜自動車からの役員派遣）を通じてドンヒオートと緊密な関係を保っているといえる。

トヨタ自動車の委託生産においてもホステージは設けられてきたが，近年さらに強化される傾向にある。例えば，トヨタ車体の場合トヨタ自動車からの出資率，トヨタ自動車からの役員数／（役員総数）は，1984年にはそれぞれ40.38％，7人／(17人)であったが，2009年にはそれぞれ56.23％，10人／(16人)に強化されており，さらに委託生産企業間の統合，完全子会社化などが図られている。

一方，韓国の場合は，委託生産企業の生産現場において事業所別労働組合が見当たらないが，日本の場合は，一般的に作業現場のレベルにおいても労働組合が存在する。

3.3 委託生産の役割と意義（機能論）

韓国と日本の自動車産業における委託生産の役割と意義について述べる。第1に，韓国の場合は，軽自動車という低付加価値製品向けに委託生産が行われ

ているが，日本の場合は，低付加価値製品から高付加価値製品の生産に至るまで広範囲に及んでいる。例えば，ホンダは八千代工業に軽自動車の生産を委託しているが，トヨタ自動車はトヨタ車体でハイブリッド車を併産という形で委託生産している[25]。第2に，韓国の場合は自社ブランドを保有する自動車メーカー（委託元）と委託生産企業間の平均人件費の格差が日本より大きい。ドンヒオートの組立工の平均賃金は起亜自動車の正規組立工の約半分とされている。

これに対して，トヨタ自動車の委託生産企業の平均賃金はトヨタ自動車の平均賃金の72.9%１（日野）～90.5%（自織）を推移している[26]。第3に，韓国の場合，委託生産は車体，塗装，組立機能に集中しており，日本のような委託生産企業による新車開発機能，自動車メーカー（委託元）の海外工場支援機能，車種マザー工場制などの高度なサービスの外注は行われていない。例えば，関東自動車工業はトヨタ・グループ全体の開発能力の18%（人員ベース）を担っており，年間平均4車種のモデルチェンジができるコンピタンスを保有している[27]。

おわりに

以上の内容をまとめると**図表7-5**の通りである。

このように，自社ブランドを保有する自動車メーカー（委託元）が委託生産企業より技術など経営資源において優位に立っている場合は，委託生産企業に高度な機能の分業を求める際に，それに見合う程度のホステージ（私的な担保の仕組み）を必要とするということは韓国や日本で普遍的にみられる。ただし，現代自動車・グループの起亜自動車の場合，機能分業の面では，ホンダや日産と同様でありながら，外形的には，自社ブランドを保有する自動車メーカーがあえて委託生産企業の筆頭株主になることを避けることによって，系列社間の取引ではなく，グループの外からの外注取引として位置付けようとしているという点で異なる。現代自動車・グループ内での系列社間の委託生産取引にした場合，賃金や組合と関連して，現代自動車・グループには委託生産企業に対しても同じ系列社としてそれに見合う誘因を提供しなければならないという負担が生じるのである。しかし，現代自動車・グループからドンヒオートへの出資

図表7-5 韓国と日本の自動車委託生産の比較

	現代・起亜	ホンダ	トヨタ
発生論的観点	ホンダ式を学習,変容 04年より 商品メーカーとの合弁	自国産業史の連続,進化 72年より 部品メーカーへの出資	自国産業史の連続,進化 1940年代後半より 分離,出資,提携,新設等
構造論的観点	中程度のホステージ 委託生産企業の経営権下の合弁 二重下請けの一面あり 現場レベルの労組なし	支配的ホステージ 委託元の経営権下の出資 二重下請けなし 委託生産企業の労組あり	完全支配的ホステージ 完全子会社化の傾向 二重下請けなし 委託生産企業の労組あり
機能論的観点	消極的段階 低付加価値品(変化可能性) 人件費の格差(大) 委託生産企業の固定費節約 開発外注なし 海外生産支援外注なし	やや消極的段階 低付加価値品 人件費の格差(不明) 委託元の固定費節約 開発外注なし 海外生産支援外注なし	やや消極的〜積極的段階 低付加価値品〜高付加価値品 人件費の格差(小) 委託元の固定費節約 開発外注あり 海外生産支援外注あり

(出所) 著者作成。

率が支配的でない線にとどめられているため,現代自動車・グループの委託生産企業への影響力も支配的でなくなるおそれがある。現代自動車・グループがこの問題をいかに解決しているかを理解するためには,資本関係や人的関係以外の主要な経営資源をめぐっての現代自動車・グループとドンヒオートと間の契約関係について想起する必要がある。すなわち,ドンヒオートの建物と土地は現代自動車から賃借されているものであり,ドンヒオートの生産設備は主に起亜自動車から提供されているものである。

総じて,韓国での自動車委託生産は,日本式を学習し,それを変容させつつ,中程度のホステージ設定という形をとりながら,賃金格差に基づいた低付加価値品の外注生産という機能を果たしている[28]。

※本章は,李在鎬(2012)に加筆・修正したものである。

注
1 Williamson(1983)537頁による。

第Ⅲ部　海外における委託生産

2　浅沼（1997）は，継続的取引を説明する因子としてWilliamson（1983）の「取引特殊的資産（transaction-specific asset）」をさらに発展させ，「関係的技能（relational skill）」という概念を提唱した。
3　Williamson（1983）519-540頁．
4　李（2000）14-16頁。
5　ここで1次部品メーカー（tier 1）とは，完成車メーカー向けの部品開発や生産を主力ビジネスとするサプライヤーのことを指す。
6　李（2000）14-24頁。
7　ここで異種分業とは，沼上幹の分業の分類法によると「並列型・機能別分業」（沼上（2004）1-86頁）に該当するが，共通の利益と同時に参加組織間のパワーの不均衡性をも前提にしている点でより具体的で現実的な概念として筆者が提唱を試みている概念である。
8　塩地（1986）53頁。
9　田（2010）74頁。
10　Park & Lee（2005）177頁．
11　ペダル・モジュール，燃料タンク・モジュール，サンルーフ・モジュールの生産，および軽自動車委託生産のビジネスを展開する持ち株会社である。
12　現代自動車・グループは海外でも現地直接生産が見込まれない場合，CKD生産の委託を行っている。例えば，台湾では，現地の三陽工場（Samyang Industry）に現代車のツーソン，サンタフェー，ゲッツなどの組立を委託している（聞き取り調査，現代自動車台湾支社，2010年12月30日）。
13　ドンヒ・グループの中核をなす企業である。
14　現代・起亜自動車（聞き取り調査，2010月2月17日）。
15　起亜自動車に対するE-mailによる問い合わせ（2011年9月16日），および韓国自動車工業協同組合（2014）『自動車産業便覧』による。
16　レートを10ウォン＝1円とすると，台当たり賃加工費は5万円となる。
17　『財経日報』2010年8月1日，『朝鮮日報』2007年5月22日。
18　トヨタ・グループ公表「トヨタグループ，「日本のモノづくり」強化に向けた新体制—トヨタ車体と関東自動車工業を完全子会社化，東北3社統合に向け協議開始—」2011年7月13日。
19　現代自動車南陽研究所（実地調査，2010年5月7日）。
20　『韓国経済新聞』2008年7月16日。
21　ただし，車種による工数と混流の程度の差は考慮されるべきである（『中央日報』2008年10月16日）。
22　現代・起亜自動車（聞き取り調査，2010年2月17日）。
23　塩地（1987）69頁。
24　トヨタ自動車総合企画部（聞き取り調査，2011年7月30日）。
25　トヨタ車体・富士松工場（聞き取り調査，2011年7月30日）。

26　田（2010）52頁。
27　関東自動車・東富士総合センター（聞き取り調査，2011年9月14日）。
28　ただし，2011年以降のエコカー投入を機にドンヒオートでの軽自動車の委託生産のあり方はさらなる変容を遂げていく可能性がある。その位置付けの再検討は今後の課題である。

（李　在鎬）

第Ⅲ部 海外における委託生産

第8章
台湾裕隆汽車における日産車委託生産と自主ブランド車開発[1]

はじめに

　本章では，海外における委託生産企業が自動車委託生産を継続しながら，自主開発能力を蓄積させ，自社ブランド車を市場投入するに至った台湾の裕隆汽車の事例を考察する。

　裕隆汽車は，日産の専属的な委託生産企業としての位置付けを有しながらも，そもそも有していなかった開発能力を，同社の一貫した「自力更生」路線を堅持しながら徐々に構築し，自主ブランド車を開発・生産するに至ったユニークな事例である。なお，同社の日産車系委託生産の開始は，日産が現地での販売主導権を持ち始めた時期を一応の目安として考えるならば，2003年以降となる。裕隆汽車は2003年にいったん，日産との資本関係を整理し，組織再編を通じて，日産が販売・購買・マーケティング部門を担当する裕隆日産（裕隆汽車60%，日産40%）を介して，製造部門を担当する裕隆汽車製造（裕隆汽車から分離，裕隆汽車の100%子会社）に日産車の生産委託する関係に変更された。もっともそれまでは日産が裕隆汽車に対して現地生産車種の投入決定権を保持しつつも，現地での販売権については裕隆汽車が掌握したことから，2003年までは委託生産ではなく，ライセンス生産としてここでは区別したい[1]。同社を事例として扱うことの意味は大きく3つある。

　1つは，台湾自動車産業ならびに裕隆汽車に関する日本側の2000年代の研究成果は乏しく，主なものとしては，技術移転の進展や現地企業の組織能力に関する研究にとどまる。例えば，川上（1995）や2000年代初期の台湾自動車産業

の現状と課題を明らかにした簡（2002），台湾自動車産業に対する技術移転状況と開発能力について研究した居城（2002），国瑞汽車を中心に台湾自動車産業へのトヨタ生産方式（TPS）浸透を組織能力の観点から調査研究した李・傅・折橋・藤本（2005）などがあるが，裕隆汽車を委託生産企業として扱った研究は皆無に等しい。

　2つは，市場拡大期における委託生産の研究については，日本のケースとして1960年代から1970年代のモータリゼーション期を扱った塩地（1986），塩見（1985a）などあるが，市場低迷期における委託生産企業研究は皆無に等しい。

　台湾市場は後述するように，2005年にやや持ち直したものの，1998年以降の市場は縮小傾向にあり，低成長期に入った。裕隆汽車は台中市に乗用車専用工場を有し，12万台の生産能力を有しているが，1998年以降，その生産能力の6割にも満たない操業が続いていた。1985年以降，市場競争において，裕隆汽車のライバル企業として日系合弁自動車メーカーが参入したことが大きな要因であったが，苦境に立たされた同社の存立をかけての生産企業としての模索が同時に始まった。

　3つは，裕隆汽車が2000年代以降，日産からの自立化を徐々に進め，2005年以降は，自社ブランド車の開発を積極的に進めていった。これは2000年代の日本の委託生産企業が，徐々に系列の自動車メーカーの完全子会社となり，系列自動車メーカーのもと再編成されていった状況と重ね合わせるならば，明らかに真逆の展開を示している[2]。同時代において日本では自動車メーカーへの委託生産企業の完全子会社化が進展する一方で，同社がいかにして日産からの自立化を進め，自主開発能力を高め，自主ブランド車を開発していくようになったのかを考察することは，一定の意味がある。以上の3点が裕隆汽車を事例として取り上げる意味である。

1　裕隆汽車の乗用車市場への参入と展開

　ここでは裕隆汽車が日産の委託生産を行う以前に焦点を当て，日産との技術援助契約のもと乗用車市場に参入し，その後，日産からの資本参加を受け，専属的なライセンス生産企業の道を歩んだ，その歴史的過程を明らかにする。以

下，同社の歴史的過程を同社社史（裕隆汽車製造（2003）『裕隆汽車50年周年社史　輪動五十年　軒昂千萬里』）ならびに日産社史，筆者の同社関係者への聞き取り調査をもとに確認しておこう[3]。

1.1　日産のライセンス生産企業への編入プロセス

　裕隆汽車が日産との取引を開始した経緯は，裕隆汽車側の事情のみならず，日産側の事情も関係したが，より重要なことは，裕隆汽車は日産との関係性において，当初から技術提携以上の関係を望まず，あくまで自力更生に基づく事業発展を望んだことである。裕隆汽車が日産のライセンス生産企業へと変容していく過程には，(1)国産化率達成，(2)独自販売網の形成，(3)部品調達網構築とコスト・品質競争力の向上という同社が発展する上で乗り越えねばならない3つの課題に対して日産が積極的な協力姿勢を見せ，その後の裕隆汽車への資本参加に結びつけていったことがあげられる。以下，その3つの課題を詳しく見ておこう。

　1つ目の理由は，先にみたように部品産業が脆弱である中で，設立当初からハードルの高い国産化率達成目標が国策の下，裕隆汽車に課せられたことである。

　図表8-1に示すように，裕隆汽車は1953年に設立され，1959年には日産と技術提携契約を結び，1960年から年産188台規模で乗用車ブルーバード（現地車種名：YLN-701 1.2青鳥）の組立生産を開始した。同社は同国最初の自動車メーカーであり，同社設立とともに政府の国策のもとに置かれた。その内容は年20％増で国産化率を達成し，5年後には国産化率100％を達成するというものであった。国産化率を段階的に引き上げる中で部品産業の育成を推進することが求められていたのである。そのための措置として，1967年まで国産化率の累増を前提に1社保護政策が行われた。しかし，同社の前身の裕隆機器製造は紡織機の製造をしており，いわば紡織機産業からの自動車産業への転身であった。そのため，同社では製品開発技術は然り，生産技術も十分に備えていなかったため，とりわけ乗用車生産分野については日産から技術提携は「渡りに船」であり，日産車のライセンス生産をこなす中で技術的蓄積を図った。

　一方，日産が裕隆汽車と技術提携を結んだ背景には，日産の積極的な輸出戦

第8章　台湾裕隆汽車における日産車委託生産と自主ブランド車開発

図表8-1　裕隆汽車の略史

年	全般	自主開発能力	海外メーカーとの提携
1953	設立		
1957	4WD車（Jeep）の組立開始		米国Willysと技術提携
1959	トラック（日産車の委託生産）KD生産		日産と技術提携
1960	乗用車生産開始		
1981		エンジニアリングセンター開設	
1985			日産による資本参加25%
1986		自主開発車第1号「飛羚101」市場投入→失敗	
1998		裕隆アジア技術センター（YATC）開設	
2000			東風汽車との合弁会社，風神汽車設立
2003	製販分離，新会社「裕隆日産汽車」設立　生産担当：裕隆汽車製造股份有限公司　販売・マーケティング担当：裕隆汽車股份有限公司		日産との資本関係の見直し，製販分離により本社機能の独立→民族系100%会社に　日産が東風汽車との合弁により「東風日産有限公司」設立
2005		裕隆汽車の自主開発会社「華創」設立	GMとの合弁会社，「裕隆通用汽車股份有限公司」設立
2007		裕隆汽車設計中心股份有限公司設立	
2009		初の自主開発車＋自主ブランド車「Luxgen」市場投入	吉利汽車の「熊猫」を「Tobe」として自主ブランド販売
2010			東風汽車との合弁会社を中国杭州に設立（東風裕隆汽車股份有限公司設立）　「納智捷」（Luxgen）を生産・販売

（出所）　裕隆汽車（2003）および裕隆汽車への聞き取り調査（2010年7月）をもとに作成。

略があった。

　日産は，東アジア市場の市場発展性に期待し，1951年に韓国，タイ，インド向けの輸出を再開するとともに，国産化政策を採用している国に対してはKD輸出を展開した。台湾でも裕隆汽車の設立とともに国産化政策が始まったため，KD方式を採用し，1957年に裕隆汽車と「ニッサン車およびダットサン車の組立国産化の契約」を結んだ。その後，台湾政府の1社保護政策は1960年代後半まで継続されたものの，1967年にはその政策が変更され，複数社の競争による自動車産業育成政策に転じた。これを受けて後発自動車メーカーが市場参入することになったため[4]，先行者利益を維持するためにも日産は裕隆汽車への技術援助を強化した。

　例えば，裕隆汽車は1966年に設備機械購入に関する契約を締結し，総額520万ドルの投資を行い，他方，日産は台北駐在員事務所を開設し，技術顧問団による工場拡張計画の指導を行った。その成果は量産規模の拡大に顕著にみられ，1966年には年産6,000台規模であったものが，1970年には年産1万2,000台規模に到達した。しかしながら，**図表8－2**にあるように1970年代後半までは台湾の自動車市場は低調であり，トラック，バス中心の市場であった。富裕層を中心に乗用車市場が形成され始めるのは，1970年代末以降のことであった。

図表8－2　台湾の自動車生産台数（1971－1973年）

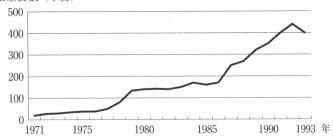

（出所）　経済部統計『中華民國・台湾地区工業生産統計月報』各月版より作成。

　2つ目の理由は，裕隆汽車が当初から独自の販売網を持たず，併売店での販売に依拠したことである[5]。同社は併売店からの販売情報をもとに生産計画を立案していたが，市場の動向を無視するかのように生産車種の拡大を図ってい

た。

　裕隆汽車は1960年代には主に「大型バス，6トントラック，ジュニアトラック，ダットサントラック，セドリック，ブルーバード，コニーなどを生産」していたが，1965年時点にはその生産車種は14車種にまで拡大していた[6]。月産1万台に満たない中での多銘柄少量生産は，生産の非効率化を招き，コスト増につながるものであった。こうした状況は，1973年には「セドリック230，バイオレット710の乗用車2車種とダットサントラック620およびホーマーT20のトラック2車種で1万4,440台を生産した」[7]とあるように徐々に生産車種数を減らしていったが，生産の非効率性，高コスト構造の体質の改善は，1980年代半ばの日産による資本参加が実現するまで待たねばならなかった。

　裕隆汽車がなぜ長期にわたり，独自の販売網の整備をせず，多銘柄少量生産に傾倒したのかについては必ずしも明らかではないが，川上（1995）はこの点に関して2つの可能性を指摘している。1つは，「政策的に独占を保証された裕隆汽車が，市場のニーズを一手に引き受けて輸入代替を推進する役割を担わされていた」とする国策による弊害であり，もう1つは，「独占的市場地位を与えられた同社において合理化によって収益改善を図るよりも，新車種を乱発して市場投入することで一定の売上増を図ってきたため」としている[8]。

　いずれにしろ裕隆汽車が独自の販売網を構築するようになるのはかなり遅れ，後述する裕隆汽車の自社開発車の販売権をめぐる交渉の中で，併売店との関係性が急速に悪化し，1988年には併売店側が裕隆汽車に販売総代理権を返上したことにより，裕隆汽車が自前で販売網を構築する必要が生じてからのことであった。

　3つ目は，台湾部品産業の脆弱性の問題であった。裕隆汽車は，先にみた競争排他的な保護主義的な政策下では，国産化率の向上のためには自力で部品生産・調達体制を構築していく必要に迫られた。政府の国産化率達成プログラムは，当初の100%国産化からその後，大型トラックを除いて60%の国産化を達成することと主要エンジン部品を自製することと多少修正されたものの，なお同社にとっては大きな課題であった。裕隆汽車はこの課題に対して膨大な投資を行い，部品調達網の構築化を図るものの，国産化率達成には及ばない状況を踏まえ，日産にも協力要請したのである。

第Ⅲ部　海外における委託生産

　日産は裕隆汽車からの要請に応えるべく積極的な対応をした。日産は1968年に部品メーカー協力会である「宝会」会長を含めた調査団を結成するとともに，現地に派遣し，継続的な現地部品産業の調査活動を行い，その後の日産系部品メーカーの現地進出を後押しした。その成果として，「鬼怒川ゴム工業，ナイルス部品，市光工業，橋本フォーミング工業，大井製作所，日本ダイアクレバイト」などの部品メーカーによる資本参加，技術提携による現地進出が実現した[9]。しかしながら，部品産業の脆弱性問題は一部の部品メーカーが進出する程度では容易に解決できる問題ではなかった。この問題が長期化した理由としては川上（1995），西川（2002）によれば，大きく4点が指摘される。

　1つは，裕隆汽車が市場未発達の段階から多銘柄少量生産を基調とした戦略を展開したことで，部品メーカーでは規模の経済を享受しうるほどの生産量を確保するに至らなかったこと，そしてそのことは日本部品メーカー進出の阻害要因にもなったことである。2つは，進出した日系部品メーカーが必要とする原材料メーカーや粗加工下請企業が決定的に不足していたことである。3つは，裕隆汽車が「自力更生」政策を優先したため，日産からの資本参加を拒否し続けたことである。これにより日産の同社に対する技術支援はより限定的な範囲にとどまらざるを得ない状況に置かれた。4つは，本来，部品産業の技術的基盤形成が優先されるべき状況にありながら1970年代以降の台湾の部品産業育成政策が，数値目標を優先とした高水準の国産化率達成と一定基準の輸出促進を基調としたことである。

　以上が，台湾部品産業の脆弱性問題を長期化させた主だった理由であるが，この問題への解決の糸口は，裕隆汽車が自力更生政策を断念し，日産からの資本参加を受け入れたことと，またその契機となった1985年の自動車産業育成策における輸入関税の引下げと国産化達成基準の引下げであった。日産ではこの政策転換を機に，企業グループをあげての裕隆汽車への技術支援を展開した。また，1986年から1990年までに日産系部品メーカーが12社，現地進出し，現地部品産業の底上げにも貢献した[10]。

　日産が裕隆汽車への資本参加後，企業グループをあげての技術支援に乗り出した理由は，1980年代半ばには同社の生産累計が50万台に達していたこと，これまで技術供与を行ってきた日産にとって将来のアジア圏市場の発展を見据え，

第8章　台湾裕隆汽車における日産車委託生産と自主ブランド車開発

裕隆汽車をその戦略拠点としたい事情が絡んでいたためである。

2 自主ブランド化，自主開発能力の構築過程

　ここでは，裕隆汽車が開発能力を持たない委託生産企業でありながらも，徐々に開発能力を高め，自主開発能力を持ちえるようになった背景を，同社社史および筆者が2010年7月に行った裕隆汽車での聞き取り調査をもとに明らかにしよう。

2.1　裕隆汽車の自主開発車への挑戦

　創業以来，裕隆汽車には将来的な構想として自主開発が念頭にあった。その最初の試みが，1986年の台湾初の国産車である飛羚101のプロジェクトである。飛羚101は，日産のT11型バイオレットリベルタ，オースター，スタンザをベースに改良を施した乗用車であった。同車モデルは9年間生産され，1995年に生産終了したものの，その間に2度の部分的なモデルチェンジを行い，飛羚102，精兵とブランド名を変更した。

　この同社初の国産車生産プロジェクトは，既存の車種をベースに改良を加えた程度のものであり，新規性に欠けたため市場反応は冷たく，9年間における同車の合計販売台数は，2万7,876台にとどまるものであった。

　他方，日産は裕隆汽車への資本参加以降，従来の併売店方式から自社販売網の整備に注力することを優先すべきとして，裕隆汽車が自主開発能力を優先することに対して消極的であった。そのため，日産からの技術供与も十分でない中での自主改良車の市場投入が行われた。

　裕隆汽車のこの取組みは，その後の同社の自主開発能力を高める上で，2つの大きな意味を持っていた。1つは，裕隆汽車はこれまで日本で開発された日産車をそのまま台湾市場に持ち込む形で現地生産を行ってきたが，そうした日産車に対して台湾仕様を一部加えることで，国内市場ニーズに応えようとしたことである。2つは，1986年から1995年の裕隆汽車の試みは，開発機能をほとんど持たない企業が自主開発への道を切り開いた第一歩としては評価されるものの，自動車メーカーの支援なくしては自主開発能力の向上は得られないとい

う自主的な開発能力形成への限界性が示されたことである。

2.2 自動車メーカーによる開発能力支援

　裕隆汽車は，自主改良車の投入過程で露呈した裕隆汽車・新店工場の老朽化による生産非効性と生産変動への対応力の低下に対処するため，様々な改革を断行した。その取組みは生産工場の集約化と裕隆・グループを通じた非量産車種の生産移管にあった。日本のケースでは生産変動への調整機能として，自動車メーカー，委託生産企業間での生産調整が主として行われてきたが，裕隆汽車は自社グループ3社の工場活用により生産調整への活路を見出した。これにより新規投入車種の量産効果が見込めるようになり，日産が裕隆汽車に対して積極的に修正開発能力の技術支援を展開していく誘因になった。

　裕隆汽車・新店工場の老朽化問題が顕在化し，生産性の低下の問題を抱えるようになったのは1990年代である。裕隆汽車は新店，三義の2工場体制による量産体制を断念し，生産集約化による生産効率化を追求し，1995年には新店工場を閉鎖するとともに，裕隆汽車・三義工場に全業務を集約した。また台北の本社，桃園にある開発センター等の業務も含めて集約化を図った。1996年には，同じ呉厳・グループに属する裕隆汽車，中華汽車，太子汽車の3つの企業間で，生産調整を始めるなど企業グループを介した委託生産企業間の生産調整を展開した。具体的には，中華汽車・楊梅工場にアトラスの生産を一部委託した他，太子汽車にはアトラスの架装を委託するなど裕隆汽車の工場生産体制の効率化を推し進めていった。

　生産効率化の過程で同社は，多銘柄少量生産のノウハウを高め，2000年には裕隆汽車・三義工場内で，セフィーロ，セントラ（サニー），NVワゴン（ADワゴン），マーチ，キャブスター（アトラス）の5車種を混流生産するまでになった。しかし，そうした取組みも一時的な効果は得たものの，**図表8-3**にあるように量産規模を回復するまでには至らなかった[11]。

　裕隆汽車が，1990年代後半に培った柔軟な生産ラインの活用およびそのライン設計技術は，決して同社の開発能力構築において無駄ではなかった。1990年代末になると，日産自体の経営が厳しくなり，日本での委託生産企業の整理も始まり，日産系の委託生産企業であった愛知機械工業が2001年に委託生産事業

第8章　台湾裕隆汽車における日産車委託生産と自主ブランド車開発

図表8-3　裕隆汽車の生産台数推移（1996-2008年）

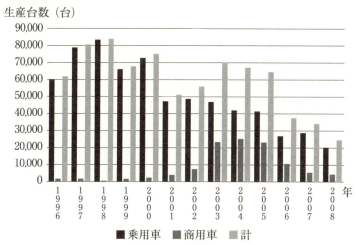

（出所）　中山（2011）。

から撤退するなど変化がみられた。同社はその再編過程にあっても，アジア戦略の拠点として中国市場への足掛かりとして期待されたのである。

1998年に設立された「裕隆アジア技術センター」（YATC）はまさにその象徴であった[12]。このセンターの開設に伴い，開発人材を募集・育成し，実験設備の設置，模型を作るための素材仕入れを行うなど，R&D能力とともにハード面でのR&D資源能力に対する投資が行われた。その結果，裕隆汽車の設計開発能力は格段に向上し，現地市場に合わせた仕様変更等の設計変更能力を獲得していった。

2.3　自主ブランド化，自主開発能力構築への契機

裕隆汽車の自社ブランド化，自主開発能力構築に大きく弾みをつけた契機には，外的な要因もあるが，4つの内的要因がその転機をもたらしたと考えられる。1つは，2000年の中国の東風汽車との合弁会社，風神汽車有限公司の設立であり，2つは，2003年の裕隆汽車の製販分離による裕隆汽車の経営自主権の拡大，3つは，2007年に設立された裕隆日産汽車設計中心股份有限公司，4つは，2005年の華創車電技術中心有限公司の設立である。以下，外的要因を踏ま

223

図表8-4 裕隆汽車の生産台数（2002～2007年）

			2002	2003	2004	2005	2006	2007
裕隆汽車	乗用車	日産 ティーダ					9,243	10,150
		マーチ	7,650	8,671	7,027	6,305	5,435	5,245
		ブルーバードシルフィ	24,086	26,388	20,866	17,956	397	5,134
		ティアナ			6,802	14,251	6,851	4,398
		グランドリヴィナ					8	3,314
		セントラ					3,877	
		ヴェリータ	1,802	1,588	1,216	1,494	367	
		セフィーロ	15,122	10,234	6,025	1,400		
	GM	エクセル					217	326
		ビュイック					489	195
	計		48,660	46,881	41,936	41,406	26,884	28,762
	小型商用車	日産 エクストレイル		18,087	19,020	17,110	5,811	3,829
		セレナ	5,123	3,074	3,107	2,847	1,820	953
		キャブスター					2,749	663
		アトラス	1,467	2,192	3,105	3,082		
		ADワゴン	756					
	計		7,346	23,353	25,232	23,039	10,380	5,445

（出所）　FOURIN『アジア自動車産業2008』155頁より作成。

えつつ，4つの内的要因について順にみていこう。

　2000年以降，世界の自動車市場は大きく変化し，また長らく技術供与を続けてきた日産においても経営環境は大きく変化し，その影響は裕隆汽車にも及ぶものだった。とりわけ，1990年代末の日産の経営再編は裕隆汽車の長期戦略を左右した。裕隆汽車は2000年には日産の新しいパートナーとなったルノーと販売提携を交わし，翌年にはセニック，クリオ，ラグナを販売するようになった。

　台湾経済は2000年代以降，大きな市場変化があり，2002年にWTOに正式加盟し，貿易障壁を削減，撤廃に向けた動きが加速した[13]。しかし，実態としてはWTO加入前には消費者の明白な買い控え行動が目立ったこと，また中台関係の緊迫化，カード破産問題に伴うローン審査が厳格化したこと，さらには高騰し続ける原油価格が消費者の購買意欲を弱めていた。またWTO加盟後は中国市場へ大量に購買力を持った中間層が駐在等で移動したため，2006年以降

第8章　台湾裕隆汽車における日産車委託生産と自主ブランド車開発

の台湾市場環境は大きく変化した。2005年には43万台であった市場規模も，2007年には30万台を割り込み，2008年には米国リーマンショックによる世界同時不況の影響を受け，同国の自動車市場規模は23万台規模にまで縮小した。

以上の外的要因により2000年以降，台湾経済環境が大きく変化し，またルノー・日産自動車による経営統合により，裕隆汽車は日産系の専属的委託生産企業への道を切り開いた。また同時に，同社は自立・発展の機会を得ることになったが，決して日産からの脱却を意味するものではなかった。

それは裕隆汽車の生産が，2000年代以降も日産の生産車種に大きく依存したことからも分かる。裕隆・グループ全体の生産台数の内訳としては日産車の生産分が大きく，2006年からはGM車の生産が加わったものの，2008年までの同社生産の9割が日産車であった。(**図表8-4参照**)

2.3.1　内的要因(1)：風神汽車設立に向けた技術支援

1つ目の風神汽車の設立は，裕隆汽車と中国東風汽車との合弁会社であり，2000年に設立された。

この風神汽車は，かつての裕隆汽車と同様，自動車生産技術や開発技術はほとんど有しておらず，乗用車の生産経験すら持たない会社であった。そのため，当初は米国日産のアルティマ（ブルーバード）をベースに一部輸入部品を調達してSKD（semi-knock down）生産し，風神1号車を市場投入した。その後，風神汽車は第2号〜第4号を市場投入していくが，その際，ブルーバードをベースに中国仕様に設計変更していくための最前線基地となったのが，裕隆アジア技術センターであった[14]。このプロジェクトでは設計開発は，スケッチから始まり，クレイモデル，試作車の製作と試作実験，量産テストまでの試作設計開発過程のすべてを裕隆汽車で引き受け，量産組立を風神汽車が行った。

同プロジェクトで裕隆汽車は，日産車をベースに修正開発能力を磨き，海外生産工場に対する技術支援を展開するようになったのである。

日産は，同プロジェクトでは直接的な資本関係はなかったものの，風神汽車で生産される車種が日産車となったことから，間接的な製品保証のための支援を展開した。

2.3.2　内的要因(1)の副次的効果

このプロジェクトはさらに3つの副次的効果をもたらした。1つは，現地生

産・現地販売への経験的蓄積であった。またそれはその後の東風汽車との関係を構築する上で，貴重な機会となったと同時に，これまで台湾市場向けに日産車の現地仕様開発を行ってきた裕隆汽車にとって，台湾とは異質の新市場向けの現地仕様開発，いわゆる実践的な設計開発能力の蓄積を日産の技術支援を通じて行う機会になったのである。2つは，裕隆汽車が将来的に自主開発車を量産するためには，新市場への足掛かりを得ることは重要であった。量産体制の持続には，市場が縮小化傾向にある台湾よりも同じ中華圏であり，急成長著しい中国市場への拡販がより現実的であったのである。3つは，日産にとっても中国進出への足掛かりになったことである。間接的ながらも，同プロジェクトを通じて東風汽車との関係を構築することになり，その成果は，2003年の東風汽車との新合弁事業会社，東風日産（DFL）設立に結実した。裕隆汽車はこの東風日産プロジェクトでは資本参加に加わらなかったものの，同社は東風日産汽車に対して技術支援を展開する機会に恵まれた。日産は，裕隆汽車が立地的に日本よりも台湾が中国の東風日産に近いこともあり，工場の立ち上げや経営管理の支援に裕隆汽車のノウハウを利用したのである。

　このように風神汽車合弁プロジェクトは，日産，裕隆汽車の双方に有益な結果をもたらした。具体的には，日産は裕隆汽車を利用し中国市場に進出するとともに，販売網拡大の中で台湾での経験（裕隆汽車との事業経験），管理方法を援用することで中国ビジネスを成功に導くことができた。また，裕隆汽車にあっても本格的に他の市場向けの設計仕様の変更を行う機会を得た風神汽車プロジェクト，ライン設計から組立技術指導にかかわることのできた東風日産汽車プロジェクトはその後の自主開発車に向けて大きな実践的機会となった。

2.3.3　内的要因(2)：持株会社化による経営自主権の拡大

　2つ目は，2003年の裕隆汽車の製販分離による裕隆汽車の経営自主権の拡大である。

　2003年5月に行われた改組であり，これにより裕隆汽車の製販分離が行われ，日産との組織関係が変更された。また，裕隆集団公司のもとで，製造部門と販売・購買・マーケティング部門の分離・分社化が行われた。これにより裕隆汽車は製造部門会社である裕隆汽車製造（裕隆汽車100％，日産0％）を管轄し，新会社として設立された裕隆日産は，引き続き日産との関係性を有する合弁会

社(裕隆汽車60%, 日産40%)となり,販売および購買,マーケティング業務を担当することになった[15]。

　この組織再編を通じて裕隆汽車は,投資会社の位置づけを持つ裕隆集団公司の持株会社となり,販売機能を持つ裕隆日産を分離・子会社化した。この組織再編を通じて日産は裕隆日産を介して現地での販売機能の主導権を得て,裕隆汽車製造に対して生産委託することになった。

　一方,裕隆汽車は日産との資本関係を有しない投資会社機能を持つ集団公司となったことから,日産以外の外資との提携関係が模索できるようになり,2005年にGMとの合弁会社である裕隆通用汽車を設立した後,2009年には中国民族系自動車メーカーである吉利汽車とライセンス生産契約を締結した。

　吉利汽車との提携関係は,裕隆汽車にとって有益なものとなり,2009年に吉利汽車と共同で車体開発をした自主ブランド車m'car tobeを市場投入した。また同年,裕隆汽車は日産の技術支援を経ずして,自主開発車＋自主ブランド車Luxgenを市場投入した。

　この2車種は,裕隆汽車の三義工場内で日産車とは別の生産ラインで生産され,日産車との混流生産ラインとは区別されている。

　同社が吉利汽車を新たな戦略的パートナーに選んだ背景には,裕隆・ブランド車へのこだわりを垣間見ることができる。同社は,吉利汽車以外の中国自動車メーカーにも戦略的パートナーを求めていた。しかし,この交渉過程で問題になったのが,ライセンス生産におけるブランド使用権であった。ライセンス生産を許可しても,裕隆・ブランドの使用を認めることにはパートナー側が嫌ったためである。

　吉利汽車はすでに2008年にm'car tobeの同系車種にあたる熊猫を中国市場で生産・販売し,さらに台湾市場での販売機会も探っていたため,裕隆汽車に対して裕隆・ブランドでの生産・販売を許可することに大きな抵抗感はなかったのである。

　裕隆汽車のm'car tobeは,この熊猫を現地市場向けにモディファイしたものであり,販売価格はライバル車よりも高性能でありながら低く設定された。台湾市場では低価格帯ゾーンに位置する36.5万〜42.9万台湾ドル(106〜124万円)で販売された。年間販売計画1,000台を想定して作られた同車は,ライバル車

(Toyota：ヤリス等）に比べて低価格であること，安全性が高いこと（エアバック6か所標準装備），燃費の良さ（10モード＝14km）を全面に押し出すことで顧客を得た[16]。

流通経路については日産との関係性に配慮をし，独自に開発したLuxgen，またm'car tobeともに裕隆日産とは別の販売チャネルで販売され，それぞれ専売店方式により独自の販売網を構築した[17]。

2.3.4 内的要因(3)：アジア市場への戦略的設計開発拠点設立

3つ目は，2007年11月に，裕隆日産汽車が苗栗県の工場内にデザイン拠点となる裕隆日産汽車設計中心を設立したことである。この施設には三次元解析システムなどの新設備が導入され，原寸大模型を数台設置できるなど開発能力としての設計変更能力を飛躍的に高めた。

日産はこの拠点を通じて中国向けの戦略車種ティーダの改良設計を行った。裕隆汽車にとって開発能力の向上には日産の技術的支援が必要であり，その後方支援として大きな役割を果たしたのが，日本の厚木市にある日産テクニカルセンターであった。裕隆日産汽車設計中心は，日産・グループによる世界6番目の設計開発拠点に位置付けされ，市場縮小傾向の台湾市場ばかりでなく，市場拡大傾向にある中国市場への戦略的開発拠点としての意味合いを強めていった。

2.3.5 内的要因(4)：自主開発車拠点の整備

4つ目は，2005年12月に設立された華創車電技術中心である。この会社は裕隆集団と台湾行政院との合弁会社であり，表面的には自動車の電子技術の開発拠点であるが，事実上，自主開発車を開発することを目的に設立された[18]。裕隆集団・グループには裕隆汽車のほか中華汽車もこの中に含まれるが，この研究スタッフの多くは裕隆汽車よりも中華汽車からのスタッフによって占められている。裕隆汽車と中華汽車の両事業の相乗効果を期待したことと，また台北の華創車電技術中心は立地上，中華汽車が台北に近いというのがその理由である[19]。この華創では2010年にLuxgenの開発が始まり，約30か月もの時間をかけて開発が行われた。Luxgenの意味は，同社によるとLuxury＋Genius，高貴＋知恵。世界市場に羽ばたくために知恵を結集するという意味が含まれており，開発コンセプトの中に当初からLuxgenは中国市場での販売を視野に入れて開

発された。また，Luxgenからの派生車種であるMPVも同時に開発され，ライバル車としては台湾のTOYOTAのPreviaが想定して開発が進められた。

自主開発にあたっては日産との協働関係を踏まえることが最優先され，委託生産による生産車種や輸入車種においても取扱い車種との競合を避け，むしろ空白のカテゴリーを埋めるための車種開発に重点が置かれた。

図表8-5にあるように，空白のカテゴリーとなっていた2,000cc～2,200ccクラスの高級車を開発した。また，同車の開発にはこれまでの日産車開発とは全く異なる手法が用いられた。企画や設計段階からグローバル部品メーカーや世界の自動車メーカーに参画を促したことと，ゲストエンジニア制度も活用し，基本設計から部品メーカーと協働して長い時間をかけて開発された。

図表8-5 裕隆汽車の販売車種の構成分布

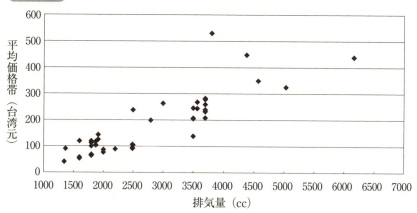

（注）　2010年時点の裕隆汽車ディーラーでの取扱い車種に基づく。
（出所）　裕隆汽車内部資料をもとに筆者作成。

おわりに

本章では，日産が海外において現地自動車メーカーをライセンス生産の過程を経て，専属的な委託生産企業とし，現地の乗用車市場の発展に貢献したこと，また一方で委託生産企業となった裕隆汽車が日産の技術支援を経つつも自立化していく過程を考察した。

裕隆汽車は日産とは合弁生産形態ではなく，委託生産企業としての発展過程を選択し，自主開発能力を構築していったが，その過程は決して容易なものではなかった。

裕隆汽車の事例からあえて委託生産企業としての自立化促進要因を求めるとすれば，5つの要因が指摘されよう。1つは，自主ブランドの確保，2つは流通経路の確保，3つは生産計画の自主計画化，4つは自主開発能力構築による自社ブランド車の自主開発，5つは自主開発車の自主ブランド販売であった。

こうした5つの自立化促進要因は，自動車メーカーの海外生産子会社の自立化のプロセスと類似するものがある。折橋（2006）によれば，海外生産子会社の自立化・進化は，親会社・親工場の市場と工場の戦略的位置づけと現地の能力構築によって規定されるとし，①市場環境の大きな変化，②現地工場の採算性悪化，③本国・親工場の追加的技術支援，④市場への柔軟な生産体制の構築，⑤新たな輸出市場の獲得などの諸条件がその契機となることを指摘する[20]。折橋の研究は，自動車メーカーの現地子会社に対するマザー工場制を介しての追加的な技術支援供与，技術受容側による技術消化とその実践の中で現地工場の自立化を分析したものであるが，こうした関係性は親会社と海外子会社の関係性に限定されるものではなく，自動車メーカーと委託生産企業との関係性に対しても援用できるものと考えられる。

裕隆汽車の発展過程を概観する限り，同社が日本の委託生産企業のような専属系委託生産企業としての歩みをたどってきたわけではない。日産の委託生産企業としての専属的地位を維持しながらも，独立系委託生産企業にも似た自動車メーカーとのある一定の距離間を形成して，微妙な立ち位置を探ってきたともいえよう。企業間関係の観点からいえば，その後の両社の関係性は日産の技術に依存した，かつての師弟関係から徐々にお互いの経営資源を有効に利用する協働・協調の関係性の構築に変化しているといえる。

※本章は，中山（2013）に加筆・修正したものである。

注
1 委託生産は自動車メーカーが車両を買い戻すことが基本であり，本章においても販売部門で日産が主たる役割を果たせない場合には，委託生産ではなく，

第8章　台湾裕隆汽車における日産車委託生産と自主ブランド車開発

　　ライセンス生産として扱うことにする。
2　日本自動車産業では，2000年代以降，委託生産メーカーの再編が進み，ブランドメーカーへの子会社化が進展した。例えば，トヨタ系では2007年，岐阜車体工業がトヨタ車体の完全子会社となり，翌年2008年にはセントラル自動車がトヨタの完全子会社となった。また，2012年には関東自動車工業，トヨタ自動車東北，セントラル自動車の3社統合が行われ，新たにトヨタ自動車東日本が設立された。日産系では2001年に愛知機械工業が日産の完全子会社となり，三菱自動車系では2003年にパジェロ製造が三菱自動車工業の完全子会社となり，ホンダ系では2006年に八千代工業・四日市製作所がホンダの連結子会社化（50.41％）された。
3　2010年7月，2012年10月の2度にわたる裕隆汽車およびその関係退職者への集中的な聞き取り調査による。
4　1968年には三富汽車，三陽工業，翌年の1969年には中華汽車，1970年には六和汽車，1972年には米国Fordが出資した福特六和汽車が相い次いで参入した。
5　裕隆汽車は国産汽車の併売店を活用するが，この国産汽車については詳細な資料が見当たらない。筆者の2010年7月の裕隆汽車における聞き取り調査では，日産はこの国産汽車を介して一時期，輸入車を販売した。後に裕隆汽車はこの国産汽車を販売子会社化するものの，1980年代半ばには販売子会社との関係悪化から裕隆汽車自ら流通網を整備していった。
6　日産自動車（1975）168頁。
7　前掲168頁。
8　川上（1995）14頁。
9　日産自動車（1975）169頁。
10　川上（1995）15頁。
11　同社は，自主開発能力形成の一環として，裕隆汽車は自主改良車の投入により，現地市場への適合化と市場シェアの回復，自社販売網の整備に1985年以降注力していくことになったが，後発メーカーの追い上げにより徐々に市場シェアを低下させていた。外資の経営資源に依拠した後発メーカーは，競争力をつけ，市場シェアを拡大していった。裕隆汽車はその中で相対的に市場シェアを落としていき，1983年には44.2％の市場シェアを有していたものの，1987年には22％台まで低下し，トップシェアの座を後発メーカーに譲った。
12　YATCは，台湾のWTO〔世界貿易機関〕加盟を睨んで，グローバル競争市場時代に備えるために設立された。台湾では1997年にはWTO加盟に向け市場開放に向けた政策が出され，2002年に正式加盟している。
13　台湾のWTO加盟は中国のWTO加盟が前提とされていたが，2001年の中国WTO加盟に続き，翌年に加盟した。台湾にとって対中国・対世界貿易にプラスになるとされ，政治的・経済的影響に配慮されたものといわれている。ちなみに中国は143番目のWTO加盟国となっている。

14 2007年時点のYATCの年間研究開発費は，裕隆汽車の売上高の約4.5％を占めていたとされ，台湾生産車種のデザイン変更，東南アジア向け車種の研究開発が行われた。
15 裕隆日産は，約430名の従業員（うち日本人駐在8名）であり，マーケティング，営業，商品企画，設計開発，購買，生産技術，アフターサービスなどの製造以外の業務を担うことになった。
16 2010年7月の裕隆汽車元社員への聞き取り調査による。その他http://www.ocar.com.tw/news/article/id/1386を参照。
17 納智捷汽車がLuxgenの専売店であり，裕隆酷比汽車がm'car tobeの専売店となっている。
18 華創は裕隆集団と台湾行政院は50億元資本の新台湾元の基金により成立した。裕隆集団が80％の株式を保有している。2006年には台北新店工場区に台湾第一全車の設計センターを建設して，3次元CADによるシミュレーション開発が可能になった。
19 筆者の裕隆日産元社員への聞き取り調査（2012年10月）による。
20 折橋（2006）

（中山健一郎）

第9章
単一自動車メーカー・ブランドに依存しないサービス業

マグナ・シュタイヤーの事例

はじめに

「顧客は，問題がある場合，または，生産・研究開発能力が不足している場合にのみ，我々のサービスを頼りにする」（マグナ・シュタイヤー委託生産部門の副会長）

本章は，欧州の自動車委託生産の発展と現状を概観しつつ，今日まで委託生産企業として特異なビジネス・モデルを構築したオーストリアのマグナ・シュタイヤーの委託生産・開発について明らかにすることを目的とする。

1 欧州における委託生産・開発の歴史と現状

ここでの課題は，欧州における委託生産企業の歴史を概観し，数多く存在した委託生産企業が環境変化の中で淘汰されながらも，3社の委託生産企業が生存したことを明らかにする。なお，欧州においても日本同様にボディメーカーによる委託生産企業が誕生した。しかし，欧州は日本とは異なり，自動車産業の発展過程において委託生産は主流にはならず，歴史的環境変化の中でその多くが淘汰された。

この要因は欧州の自動車委託生産企業が，独立系の委託生産企業としての歴史をたどったところにある。欧州の自動車委託生産企業の多くの企業は，第一次世界大戦前後にボディメーカーまたはデザイン専門企業として設立された。

1920年代の終わりから1930年代にかけての世界大恐慌，そして，第二次世界大戦の戦渦によって，欧州の大半のボディメーカーの大半は姿を消し，戦後，生き残った少数のボディメーカーが委託生産企業となった。それらのメーカーは1950年代以降にVW，GM（オペル），フィアット，ルノー，プジョーなどの量産車メーカーからカブリオレ，クーペといった高級感のある車種を受注し，少量生産を行った[1]。

地域別にみると，ドイツのヴィルヘルム・カルマン（Wilhelm Karmann），イタリアのカロッツェリア・ベルトーネ（Carrozzeria Bertone）とピニンファリーナ（Pininfarina S.p.A.）ならびに，フランスの委託生産企業であるユーリエ（Heuliez）は，ボディ生産またはデザインの開発能力を有していた。

これらの委託生産企業は主に1つの自動車メーカーから注文を受け，そのメーカーのためにカブリオレ，クーペを中心にニッチマーケットを狙う車種を生産した。1901年にボディメーカーとして設立されたカルマン社は，1949年以降，主にVWから注文を受け，ビートル・カブリオレまたはカルマン・ギア・クーペを開発し，生産した。しかし，1960年代以降，VWだけではなく，BMW，フォード，メルセデス・ベンツ，クライスラーなどの自動車メーカーの委託生産も行った。さらに，日産，ルノーに対して幌屋根システムを開発し，ドイツ国内だけではなく，ブラジルや日本でも幌屋根システムを生産し，部品事業を展開した[2]。

また，自動車のデザイン開発をコア・コンピタンスとするイタリアの委託生産企業のカロッツェリア・ベルトーネとピニンファリーナ，そしてフランスのボディメーカーのユーリエはすでに，第二次世界大戦前にプライベートの個人顧客からの注文でボディを生産し始めていた。戦後にユーリエは主にフランスのルノーとプジョー・シトロエン向けに，ベルトーネとピニンファリーナはフィアットまたはフィアット・グループのフェラーリ，マセラティ，アルファロメオとランチャー向けに委託生産をした。ユーリエは2004年のオペル・ティグラの生産まではフランスの専属の委託生産企業であった。それに対して，ベルトーネとピニンファリーナの両社は1970年代以降，急速に発展し，すべてのイタリアの自動車生産企業のためだけではなく，他の欧州，米国，日本自動車メーカーのために委託生産を行った。

第9章　単一自動車メーカー・ブランドに依存しないサービス業

　以上が，ボディ生産またはデザインの開発能力を有する委託生産企業の歴史的経緯であるが，欧州では当初，ボディ生産またはデザイン等の開発技術能力を持たない委託生産企業にも参入機会は与えられ，以下，2社存在した。

　1社は，フィンランドのヴァルメト・オートモーティブであり，スウェーデンの自動車メーカーのサーブとフィンランドのヴァルメト・コンツェルンによって合弁会社として1968年に設立された。同社は，1969年からサーブとの合弁契約が終了する1992年までの23年間において，ほぼすべての生産車種をサーブに供給した。1992年以降の同社は，他の自動車メーカーの委託生産も行い，オペルのカリブラという車種を，1997年から2011年の間には2車種のポルシェを，そして2013年からはメルセデスのAクラスの一部を生産した[3]。

　もう1社は，オランダのVDLネッドカーであり，馬車または乗用車ボディメーカーとしての伝統を有していない企業である。VDLネッドカーの工場は1960年代に乗用車生産工場としてオランダのDAFという商用車メーカーによって設立された。DAFは1928年，商用車のトレーラーの生産会社として発足し，1948年から大型商用車，そして1967年からは乗用車も生産し始めた。しかし，1972年，DAFの乗用車部門がボルボにより買収され，それ以降のネッドカーの工場は数奇な運命をたどる。ボルボ工場，ボルボ・三菱自動車工業の合弁企業，そして三菱自動車工業の100％の子会社となり，2012年の閉鎖まで三菱自動車工業とボルボの自動車生産の他，この工場でベンツの小型自動車のスマートも生産された。2012年の12月にはオランダのバスと自動車部品メーカーのVDLグループがネッドカーを買収し，18か月間の工場修復を経て，2014年の7月にBMWから小型車，ミニ・ハッチバックの委託生産を開始した[4]。

　上述したように，各委託生産企業は主に1社の自動車メーカーから注文を受けていたが，歴史的にみればすべての欧州の委託生産企業は独立系企業であり，複数の自動車メーカーの委託生産を行った。欧州の委託生産企業の多くは自動車組立，自動車技術，デザインなどの開発能力を持ち，加えて委託生産車種の開発にも貢献していた[5]。

　しかし，1990年代以降，委託生産企業をとりまく経営環境は徐々に悪化し，2008年の世界金融危機による不況は，自動車メーカーの経営環境も悪化した。その結果，イタリアのベルトーネとピニンファリーナは委託生産から撤退し，

フランスの委託生産企業のユーリエは倒産し，そしてカルマンはVWコンツェルンに買収された。結果的にこの世界金融危機を乗り切ることのできた委託生産企業は，フィンランドのヴァルメト，オランダのVDLネッドカーとオーストリアのマグナ・シュタイヤーであった。

　ネッドカーは三菱自動車工業のコルト，アウトランダーの委託生産契約により救済された側面が大きいものの，ヴァルメトは高級車ポルシェの委託生産契約を2012年まで有していた。マグナ・シュタイヤーはダイムラー・ベンツ，BMWの委託生産契約により，不況期を乗り切った。

　欧州の委託生産の歴史を小括するならば，欧州委託生産企業は，幾度の環境変化の中で委託生産企業間ないし自動車メーカーによる買収や統合において淘汰され，また世界金融危機による自動車メーカーの経営悪化により委託生産企業はその存立基盤を失った。多くの委託生産企業がこの時期に消滅した理由は，欧州の委託生産企業が独立系であったことにある。独立系委託生産企業にとっては生産車種と生産期間に基づく委託生産契約が極めて重要であり，ニッチマーケットを狙う自動車の委託生産を行っていた委託生産企業には競争優位性があったと考えられる。しかし，商品構造改革（プラットフォームとモジュール化）と生産構造改革，すなわち低生産コストの中東欧諸国の生産拠点の移動により，1990年代以降，欧州の完成車メーカーはますますニッチマーケットを狙う自動車を社内開発し，生産するようになった。

　この完成車メーカーの戦略変化により，すでに2008年の世界金融危機前に欧州の委託生産企業の経営環境は厳しくなった。なぜ，マグナ・シュタイヤーが2008年以降の不況期を乗り切れたのかについては，同社の発展過程を明らかにする必要がある。次節ではマグナ・シュタイヤーの歴史的発展過程に焦点を当てる。

2　マグナ・シュタイヤー：100年以上の自動車生産の歴史

　ここでの課題は，マグナ・シュタイヤーの歴史的発展過程において，同社が自動車メーカーから委託生産企業に転身した経緯までを明らかにすることである。

第9章　単一自動車メーカー・ブランドに依存しないサービス業

　マグナ・シュタイヤーの前身企業は，ボディメーカーではなく，1934年に後述する3社が統合した時に自動車メーカーとなった企業である。そして同社はその歴史的過程で自動車メーカーとしての時代を経て，委託生産企業へと転換した。ここではその発展過程を自動車メーカーの時代と委託生産企業の時代と2つに分けて概観することにしたい。

2.1　自動車メーカーの時代（1901－1973年）

　マグナ・シュタイヤーの3社の前身企業のうち，最も古い企業は1864年に設立されたオーストリア銃器工場である。この企業は銃器に加え，19世紀末前に自転車，そして1920年から自動車生産を開始し，1926年にシュタイア・ヴェルケ（Steyr-Werke）へと改称した。第2の前身企業は，1899年にドイツのダイムラー社により設立されたオーストリアのダイムラー・モトーレンであった。アウストロ・ダイムラーは，主任設計者のフェルディナント・ポルシェ氏の指導により装甲車両，トラック，飛行機エンジンなどを製造した。第3の前身企業は，1889年に設立されたスロベニアのヨハン・プフ（Johann Puch）であり，同年に「ヨハン・プフ第一シュタイアーマルク州自転車」と改称した自転車企業であった。プフは1903年からバイク，1906年からは自動車生産をし，第一次世界大戦後に特にバイクの生産企業として世界的に有名となった。第一次世界大戦後の不景気によりプフはまず1928年にアウストロ・ダイムラー，そして1934年にシュタイアヴェルケと合併した。会社はシュタイア・ダイムラー・プフと改称されたが，1938年以降にナチスドイツにより支配された[6]。

　第二次世界大戦直後にシュタイア・ダイムラー・プフ（現，マグナ・シュタイヤー）は自転車，バイクとトラックの生産，そして1949年から乗用車生産を再開した。生産された乗用車はフィアットからのライセンスを受けたフィアット1100，1400，1900というモデルであった。中でも最も好評を博したのはフィアット500からの派生車種であり，1957年から生産された，「プフちゃん」（Pucherl）という愛称で呼ばれたシュタイア・プフ500であった。

　シュタイア・プフは，フィアットのライセンス車以外にも1959年からハフリンガー（Haflinger）という多目的小型トラック，1971年からは大型の多目的トラックのピンツガウアー（Pinzgauer）を生産した。しかし，1975年にシュ

タイア・プフ500の生産が終了し，また1986年にプフの二輪車部門がイタリアのピアッジオ社に売却された際に，プフは自社のブランド所有権を失い，シュタイア・ダイムラー・プフの自動車メーカーの時代が終焉した[7]。

マグナ・シュタイヤーの自動車メーカー時代を小括するならば，フィアットのライセンス生産に特徴づけられるものであり，ライセンス契約が継続する限りにおいての脆弱な存立基盤の上に成り立っていたといえる。

2.2　委託生産企業の時代

ここでの課題は，ダイムラー・ベンツの委託生産企業に転身後のマグナ・シュタイヤーが開発能力を構築しつつ，ダイムラー・ベンツとの信頼関係構築とともに，委託生産企業としての存立基盤を形成していった過程を明らかにする。

1970年のBMWとのX1小型スポーツカーの共同開発プロジェクトにより，シュタイア・ダイムラー・プフはすでに技術開発サービス企業への最初の一歩を踏み出した。しかし，技術サービス企業と委託生産企業としての本格的なスタートは，1973年にダイムラー・ベンツと共同開発したプロジェクト名H2という四輪駆動オフロード自動車まで遡る。最初の共同開発から4年後の1977年には，ダイムラー・ベンツとシュタイア・ダイムラー・プフはオフロード自動車（Geländefahrzeug）という合弁企業を設立した。そして1979年から，メルセデス・ベンツGクラスの生産がシュタイア・ダイムラー・プフのグラーツ工場で開始された。メルセデス・ベンツのGクラスはシュタイア・ダイムラー・プフが最初に委託生産した車種であると同時に，最も長く生産された車種である[8]。今日までに21万台以上のメルセデス・ベンツGが生産され，2012年にダイムラーはマグナ・シュタイヤーとの委託生産契約を2020年まで延長した。また，シュタイア・ダイムラー・プフにとって，メルセデス・ベンツGクラスの開発は，その後の同社のビジネス・モデルを方向づけるものだった。その理由は，Gクラスの開発を契機に，シュタイア・ダイムラー・プフのビジネス・モデルは，以下の5つの分野にシフトしていったからである[9]。すなわち，①四輪駆動の多目的車生産，②自動車メーカーのための四輪駆動車開発，③自動車メーカーの四輪駆動車の派生車種開発，④四輪駆動車の部品とシステム開発生

産，⑤ニッチマーケットを狙う自動車委託生産，の5分野である。

ベンツGクラスの開発以降，シュタイア・ダイムラー・プフは1980年代から1990年代にかけて相次いでVWトランスポルターT3の四輪駆動車，VWのゴルフ，オペルのヴェクトラ（Vectra）とカリブラ（Calibra），アウディのV8クワトロ，フィアット（パンダ），ランチア（4x4モデル）などの四輪駆動車の派生車種を開発・生産した。またホンダ（シビック4WD）に対しても四輪駆動用のコンポーネントを生産した[10]。

このようにシュタイア・ダイムラー・プフは，1980年代以降，同社のいう「ブランドに依存しないサービス業」へと発展した。

同社の委託生産企業としての次なる大きな一歩は，アメリカのクライスラー（Chrysler）との生産協力であった。1990年にシュタイア・ダイムラー・プフ自動車技術（Steyr-Daimler-Puch Fahrzeugtechnik）は，クライスラーと共にユーロスター（Eurostar）車両製造工場という合弁企業を設立し，1991年10月以降，クライスラーのボイジャーを欧州域内市場向けと輸出のために生産し始めた[11]。

1998年にダイムラーとクライスラーが合併（合併期間：1998年〜2007年）することになり，ユーロスター工場は1998年から2002年まではダイムラー・クライスラーにより運営された。しかし，2002年にダイムラー・クライスラーはユーロスター工場をオーストリア/カナダ大手自動車部品メーカーのマグナ・インターナショナルに売却した。1998年にシュタイア・ダイムラー・プフもマグナ・インターナショナルに買収され，買収後は2001年にマグナ・シュタイヤーに改称された。最終的にはマグナ・シュタイヤーがユーロスター工場の所有権を取得し，同社の全自動車生産能力を年間25万台までに拡大していく契機を得た。

1990年代後半以降，シュタイア・ダイムラー・プフはメルセデス・ベンツのEクラスの四輪駆動の派生車種を開発し，ベンツのMクラスとジープ・グランドチェロキー，C300などのクライスラーの車種を生産した。2000年代以降のマグナ・シュタイヤーは，BMWとの提携関係を強化し，新たな発展段階に入った。例えば，2001年のBMWのX3の委託生産を契機にBMWとの協力関係が深化し，完成車の開発と部品調達をも担うようになった。X3に続いて

BMWのミニ・ブランドの四輪駆動車種のカントリーマンとペースマンは，マグナ・シュタイヤーが開発を担当し，生産した（**図表9-1参照**）[12]。

マグナ・シュタイヤーのBMWとの提携関係は長期にわたり，2004年から2014年の10年間で100万台以上の自動車を生産した。また一方で，BMWとの信頼関係を維持した上でプジョーのRCZのスポーツ・クーペも企画段階からマグナ・シュタイヤーが開発を担当し，生産した。そしてメルセデス・ベンツの高級車であるSLS-AMGのアルミニウムの車体もマグナ・シュタイヤー主導により開発され，同社のグラーツ工場で生産が行われた。

マグナ・シュタイヤーの委託生産企業時代を小括するならば，同社がダイムラー・ベンツ，クライスラー，BMW等の大手自動車メーカーの自動車開発に関わったことと，ブランド認知度の高い車を委託生産してきたことにある。この2つは，マグナ・シュタイヤーがマグナ・グループに買収された後も委託生

図表9-1 マグナ・シュタイヤーの業績推移

	総生産台数 単位：台	売上高 単位：10億ドル	従業員数	総生産台数に占めるBMW車の生産台数	総生産台数に占めるBMW車の生産比率(%)	BMWの総生産台数に占める委託生産比率(%)
2003	118,807	—	6,452	8,800	7	1
2004	227,244	4,450	9,000	112,800	50	9
2005	230,505	4,110	7,577	106,200	46	8
2006	248,059	4,378	7,301	114,300	46	8
2007	199,969	4,008	7,000	111,665	56	8
2008	125,436	3,306	9,200	82,900	66	6
2009	56,620	1,764	8,000	46,000	81	4
2010	86,183	2,163	8,200	49,500	57	3
2011	130,343	2,690	7,000	102,700	79	6
2012	123,602	2,561	10,500	103,700	84	6
2013	146,566	3,062	10,500	125,559	86	6
2014	135,126	3,067	—	113,401	84	5

（注）1　BMWのマグナ・シュタイヤーへの委託生産台数とBMWに占めるマグナ・シュタイヤーの生産割合は，BMWの年次報告書による。
　　　2　従業員の人数はTop of Styriaによる。
（出所）総生産台数と売上高はマグナ・インターナショナルの年次報告書により筆者作成。

産を継続していくことができた要因と考えられる。

3 マグナ・シュタイヤーのビジネス・モデル[13]

　ここでの課題は，マグナ・シュタイヤーがマグナ・グループの中で中枢的な地位を得ながらも，マグナ・グループの経営資源を有効活用しながら，委託生産企業としての競争優位を獲得していく過程を明らかにする。

　欧州の委託生産企業のうち，フィンランドのヴァルメトを除けば，マグナ・シュタイヤーが2008年の世界金融危機を乗り越え，生き残った唯一の企業である。マグナ・シュタイヤーが世界金融危機を乗り越え，生き残れた理由には以下の3つの要因があると考える。1つは，企業組織構造，経営と企業能力開発，2つは，技術開発能力，3つは生産拠点である。以下，順に考察する。

3.1 企業組織構造，経営と企業能力開発

　マグナ・シュタイヤーの企業活動は「自動車メーカー様を顧客とする，独自ブランドを表に出さない世界レベルのグローバルなエンジニアリング＆製造パートナーです。私たちは，高度でフレキシブルな開発と組立て戦略によって，幅広いサービスに対するOEMソリューションを提供しています。」[14]という企業方針に基づいている。また，同社は「世界のトップレベルの自動車技術開発の企業として，将来のモビリティのために革新的な解決を提供する企業として将来のモビリティへの道を導く」という企業ビジョンを掲げている[15]。

　まず，企業組織構造と企業経営について，親会社のマグナ・インターナショナルと子会社のマグナ・シュタイヤーとの関係性について整理しておこう。

　マグナ・インターナショナルは，ガラスやゴム，エンジン以外，自動車生産に必要なほとんどすべての部品を内製化し，システムとモジュールを作っている世界最大級の自動車部品メーカーの一社である。また，ボディ，シャシー，パワートレイン，エクステリアなどの商品グールプごとの11の事業分野＝企業により構成されている。子会社のマグナ・シュタイヤーは11ある経営事業体のうち，車両開発と委託生産を担う企業である。

　マグナ・インターナショナルは1957年の設立以来，自社の成長と戦略的な企

業買収・合併により，自動車生産に必要な商品と技術を手に入れ，2002年のシュタイア・ダイムラー・プフの買収により，自動車部品製造を大幅に拡大し，完成車の開発と生産に必要な技術とノウハウを蓄積した。マグナ・インターナショナルは北米市場中心にグローバル事業を展開している。

次に，マグナ・シュタイヤーの経営分野，規模と役割について説明する。マグナ・シュタイヤーは，シュタイア・ダイムラー・プフ自動車技術とユーロスターの自動車生産工場の買収により，2001年にマグナ・インターナショナルの傘下に入った。その後も同社は，委託生産に必要な機能を企業買収により内部化し，2005年に元テースマ社の燃料系統の部門，2010年にエンジニアリングと評価・試験専門企業ACTS（Advanced Car Technology Systems），2011年には燃料系統の専門メーカーであるエルハート＆サンズ（Erhard und Söhne），2012年にはマグナ・Eカー・システムの代替エネルギー利用のバッテリー・システム開発の部門を経営傘下に収めた[16]。その結果，マグナ・シュタイヤーは4つの事業（エンジニアリング，自動車の委託生産，燃料系統，代替エネルギー用のバッテリー・システム）を内部化した。

マグナ・シュタイヤーは，マグナ・グループにおいて代替エネルギー用のバッテリー・システム開発を担当するなど，グループ全体の戦略的事業の中でも中枢的な位置づけにある。しかし，マグナ・シュタイヤーの最も重要なビジネスは，自動車メーカー向けの技術開発が主であり，委託生産の領域にとどまる他の委託生産企業と異なっている。マグナ・シュタイヤーの技術開発力は高く，企画設計，技術開発，デザイン開発能力を通じてプロトタイプなしに試作生産を行う能力を有する[17]。

マグナ・シュタイヤーの大半の技術開発のサービスは自動車メーカーの自社工場で生産予定の車種に対してであり，自動車技術開発の多くの作業は自動車メーカーと共同で行われる。そのため，マグナ・シュタイヤーのエンジニア・センターの多くは自動車メーカーの本社または，最も重要な生産拠点の隣接している[18]。これによりスムーズな自動車共同開発を行い，自動車メーカーの新車開発コンセプト，商品戦略などについて頻繁に情報交換を行っている。マグナ・シュタイヤーの強みは，生産現場で得られる情報と体験をもとに企業内に開発能力を蓄積しているところにある。

第9章　単一自動車メーカー・ブランドに依存しないサービス業

以上，まとめるとマグナ・シュタイヤーのビジネス・モデルには，3つの特徴がある。

第1は，マグナ・シュタイヤーの主な経営分野，すなわち経営の最も重要な柱が自動車と自動車技術の開発である。

第2は，自動車と自動車技術を開発するために，顧客である自動車メーカーの拠点と共同で開発を行うことであり，そのため，マグナ・シュタイヤーは重要な顧客の生産拠点に隣接して自社のエンジニアリング・センターを設立している。

この2つの取組みが，マグナ・シュタイヤーが2008年以降の経済危機を無事に乗り越えられた要因であると考える。

第3は，マグナ・シュタイヤーと親会社のマグナ・インターナショナルの協力関係である。マグナ・インターナショナルのネットワークによりマグナ・シュタイヤーは簡単な部品から，コンポーネント，システム，モジュールまでのあらゆる部品を企業内で調達でき，これらの部品の技術だけではなく，コスト構造も把握している点である。また自動車部品技術を通じて自動車開発に活かし，自動車部品のコスト構造を理解した上で，コスト競争力を持った委託生産を展開している[19]。すなわち，親会社のマグナ・インターナショナルとのインテグレーションはマグナ・シュタイヤーの競争力に大きく貢献していると考える。

3.2　技術開発能力

次にマグナ・シュタイヤーが有する新車開発能力を4段階に分けて考察する。

マグナ・シュタイヤーのエンジニアリング・サービスは車両安全装置の開発，機能統合と評価・試験からデザイン，シャシー，車軸，パワートレイン，内装とエレクトロニクスなどを含めて，試作，プロトタイプ開発から完成車開発までの自動車開発の広い領域をカバーしている[20]。

マグナ・シュタイヤーの技術開発部門のマネージャーによると，自動車メーカーは（ア）自社の開発能力または生産能力が不足している場合，あるいは（イ）時間的な制約がある場合，マグナ・シュタイヤーに車種開発と委託生産が持ちかけられるとしている[21]。

マグナ・シュタイヤーが自動車メーカーに提供できるサービスの規模は，以下の4つの段階に区別できる。
1）自動車メーカーの開発車種を委託生産すること。
2）従来車種の派生車種の開発と生産の受注をすること。
3）自動車メーカーと共に新車を開発し，マグナ・シュタイヤーの工場で生産を行うこと。
4）新車開発の委託と同時に生産委託を受けること。

第1段階では，自動車メーカーが独自に開発し，自社工場で生産している車種をマグナ・シュタイヤーの工場に全量移管，または一部生産移管するものである。この事例はメルセデス・ベンツのM-クラスにみられる。ダイムラーの工場生産能力を超える受注を得たため，同社生産の一部をマグナ・シュタイヤーに生産移管した[22]。

第2段階は，従来車種の派生車種の開発と生産であるが，マグナ・シュタイヤーが得意とするビジネス・パターンである。自動車メーカーは開発コストを節約するために，従来車種をベースに，派生車種をマグナ・シュタイヤーに開発を依頼する。しかし，従来車種の派生車種は一般に生産台数が限られるニッチマーケット向けであるため，派生車種の開発には多くのコストはかけられない。派生車種を経済的に開発・生産するには，より高い技術開発能力と革新的な開発プロセスが重要になる。

派生車種の開発事例としては，メルセデス・ベンツのEクラスの四輪駆動車があげられる。従来のEクラス車は後輪駆動である。Eクラスの四輪駆動車の派生車種開発の問題点は，ボディ，プラットフォームなどを大きく変更できない従来のEクラス車に，駆動力がある前車軸を搭載することにある。より具体的には，エンジン，クラッチ，トランスミッションなどが搭載されたエンジンルームは，駆動力がある前車軸を入れる場所が非常に限られていた。従来のE-クラスのボディ，シャシーなどは変更できなかったため，マグナ・シュタイヤーはダイムラーから完成車のプラットフォームから一部分を切り取り，空間をつくり，駆動力がある前車軸を搭載して問題解決した。このように手間のかかるボディはグラーツ工場で塗装され，再組立が行われた。

第3段階は，自動車メーカーと共同開発した新車をマグナ・シュタイヤーの

第9章　単一自動車メーカー・ブランドに依存しないサービス業

工場で生産することである。この場合，マグナ・シュタイヤーがどの段階から共同開発に参画するのかが問題になる。開発規模と開発参画のタイミングは，自動車メーカーの専決事項であるが，新車開発の早期段階からマグナ・シュタイヤーが参画する場合には，自動車メーカーは同社に開発委託するケースが多い。しかし，自動車メーカーとの共同開発のパターンは多様であり，長期継続的取引関係にあるBMWの場合，マグナ・シュタイヤーが参画する領域は拡大しており，自動車の企画段階から試作車の生産まで共同開発が行われた。その他，開発の進んだ段階で技術的な問題解決のために自動車メーカーから支援を要請されるケースもある。

　しかしながら，マグナ・シュタイヤーは，自動車メーカーと共同開発した自動車であっても，必ずしも生産委託の機会を得るわけではなく，共同開発される自動車の大半は自動車メーカーの工場で生産される。

　第4段階は，マグナ・シュタイヤーが自動車メーカーから新車開発の委託と同時に委託生産する場合である。この場合，マグナ・シュタイヤーは自動車メーカーの開発コンセプトと条件に従って，新車を開発し，同社のグラーツ工場で生産する。例えば，マグナ・シュタイヤーがこれまで委託開発した中でもっとも異例なケースは，マグナ・シュタイヤーにより開発し，2010－2015年の間に生産したプジョーのRCZというスポーツカーである。プジョーはこのスポーツカーを低価格で早期に市場投入しようと開発を進めていたが，市場投入までの時間的な問題を加えて，プジョー自身に開発余力がなかったため，マグナ・シュタイヤーに開発委託をした。マグナ・シュタイヤーのエンジニアによると，この際，プジョーからの開発依頼で示された開発要求はわずか2頁足らずの手書きの紙であった。1枚目の紙に開発を企画している自動車のデザインの素描が描かれ，2枚目に自動車のサイズそして馬力，スピードなどの性能幅に関する概念的なデータが示されていたに過ぎないものだった[23]。

　このデータに基づいて，マグナ・シュタイヤーはプジョーの代わりに開発する自動車の要求仕様書を作成し，市場販売予測のための市場調査も行った。同社は市場投入までの時間短縮を図るために，自動車は完全にバーチャル，すなわちコンピューターで開発し，プロトタイプも作らずに生産開始した。同社は，開発コストをできる限り節約するために，プジョーがすでに別の車種生産のた

めに作っていたツールをRCZのボディにも使えるように工夫した。RCZの場合，マグナ・シュタイヤーは部品調達も担当した。RCZは全く新しい車種であったため，生産プロセスはコンピューター上でシミュレーション操作を行い，実際の自動車生産が始まった。

2004年以降，マグナ・シュタイヤーは自社の開発領域を拡大し，MILAというコンセプトカーの開発をした。このMILAというコンセプトカー・ファミリーはマグナ・シュタイヤーにより開発されたシステムやモジュール，軽材料，パワートレインと駆動ストラテジーなどの新技術のイノベーションとアイディアを公開するための商標である。MILAの狙いは，世界の自動車メーカーにマグナ・シュタイヤーの技術開発能力をアピールするところにある。

以上，マグナ・シュタイヤーは2004年にはすでに高い自社開発能力を有していたと考えられる。

3.3 経営モデルを支える生産拠点の要因

マグナ・シュタイヤーの競争優位性を説明するにあたり，欠かせないのがシュタイアーマルク州政府により設立された自動車産業クラスターであるACスティリアである。

ACスティリアは，1995年にオーストリア初の自動車産業クラスターとして発足し，自動車や自動車部品を生産し，また研究開発も行い，生産関連のサービスも提供している。すでにその規模は，220社以上の企業へと成長し，従業員5万人以上にのぼる[24]。

ここでは，ACスティリアにおけるリージョナルな協力が，マグナ・シュタイヤーにとって，どれだけ重要であるかについて，メルセデス・ベンツのSLS・AMGのアルミニウムボディ開発を例にして説明する。

マグナ・シュタイヤーの工場と開発拠点は，オーストリアのシュタイアーマルク州にある[25]。同社の1万500人の従業員のうち，7,200人が本社のグラーツで雇用されている。そのうちの4分の1以上はエンジニアである[26]。

ダイムラーのベンツSLS／AMGというスポーツカーのモデルは，このACスティリアが開発を担当した。その経緯は以下の通りである。

ダイムラー・ベンツはすでに1990年代にアルミニウムボディの自動車の開発

第9章　単一自動車メーカー・ブランドに依存しないサービス業

を進めており，ダイムラーと密接な関係がある自動車チューニングの専門企業のAMGのイニシアティブにより，アルミニウムボディのスポーツカーの開発を始めている。しかし，当時のダイムラーもAMGも別のプロジェクトを抱えており，開発余力がなかったため，マグナ・シュタイヤーにアルミニウム車体の開発を打診した。しかし，マグナ・シュタイヤーは社内にアルミニウム加工のノウハウを全く持っていなかったため，ACスティリアのアルミニウム加工の専門企業とコンタクトし，技術的支援を依頼した[27]。

ベンツのSLS／AMG車体は，2009年から生産終了の2014年までマグナ・シュタイヤーの工場で部品を生産し，組立，塗装され，完成した状態でダイムラーのシンデルフィンゲン工場に搬送された。

マグナ・シュタイヤーの競争優位性は，ACスティリアという自動車産業クラスターを活用できたところにあったと言えよう。不得意な領域の自動車メーカーからの開発依頼についても委託開発できる環境が1995年以降に整備された。

本節を小括すれば，マグナ・シュタイヤーはマグナ・グループの利用可能な資源を有効活用することで，委託生産に関してはコスト構造把握を把握した上で部品調達が可能であったこと，委託開発に関しては自社の技術開発能力のみならず，ACスティリアという地域の産業基盤が同社に競争優位をもたらしたといえる。

4　ビジネス・モデルの課題

マグナ・シュタイヤーが委託生産企業として蓄積したビジネス・モデルは，2008年の世界金融危機を乗り切るほどの競争優位性を有するようになったと考えられるが，2000年代の環境変化を踏まえると，必ずしもそのビジネス・モデルは盤石ではない。ここでは4つの今日的課題を示しておきたい。

第1の問題は，欧州における過剰生産能力である。マグナ・シュタイヤーのビジネス・モデルは，自動車メーカーの新車開発能力や生産能力が不足している場合に迅速対応できるという点に優位性があった。しかし，多くの欧州自動車メーカーが抱えている問題は開発や生産の能力不足ではなく，むしろ過剰状態にある。

欧州での自動車生産は，一方で西欧から中東欧へとシフトし，他方で生産台数は全般的に停滞している。フランスとイタリアの乗用車生産台数は2001年の合計の445万台から2014年には189万台にまで半分以上に減少した。ドイツの乗用車生産台数は2001年の530万台から2014年には560万台へと増加しているが，それはドイツの自動車メーカーが国内の生産拠点での生産と雇用を確保するために経営評議会（労働組合）と長期的な雇用確保協定を結んでいる故である。この経営者側と労働者側との間に結ばれた協定の重要なポイントは，国内生産拠点の生産能力に余裕がある限り，海外生産拠点との生産調整ができない点にある。

欧州で顕在化している自動車メーカーの生産能力の過剰状態は，マグナ・シュタイヤーのビジネス・モデルにとっての大きな問題である[28]。

第2の問題は，自動車メーカーによるフレキシブルな生産体制の整備である。マグナ・シュタイヤーの主要生産車種はニッチマーケットを狙う車種，または生産台数の限られた四輪駆動車などの派生車種である。しかしながら，1990年代以降に加速したプラットフォーム共通化とモジュール化により自動車の構造は根本的に変更された。その上，中東欧の社会主義経済システムの崩壊により，西欧自動車メーカーは低賃金コストの中東欧諸国で生産拠点を設立した。その結果，欧州自動車産業の労働分配と生産構想も根本的に変わった。すなわち，プラットフォームの共通化とモジュール化により，自動車メーカーはより速く，より簡単にニッチマーケットを狙う自動車を開発し，低賃金コストのメリットがある中東欧の自社生産拠点で経済的に自動車生産できるようになった。そのため，マグナ・シュタイヤーの競争優位性が失われる可能性がある。

第3の問題は，マグナ・シュタイヤーのBMWへの過度な依存である。

マグナ・シュタイヤーは複数の自動車メーカーと取引関係を有し，委託生産を行っており，単一メーカー・ブランドに依存しない委託生産企業であるが，取引依存度ではBMWに過度に依存している。BMWからの生産委託台数の割合は，マグナ・シュタイヤーの総生産台数の80％以上を占めている。BMWとの長期的継続的な取引関係はもちろんマグナ・シュタイヤーにとって経営の安定化に結びつくものの，1つの自動車メーカーに依存し過ぎることは様々なリスクがあるといえよう。

第9章　単一自動車メーカー・ブランドに依存しないサービス業

本節での小括をすれば，マグナ・シュタイヤーが委託生産企業としての競争優位の源泉は，欧州における自動車市場の縮小傾向，自動車メーカー自身が迅速な開発能力と少量生産体制を構築し始めたことで，弱体化してきているといえよう。

おわりに

本章では，欧州の自動車委託生産の発展と現状を概観しつつ，2008年の世界金融危機を乗り切ったマグナ・シュタイヤーの委託生産／開発，そのビジネス・モデルについて明らかにした。マグナ・シュタイヤーは，大手自動車メーカーのブランド車を委託生産してきたことによる信頼性の構築のほか，マグナ・グループの子会社になったことで，利用可能な経営資源に恵まれ，委託生産に関してはコスト構造を把握した上で部品調達が可能になった。委託開発に関しては自社の技術開発能力の向上のみならず，ACスティリアという地域の産業基盤が同社の競争優位性をもたらしたといえる。

しかし，市場縮小化の進む欧州自動車市場にあって，委託生産企業のマグナ・シュタイヤーが置かれている状況は必ずしも盤石ではない。

同社の歴史的展開において，築かれた競争優位性に基づくならば，2つの選択肢があるだろう。1つは，BMWの専属的委託生産企業としての深化であり，もう1つは独立系委託生産企業の体制維持である。いずれも同社の開発能力をして，自動車メーカーの補完的機能を果たすことが前提条件になる。同社はまさにその岐路に立たされているといえる。

注■
1　VWの委託生産メーカーの発展に関しては，Wiersch（2007）を参照。
2　前掲，182-188頁。
3　Loer（2011）216-219頁。
4　VDL Group参照。
5　欧州の委託生産企業が日本の委託生産企業と大きく異なるのは，特定自動車メーカーの専属的委託生産企業としての歴史過程を経なかったことにある。
6　Seper（2009）5-65頁。

7　Seper（2009）65 – 78頁，Ehn（2007）285 – 286頁。
8　Rudolf（2008）107 – 123頁。
9　Rudolf（2008）121頁。
10　前掲126 – 141頁，Ehn（2007）287 – 292頁。
11　Loer（2011）188 – 191頁。
12　前掲192 – 196頁。
13　本節は主に（1）マグナ・シュタイヤーの委託生産部門の副会長，情報室部長と販売部門の部長の3人への2012年7月13日に行った筆者の聞き取り調査，（2）AC スティリア（有限会社）の最高経営責任者との2014年3月13日に行った聞き取り調査，（3）マグナ・シュタイヤーのHPまたはマグナ・インターナショナルとBMWの年次報告書に基づいている。
14　マグナ・シュタイヤーの日本語HPにより引用。（2015年8月31日に最終アクセス）OEM（Original Equipment Manufacturer）という言葉はヨーロッパで自動車メーカーの意味を持っている。
15　マグナ・シュタイヤーの企業ビジョンは2012年7月13日の現地調査で得た内部資料に基づく。
16　マグナ・Eカー・システム社は，電気自動車とハイブリッド自動車のために，コンポーネントとシステムの開発，デザイン，生産，流通販売を目的とする企業である。
17　自動車部品メーカーは，一般的にモジュールとシステム・インテグレーターのTier 1（一次仕入先），システムサプライヤーのTier 2（二次仕入先），単品部品を生産しているTier 3（三次仕入先）に分けられる。マグナ・シュタイヤーは，自社を0.5（レイ・テン・ゴ）部品メーカーと位置づけた時期もあったが，自動車メーカーから非難され，現在この名称を使用していない。
18　マグナ・シュタイヤーの代表者によると，新車種の初期開発段階は大半の開発作業は，自動車メーカーで行われるが，開発のプロセスが進展するに従い，開発作業は徐々にマグナ・シュタイヤーのグラーツ本社に移管されるとしている。
19　マグナ・シュタイヤーのマネージャーによると，マグナ・シュタイヤーが部品調達を担当し，グラーツ工場の生産車種に搭載されるマグナ・インターナショナル製の調達部品の割合は，60％程度であり，相当高いものである。
20　自動車と自動車用の技術の他に，ヨーロッパのスペース・トランスポーテーション・プログラムであるアリアヌと言うロケットのために燃料供給システムを，そして大型旅客機のエアバスA380機のためにタービン用の部品も開発し，生産している。
21　マグナ・シュタイヤーへの筆者の聞き取り調査（2012年7月13日）による。
22　自動車メーカーの生産能力超過分をマグナ・シュタイヤーの工場に生産移管することは，ピークシェービング（peak-shaving）という。自動車メーカー側からは需要変動の変化に関わらず，自社工場での生産安定化につながり，生産計

画立案しやすいメリットがある。この場合，生産調整分は委託生産企業であるマグナ・シュタイヤーが吸収することになる。

23　マグナ・シュタイヤーへの筆者の聞き取り調査（2012年7月13日）による。
24　ACスティリアは年間145億ユーロの売上があることから，シュタイアーマルク州における付加価値創造の約3分の1を占めている。
25　マグナ・シュタイヤーが位置しているシュタイアーマルク州は，オーストリアの製造産業の伝統的な中心地である。製造産業は，シュタイアーマルク州のGDPの35%を占めている。最も重要な産業は機械や自動車産業，鉄鋼産業，電子産業そして林業と製紙業である。製造産業での雇用は，全シュタイアーマルク州での雇用の半分以上を占め，シュタイアーマルク州の製造企業で生産されている商品の4分の3は輸出されている。なお，すべてのデータはシュタイアーマルク州の商工会議所（Industriellenvereinigung Steiermark）による。
26　データはTop of Styriaによる。
27　このアルミニウム加工の専門企業との協力によりマグナ・シュタイヤーは，本来経験のなかったアルミニウムボディの開発に成功した。
28　すでに2008年の金融危機の前，欧州自動車メーカーの過剰生産能力は300万台であると推定された。

（ブングシェ・ホルガー）

参考文献

■日本語文献

アイアールシー (1982)『別冊・新生トヨタ自動車'82』.

アイアールシー (1984; 1990; 1994; 1996; 2000; 2002; 2004; 2006; 2008)『トヨタ自動車グループの実態 各年版』アイアールシー.

アイアールシー編 (2003; 2009; 2011)『日産自動車グループの実態 各年版』アイアールシー.

愛知機械工業50年史編纂委員会編 (1999)『愛知機械工業50年史』愛知機械工業株式会社.

愛知労働問題研究所編 (1990)『トヨタ・グループの新戦略―「構造調整」下の自動車産業―』新日本出版社.

浅沼萬里 (1997)『日本の企業組織 革新的適応のメカニズム 長期取引関係の構造と機能』東洋経済新報社.

天谷章吾 (1982)『日本自動車工業の史的展開』亜紀書房.

李在鎬 (2000)「2次サプライヤーにおけるProcess重視論の再検討―アイシン精機の部品仕入先の事例―」『日本経営学会誌』第5号.

李在鎬 (2012)「韓国自動車産業における完成車委託生産の意義―日本の委託生産との対比を通じて―」『アジア経営研究』第18号.

飯塚市誌編纂室編 (1975)『飯塚市誌』.

池田正孝 (1994)「委託生産車の製造とその管理方式」『経済学論纂』(中央大学)第35巻第4号.

石井真一 (2002)「自動車産業における戦略的提携の経時的分析 (1985–1996年)―対象市場とパートナー属性, 企業間分業―」『経営研究』第53巻第2号.

居城克治 (2002)「第5章 台湾自動車産業の発展と技術移転」永野周志編『台湾における技術革新の構造』九州大学出版会.

居城克治 (2007)「自動車産業におけるサプライチェーンと地域産業集積に関する一考察―自動車産業における開発・部品調達・組立生産機能のリンケージから―」『福岡大学商学論叢』第51巻第4号.

居城克治 (2008)「九州自動車産業の到達点と地場企業の市場参入問題」『中小企業季報』第3号.

磯村昌彦・田中彰 (2008)「自動車用鋼板取引の比較分析―集中購買を中心に―」『オイコノミカ』第45巻1号.

磯村昌彦 (2009)「自動車用鋼板取引における集中購買システム―そのコストメリット―」『産業学会研究年報』第24号.

磯村昌彦 (2011)「自動車用鋼板取引における集中購買システムの進化」『経営史学』第45巻第4号.

伊丹敬之・加護野忠男・小林孝雄・榊原清則・伊藤元重（1988）『競争と革新—自動車産業の企業成長—』東洋経済新報社．

伊藤秀史・林田修（1997）「分社化と権限移譲—不完備契約アプローチ—」『日本経済研究』No.34．

伊藤秀史・菊谷達弥・林田修（2003）「親子会社間の多面的関係と子会社ガバナンス」（RIETI Discussion Paper Series 03-J-005）独立行政法人経済産業研究所．

伊原亮司『トヨタの現場労働—ダイナミズムとコンテクスト—』桜井書店．

今田治（1997）「新しい組立ラインの展開と作業形態・人事管理—トヨタ自動車九州・宮田工場を事例として—」『立命館経営学』第36巻第4号．

植田浩史（2002）「「規模別格差」と分業構造」『社会政策学会誌第7号：経済格差と社会変動』法律文化社．

エコノス『九経エコノス』1992年．

越後修（2010）「企業誘致型地域経済振興策の勘所—九州・東北地方における自動車産業育成策の課題—」『開発論集』第85号．

大野耐一（1978）『トヨタ生産方式—脱規模の経営をめざして—』ダイヤモンド社．

折橋伸哉（2006）「海外生産拠点における組織能力の構築と環境変化」『国際ビジネス研究学会年報』第12号．

折橋伸哉（2008）『海外拠点の創発的事業展開—トヨタのオーストラリア・タイ・トルコの事例研究—』白桃書房．

折橋伸哉・目代武史・村山貴俊編著（2013）『東北地方と自動車産業—トヨタ国内第3の拠点をめぐって—』創生社．

各社『有価証券報告書』各年版．

加護野忠男（2004）「「子会社化」ブームに見るグループ経営の死角」『プレジデント』（2004年2.16号（http://www.president.co.jp/pre/backnumber/2004/20040216/781/：2015年5月5日閲覧）．

釜石亮（2006）「日本自動車産業における車体メーカーの意義」東北大学修士論文．

上山邦雄（2003）「トヨタの海外展開」『経済学研究』第70巻第2・3号．

亀田忠男（2013）『自動車王国前史—綿と木と自動車—』中部経済新聞社．

川上桃子（1995）「台湾自動車産業における日本企業からの資本・技術の導入—A・B社の事例—」『アジア経済』第36巻第11号．

川上桃子（2006）「台湾携帯電話端末産業の発展基盤—受託生産を通じた企業成長の可能性と限界」今井健一・川上桃子編『東アジアのIT機器産業—分業・競争・棲み分けのダイナミクス—』アジア経済研究所．

簡錦川（2002）「第2章 台湾運送用機械産業の発展と現状」永野周志編『台湾における技術革新の構造』九州大学出版会．

関東自動車工業四十年史編集委員会編（1986）『関東自動車工業四十年史』関東自動車工業株式会社．

関東自動車工業四十年史編集委員会編（1989）『関東自動車工業四十年史』関東自動車工業株式会社．

菊池航（2011）「トヨタ自動車における委託生産取引と賃金格差」『立教経済学研究』第65巻第2号．
菊池航（2012）「高度成長期自動車産業における下請取引―東洋工業を事例に―」『経営史学』第47巻第1号．
城戸宏史・山田哲生・藤川昇悟（1998）「バブル崩壊後の九州・山口の自動車産業」『九州経済調査月報』第52巻第12号．
公正取引委員会「排除措置命令書」2012年．
河野英子（2009）『ゲストエンジニア―企業間ネットワーク・人材形成・組織能力の連鎖―』白桃書房．
広報部・社内広報ブロック編『語り継ぎたいこと―チャレンジの50年―総集編『大いなる夢の実現』』本田技研工業株式会社．
国土庁土地鑑定委員会編（1985〜2013）『地価公示 各年版』．
小林浩治（2006）「トルコの自動車産業とトヨタの事業進出」『赤門マネジメント・レビュー』第5巻第7号．
小林英夫（2010）『アジア自動車市場の変化と日本企業の課題―地球環境問題への対応を中心に―』社会評論社．
小森瞭一（1969）「わが国自動車工業と超過償却―日産・トヨタを中心に―」『経済学論叢』（同志社大学）第18巻第1・2・3号．
小山陽一編（1985）『巨大企業体制と労働者―トヨタの事例―』御茶の水書房．
近藤文男（2004）『日本企業の国際マーケティング―民生用電子機器産業にみる対米輸出戦略―』有斐閣．
財団法人九州経済調査協会（1974）「自動車工業の地域分散と中小企業の対応 北部九州における地場中小機械金属を中心に」『研究報告』第167号．
財団法人九州地域産業活性化センター（2006）『九州の自動車産業を中心とした機械製造業の実態及び東アジアとの連携強化によるグローバル戦略のあり方に関する調査研究』．
佐伯靖雄（2011）「委託生産方式の実態研究―ヤマハ発動機の自動車用エンジン事業の事例―」『立命館経営学』第50巻第4号．
佐伯靖雄（2012）『自動車の電動化・電子化とサプライヤー・システム―製品開発視点からの企業間関係分析―』晃洋書房．
佐伯靖雄（2013a）「トヨタ・グループの委託開発業務と組織間関係の分析」『名古屋学院大学論集（社会科学編）』第49巻第4号．
佐伯靖雄（2013b）「自動車産業の開発・生産活動における水平分業形態の類型化」『工業経営研究』第27巻．
佐伯靖雄（2015a）「第7章 完成車生産分業システムの再組織化と展望」『企業間分業とイノベーション・システムの組織化―日本自動車産業のサステナビリティ考察―』晃洋書房．
佐伯靖雄（2015b）「委託生産企業の撤退と存立に関する研究」『機械経済研究』No.46

坂本和一（1987）「生産子会社の展開—日本電気のケース—」坂本和一・下谷政弘編『現代日本の企業グループ—「親・子関係型」結合の分析—』東洋経済新報社．
佐武弘章（1998）『トヨタ生産方式の生成・発展・変容』東洋経済新報社．
猿田正機（1990）「自動車産業と労務管理—トヨタ自動車を事例として—」『経営学論集』第60集．
猿田正機編（2008）『トヨタ企業集団と格差社会—賃金・労働条件にみる格差創造の構図—』ミネルヴァ書房．
猿渡潔枝（2000）「地方中枢・中核都市圏を利用した工場進出—トヨタ自動車九州（株）を事例に—」『経済論究』106号．
産業ジャーナル編（1990）『トヨタ自動車グループの実態 1990年版』アイアールシー．
GP企画センター（2006）『日本自動車史年表』グランプリ出版．
塩地洋（1986）「トヨタ自工における委託生産の展開」，『経済論叢』（京都大学）第138巻第5・6号．
塩地洋（1987）「系列部品メーカーの生産・資本連関—トヨタ自動車のケース—」坂本和一・下谷政弘編『現代日本の企業グループ—「親・子関係型」結合の分析—』東洋経済新報社．
塩地洋（1988）「日野・トヨタ提携の史的考察」『経営史学』第23巻第2号．
塩地洋（1993）「開発部門は九州に移転されるか？—トヨタ自動車九州（株）をケーススタディとして—」『九州経済調査月報』10月号．
塩見治人（1985a）「第3章 生産ロジスティックスの構造—トヨタ自動車のケース—」坂本和一編『技術革新と企業構造』ミネルヴァ書房．
塩見治人（1985b）「企業グループの管理的統合 日本自動車産業における部品取引実証分析」『オイコノミカ』第22巻第1号．
塩見治人（1995）「「フルライン—ワイドセレクション」体制への組織的対応—トヨタ自動車（1955-80年）の事例—」『オイコノミカ』第31巻第2・3・4合併号．
自動車検査登録協力会編（1977）『初度登録年別 自動車保有車両数 昭和51年3月末現在 F表 No.4』自動車検査登録協力会．
自動車検査登録協力会編（1986）『初度登録年別 自動車保有車両数 昭和61年3月末現在 F表 No.14』自動車検査登録協力会．
四宮正親（2000）「自動車—1960年代における競争パターン」宇田川勝・橘川武郎・新宅純二郎編『日本の企業間競争』有斐閣．
四宮正親（2010）『国産自立の自動車産業』芙蓉書房出版．
下谷政弘（2006）『持株会社の時代—日本の企業結合—』有斐閣．
周政毅監修・フォーイン中国調査部編（2009）『中国を制す自動車メーカーが世界を制す』フォーイン．
徐寧教（2012）「マザー工場制の変化と海外工場—トヨタ自動車のグローバル生産センターとインドトヨタを事例に—」『国際ビジネス研究』第4巻第2号．
清晌一郎・大森弘喜・中島治彦（1975）「自動車部品工業における生産構造の研究

（上）」『機械経済研究』第8号，機械振興協会経済研究所．
清家彰敏（1993）「自動車産業のイノベーションにおける競争構造の日米比較について」『経営教育年報』第12号．
清家彰敏（1995a）「自動車産業の高度成長とプロセス・イノベーション」野中郁次郎・永田晃也編著『日本型イノベーション・システム―成長の軌跡と変革への挑戦―』白桃書房．
清家彰敏（1995b）『日本型組織間関係のマネジメント』白桃書房．
セントラル自動車30年史編纂室編（1980）『30年のあゆみ』セントラル自動車株式会社．
全トヨタ労働組合連合会（各年版）『賃金労働条件調査資料』．
総務庁統計局編（1994）『日本の統計 1994年版』大蔵省印刷局．
ダイハツ工業株式会社編（2007）『道を拓く ダイハツ工業100年史資料集 1907-2007』ダイハツ工業．
竹下裕美・川端望（2013）「東北地方における自動車部品調達の構造―現地調達の進展・制約条件・展望―」『赤門マネジメント・レビュー』第12巻10号．
武田晴人（1995）「自動車産業」武田晴人編『日本産業発展のダイナミズム』東京大学出版会．
武田晴人（通商産業政策史編纂員会編）（2011）『通商産業政策史 1980-2000 第5巻立地・環境・保安政策』経済産業調査会．
田中幹大（2010）「北海道・東北地域における自動車メーカー・サプライヤーの生産，部品調達と地域企業による自動車産業への参入」山崎修嗣編『中国・日本の自動車産業サプライヤー・システム』法律文化社．
チェスター・ドーソン（鬼澤忍訳）（2005）『レクサス―完璧主義者たちがつくったプレミアムブランド―』東洋経済新報社．
中小企業研究センター（1979）「自動車産業における外注管理の新たな動向―生産体制との関連性をめぐって―」『調査研究報告』第24号．
中日新聞社『中日新聞』2012年．
中部経済新聞社『中部経済新聞』1999-2012年．
通商産業省・通商産業政策史編纂委員会編（1993）『通商産業政策史 第12巻―第Ⅳ期 多様化時代(1)』．
テリー．L．ベッサー（鈴木良治訳）（1999）『トヨタの米国工場経営―チーム文化とアメリカ人―』北海道大学図書刊行会．
田鑫（2009）「日本マザー工場の生産調整バッファー機能―トヨタ自動車「グローバル・リンク生産体制」に対する考察―」『世界経済評論』第53巻第8号．
田鑫（2010）「トヨタグループにおける委託生産―完成車生産のアウトソーシング―」京都大学大学院経済学研究科博士論文．
東洋経済新報社『週刊東洋経済』2008年．
遠山恭司（2008）「イタリア・トリノにおける自動車デザイン関連企業と産業集積―伊自動車工業会・カロッツェリア部会加盟企業を中心に―」『中央大学経済研

究所年報』第39号.
富野貴弘（2011）「NPWと受注生産―トヨタとの比較を通じて―」下川浩一・佐武弘章編『日産プロダクションウェイ』有斐閣.
トヨタグループ史編纂委員会編（2005）『絆―トヨタグループの現況と歩み―』トヨタグループ史編纂委員会.
トヨタ自動車株式会社『weekly TOYOTA』1991－1993年.
トヨタ自動車株式会社『トヨタ新聞』1988－1990年.
トヨタ自動車株式会社（1987）『創造限りなく―トヨタ自動車50年史―』トヨタ自動車.
トヨタ自動車株式会社（2000）『トヨタの概況 2000 データで見る世界の中のトヨタ』.
トヨタ自動車株式会社（2007）『アニュアルレポート2007』.
トヨタ自動車株式会社（2010）『トヨタの概況 2010 データで見る世界の中のトヨタ』.
トヨタ自動車株式会社（2013）『トヨタ自動車75年史：もっといいクルマをつくろうよ：1937－2012』
トヨタ自動車九州10年史編集事務局編（2001）『トヨタ自動車九州10年史 1991－2001』トヨタ自動車九州.（本文ではトヨ九（2001）と表記）
トヨタ自動車九州株式会社（2011）『トヨタ自動車九州20年史』.（本文ではトヨ九（2011）と表記）
トヨタ自動車工業株式会社社史編集委員会編（1967）『トヨタ自動車30年史』トヨタ自動車工業.
トヨタ自動車販売株式会社社史編集委員会編（1970）『モータリゼーションとともに』トヨタ自動車販売株式会社.
トヨタ車体株式会社編（1996）『モノづくりの真髄を求めて―トヨタ車体50年史―』.
トヨタ車体株式会社社史編集委員会編（1985）『トヨタ車体40年史』トヨタ車体.
トヨタ車体株式会社・関東自動車工業株式会社・セントラル自動車株式会社・トヨタ自動車東北株式会社・トヨタ自動車株式会社（2011）「トヨタグループ，「日本のモノづくり」強化に向けた新体制―トヨタ車体と関東自動車を完全子会社化，東北3社統合に向け協議開始―」，プレスリリース，7月13日.
中川和正（1997）「国内分散工場向け調達物流体制の構築」『オペレーションズ・リサーチ』第42巻第2号.
中山健一郎（2003）「日本自動車メーカーのマザー工場制による技術支援―グローバル技術支援展開の多様性の考察―」『名城論叢』第3巻第4号.
中山健一郎（2011）「裕隆汽車の自主開発能力の構築プロセス」『経済と経営』第42巻第1号.
中山健一郎（2013）「裕隆汽車の委託生産展開―海外自動車委託生産メーカーの存立研究―」『産研論集』第44・45号.
西川純平（2002）「台湾自動車産業の生産規模をめぐる問題」『同志社商学』第54

巻第1・2・3号.
西日本新聞社『西日本新聞』1990-2014年.
日刊自動車新聞社『日刊自動車新聞』2013年.
日経BP『日経Automotive』2005年.
日経BP『日経ビジネス』2005年.
日産車体株式会社社史編纂委員会編（1999）『日産車体50年史』日産車体.
日産自動車株式会社社史編纂委員会編（1975）『日産自動車社史1964-1973』日産自動車.
日産自動車株式会社創立50周年記念事業実行委員会社史編纂部会編（1985）『日産自動車社史1974-1983』日産自動車株式会社.
日産自動車株式会社調査部（1983）『21世紀への道―日産自動車50年史―』日産自動車.
日本経済新聞社『日経産業新聞』1984-2005年.
日本経済新聞社『日本経済新聞』1983-2007年.
日本興業銀行年史編纂委員会編（1982）『日本興業銀行七十五年史』.
日本自動車工業会（1988）『日本自動車産業史』日本自動車工業会.
沼上幹（2004）『組織デザイン』日本経済新聞社.
野口恒（1994）「21世紀を見据えたトヨタのモデル工場 トヨタ自動車九州・宮田工場」『工場管理』第40巻第11号.
野部英一（2009）「米国ホンダ四輪生産の25年を振り返って―HAM及び北米におけるホンダ四輪生産の経過―」『産研論集』第37号.
延岡健太郎（1996）『マルチプロジェクト戦略―ポストリーンの製品開発マネジメント―』有斐閣.
延岡健太郎（2002）『製品開発の知識』日本経済新聞社.
野村正實（1988a）「自動車産業の労使関係（Ⅰ）―B社の事例研究―」『岡山大学経済学会雑誌』第20巻第2号.
野村正實（1988b）「自動車産業の労使関係（Ⅱ）―B社の事例研究―」『岡山大学経済学会雑誌』第20巻第3号.
野村正實（1989）「自動車産業の労使関係（Ⅲ・完）―B社の事例研究―」『岡山大学経済学会雑誌』第20巻第4号.
韓載香（2011）「第9章 自動車工業 生産性と蓄積基盤」武田晴人編『高度成長期の日本経済―高成長実現の条件は何か―』有斐閣.
久田修義・太田一郎（1997）「働く人を中心に位置付けた自動車組立ラインの開発」『オペレーションズ・リサーチ』第42巻第2号.
日野自動車工業株式会社（1993）『豊かで住みよい地球をめざして―日野自動車工業創立50周年記念出版―』日野自動車工業.
平田エマ・小柳久美子（2006）「九州の自動車産業の現状と部品調達構造」『九州経済調査月報』第60巻第12号.
フォーイン編（2008）『アジア自動車産業2008年版』.

藤川昇悟（2001）「地域的集積におけるリンケージと分工場—九州・山口の自動車産業集積を事例として—」『経済地理学年報』第47巻第2号.
富士重工業株式会社社史編纂委員会（1984）『富士重工業三十年史』富士重工業株式会社.
藤田英史・山下東彦・野原光・浅生卯一・猿田正機（1995）「社会環境の変化と職場組織の再編成　トヨタ自動車・田原第4工場」『愛知教育大学社会科学論集』第34号.
藤本隆宏（1997）『生産システムの進化論—トヨタ自動車にみる組織能力と創発プロセス—』有斐閣.
藤本隆宏（2001）「アーキテクチャの産業論」藤本隆宏・武石彰・青島矢一編『ビジネスアーキテクチャ—製品・組織・プロセスの戦略的設計—』有斐閣.
藤本隆宏（2003）『能力構築競争—日本の自動車産業はなぜ強いのか—』中央公論新社.
プレス工業株式会社（1975）『プレス工業五十年史』.
丸山惠也・藤井光男（1991）『トヨタ・日産—グローバル戦略にかけるサバイバル競争—』大月書店.
三嶋恒平（2009）「地域産業とイノベーション—熊本における自動車産業の事例から—」『中小企業季報』第1号.
三嶋恒平（2016）「専属的な受託生産企業の発生と存続のメカニズム」『赤門マネジメント・レビュー』第15巻第2号.
水野省語・鈴木康夫（1998）「プリウス組立ラインの紹介」『TOYOTA Technical Review』第48巻第2号.
目代武史・居城克治（2013）「九州における自動車産業の現状と課題」折橋伸哉・目代武史・村山貴俊編著『東北地方と自動車産業—トヨタ国内第3の拠点をめぐって—』創生社.
八千代工業四十五年史編纂委員会（1997）『八千代工業四十五年史　希望への新たな飛翔』八千代工業株式会社.
40年のあゆみ編集委員会（1986）『幸福をもとめて 40年のあゆみ』トヨタ車体労働組合.
李兆華・傅学保・折橋伸哉・藤本隆宏（2005）「台湾自動車産業の能力構築—国瑞汽車の事例—」『赤門マネジメント・レビュー』第5巻第3号.
和田寿博（2010）「九州地域の自動車部品サプライヤー・システムの展開過程」山崎修嗣編『中国・日本の自動車産業サプライヤー・システム』法律文化社.

■英語文献

BMW Group. *Annual Report*.
Clark, K.B., and Fujimoto, T. [1991], *Product Development Performance: Strategy, Organization, and Management in the World Auto Industry*, Boston, MA:

Harvard Business School Press.
Coase, R. H. [1937], "The Nature of the Firm", *Economica*, new series, Vol.4, No.16.
Cusumano, M.A. and Nobeoka, K. [1998], *Thinking Beyond Lean: How Multi-Project Management is Transforming Product Development at Toyota and Other Companies*, New York, : The Free Press.
Iyer, A., S. Seshadri, R. Vasher [2009], *Toyota Supply Chain Management: A Strategic Approach to Toyota's Renowned System*, McGraw-Hill (西宮久雄訳 (2010)『トヨタ・サプライチェーン・マネジメント』(上)(下),日本経済新聞出版社)
Jürgens, U., [2003], "Characteristics of the European Automotive System: Is There a Distinctive European Approach?", *WZB-discussion paper*, SP III, 2003 - 301.
Langlois, R. N. [1992], "Transaction-Cost Economics in Real Time", *Industrial and Corporate Change*, Vol.1, No.1.
Langlois, R. N. [2003], "The Vanishing Hand: the Changing Dynamics of Industrial Capitalism", *Industrial and Corporate Change*, Vol.12, No.2.
Liker, J. K. and Thomas Y. Choi [2004], "Building Deep Supplier Relationships", *Harvard Business Review*, December.
Magna International (2004-2014) : *Annual Report*, Aurora
http://www.magna.com/investors/financial-reports-public-filings
Magna Steyr, *Press Releases*.
Morgan, J.M., and Liker, J.K. [2006], *The Toyota Product Development System*, New York, : Productivity Press.
Nishiguchi, T. [1994], *Strategic Industrial Sourcing: The Japanese Advantage*, New York, : Oxford University Press. (西口敏宏 (2000)『戦略的アウトソーシングの進化』東京大学出版会)
Shioji, H. [1995], ""Itaku" Automotive Production: An Aspect of the Development of Full-Line and Wide-Selection Production by Toyota In the 1960s", *The Kyoto University Economic Review*, 65(1).
Shioji, H. [1997], "Combining Mass Production with Variety; Itaku Automotive Production in the 1960s," in Abe, E. and T. Gourvish [ed.] *Japanese Success? British Failure?*, Oxford University Press.
Ulrich, K. T., and Eppinger, S. D. [2003](1st [1994]), *Product Design and Development*, New York, : McGraw-Hill.
VDL Group (without year) : *NedCar, The History*
http://www.vdlnedcar.nl/data/uploads/VDL_Nedcar/history_en.pdf
Wheelwright, S.C. and Clark, K.B. [1992], *Revolutionizing Product Development: Quantum Leaps in Speed, Efficiency, and Quality*, New York, : The Free Press.

Williamson, O. E. [1975], *Market and Hierarchies: Analysis and Antitrust Implications*, Free Press. （浅沼萬里・岩崎晃訳『市場と企業組織』日本評論社, 1980年）
Williamson, O. E. [1979], "Transaction-Cost Economics; The Governance of Contractual Relations", *Journal of Law and Economics*, Vol.22.
Williamson, O. E. [1983], "Credible Commitments; Using Hostage to Support Exchange", *American Economic Review*, Vol.73, No.4.
Williamson, O. E. [1985] *The Economic Institutions of Capitalism: Firms, Markets, Relational Contracting*, New York: Free Press.
Womack, J., Jones, D. and Roos, D. [1990], *The Machine that Changed the World.:* New York: Rawson Associates.

■ドイツ語文献

BMW AG (1999-2014): *Geschäftsbericht*, München.
CONCLUSIO PR BeratungsGmbH (2000-2015): *Top of Styria - Das einmalige Wirtschaftsmagazin der Steiermark*, Graz.
Ehn, Friedrich F. [2007], *Puch-Automobile 1900-1990*, Graz: Weishaupt Verlag.
Loer, Kathrin. [2011], *Automobilhersteller ohne eigene Marke. Aufstieg, Krise und Perspektiven*, Wiesbaden: VS Verlag für Sozialwissenschaften.
Marschik, Matthias; Krusche, Martin [2013]: *Die Geschichte des Steyr Puch 500. In Österreich weltbekannt.* Wien: Verlagshaus Hernals.
Rudolf, Egon [2008], *Puch. Eine Entwicklungsgeschichte*, Graz: Weishaupt Verlag.
Seper, Hans [2009], *100 Jahre Steyr-Daimler-Puch A.G. 1864-1964*, Wien: Weishaupt Verlag.
Wiersch, Bernd [2007], *Die Edel-Käfer. Sonderkarosserien von Rometsch, Dannenhauer & Stauss, Wilhelm Karmann, Enzmann, Gebr. Beutler, Ghia Aigle, Joseph Hebmüller & Söhne, Drews, Wendler*, Bielefeld: Delius, Klasing & Co.

■韓国語文献

Park, Wonjang, Kwonhyeong Lee（2005）『韓国自動車産業50年史』韓国自動車工業協会・韓国自動車工業協同組合.（原著：박원장, 이권형（2005）『한국자동차산업50년사』한국자동차공업협회・한국자동차공업협동조합）
韓国自動車工業協同組合（2014）『自動車産業便覧』.（原著：한국자동차공업협동조합（2014）『자동차산업편람』）

■中国語文献

經濟部統計處『中華民国臺灣地區工業生産統計年報』.

裕隆汽車製造股份有限公司（2003）『裕隆汽車有限公司50年周年社史　輪動五十年　軒昂千萬里』裕隆汽車製造股份有限公司.

索　引

あ行

異種分業 …………………………… 199
委託開発 ………………………… 1, 122
委託生産 ……………………………… 1
委託生産企業 ……………………… 15

か行

学歴別賃金モデル ………………… 177
完全自給 ………………………… 13, 163
管理自給 ………………………… 13, 163
CAD/CAM ………………………… 113
勤続年数 …………………………… 177
ゲスト・エンジニア ……………… 127
現代自動車・グループ …………… 201
コーポレート・ガバナンス … 59, 61, 93
コンカレント・エンジニアリング … 124

さ行

サイマルテイニアス・エンジニアリング
　……………………………………… 138
3要因同時並行展開 ………………… 4
事業ドメイン ……………………… 116
自主開発能力 ……………………… 215
室長 ………………………………… 136
集中購買システム ……………… 161, 162
重量級プロダクト・マネージャー … 123
受託開発費 ………………………… 147
賞与金 ……………………………… 181
スピンオフ ………………………… 115
専属的な委託生産企業 …………… 59
全トヨタ労働組合連合会 ………… 181
相互研鑽 ……………………………… 31
相互扶助 ……………………………… 31
組織間競争 ………………………… 145

た行

多銘柄少量生産 …………………… 220
ダンゴ生産 ………………………… 48
チーフ・スタッフ ………………… 135
調整自給 …………………………… 172
賃金格差 …………………………… 177
電気自動車 ………………………… 106
同質化競争 ………………………… 114
同質的戦略 ………………………… 25
同種分業 …………………………… 199
トヨタ生産方式 ……………… 71, 78, 215

な行

二重承認 …………………………… 143
日産プロダクションウェイ ……… 117
ニッチマーケット ………………… 236
能力構築 ………………… 78, 84, 86, 94
ノックダウン ……………………… 107

は行

派生車種 …………………………… 238
ブランドに依存しないサービス業 … 239
プロフィットセンター ……… 6, 75, 94
分社化 ……………………………… 68
分野調整方針 ……………………… 184
併産車種 ……………………… 61, 89
ホステージ ………………………… 198
ボディメーカー …………………… 28
ボディローテーション ………… 7, 129

ま行

マザー工場 ………………………… 107
無償支給 ………………………… 13, 163

265

や行

- 有効求人倍率……………………… 188
- 有償支給…………………………… 13, 163

ら行

- ライセンス生産…………………… 214, 238
- ライセンス生産企業……………… 215, 216
- レクサス…………………………… 82, 89

《執筆者紹介》

塩地　洋（しおじ　ひろみ）　　　　　　はじめに，序章
奥付＜編著者紹介＞参照。

中山健一郎（なやかま　けんいちろう）　第1章，第8章
奥付＜編著者紹介＞参照。

三嶋　恒平（みしま　こうへい）　　　　第2章
慶應義塾大学　経済学部　准教授
主な著作：
『東南アジアのオートバイ産業：日系企業による途上国産業の形成』（ミネルヴァ書房，2010年）

佐伯　靖雄（さえき　やすお）　　　　　第3章，第4章
立命館大学　大学院経営管理研究科　准教授
主な著作：
『自動車の電動化・電子化とサプライヤー・システム：製品開発視点からの企業間関係分析』（晃洋書房，2012年）（2014年度工業経営研究学会学会賞受賞）
『企業間分業とイノベーション・システムの組織化：日本自動車産業のサステナビリティ考察』（晃洋書房，2015年）

磯村　昌彦（いそむら　まさひこ）　　　第5章
元名古屋市立大学研究員
主な著作：
「日本鉄鋼業の技術革新」吉岡斉編集代表，後藤邦夫，明石芳彦編著『新通史　日本の科学技術　世紀転換期の社会史　1995年～2011年　第2巻』所収，（原書房，2012年）
「自動車用鋼板取引における集中購買システムの変化」『経営史学』（第45巻第4号，29-51頁，2011年）

菊池　航（きくち　わたる）　　　　　　第6章
阪南大学　経営情報学部　准教授
主な著作：
「戦後自動車産業における企業間競争の展開―東洋工業のロータリーエンジン戦略―」『経営史学』（第48巻第3号，3-26頁，2013年）
「高度成長期自動車産業における下請取引―東洋工業を事例に―」『経営史学』（第47巻第1号，26-48頁，2012年）

李　在鎬（リー　ジェホ）　　　　　　　第7章

広島市立大学　国際学部　教授
主な著作：
『ロジスティクス管理』（中央経済社，2005年，単著）
『危機時に強いトヨタ式企業間協力』（ジョンイェウォン，2004年，韓国語版，単著）
「自動車メーカーの純正カーナビゲーションデバイス調達のディーラーオプション化の意義─トヨタ自動車を例証に─」『日本経営学会誌』（第36号，3-13頁，2015年）
「トヨタを支える柱，部品協力会組織」金顕哲外11名『トヨタDNA』所収（中央ブックス，2009年，韓国語版）

Bungsche Holger Robert（ブングシェ　ホルガー）　　　　　　　第9章

関西学院大学　国際学部　教授
主な著作：
「EUの産業の特徴」，「EUにおける自動車産業」『EUの社会経済と産業』（関西学院大学出版会，2015年，第4章，第5章担当）
「EUにおける労使関係」『EU経済の進展と企業・経営』（勁草書房，2013年，第3章担当），
「巨大な市場と政治的な指導─中国の自動車産業と企業の競争力」『アジアにおける市場性と産業競争力』（日本評論社，2013年，第5章担当），「EUと日本の自動車産業：アジアと中東欧への進出」『EU統合の深化』（日本評論社，2011年，第2章担当），
'Japan's Automobile Market in Troubled Times' In: "Global Automobile Demand. Major Trends in Mature Economies; Volume 1" (Palgrave MacMillan, 2015, Chapter 6)

《編著者紹介》
塩地　洋（しおじ・ひろみ）
京都大学大学院経済学研究科　教授
主な著作：
（単著）『自動車流通の国際比較―フランチャイズ・システムの再革新をめざして―』（有斐閣，2002年），（共著）『転換期の中国自動車流通』（蒼蒼社，2007年），『自動車ディーラーの日米比較―系列を視座として―』（九州大学出版会，1994年），（編著）『東アジア優位産業の競争力』（ミネルヴァ書房，2008年），『中国自動車市場のボリュームゾーン』（昭和堂，2011年），『現代自動車の成長戦略』（日刊自動車新聞社，2012年）

中山健一郎（なかやま・けんいちろう）
札幌大学　地域共創学群（経営学系）　教授
主な著作：
「質向上のマネジメントから品格経営へ」，「サービス品質向上の重要性」『品格経営の時代に向けて』（日科技連，2015年，第1章，第5章担当）
「マザー工場制の現状と方向性」『日本自動車メーカーの海外展開と国内基盤強化の方向性』機械工業経済研究報告書H20』（機械振興協会経済研究所，2009年，単著）
「海外生産のノウハウを活かす四輪車生産―広州プジョーから広州本田への大転換―」『中国におけるホンダの二輪・四輪生産と日系部品企業』（日本経済評論社，2007年，第4章担当）

自動車委託生産・開発のマネジメント
2016年5月10日　第1版第1刷発行

編著者　塩　地　　　洋
　　　　中　山　健　一　郎
発行者　山　本　　　継
発行所　㈱中央経済社
発売元　㈱中央経済グループ
　　　　パブリッシング

〒101-0051　東京都千代田区神田神保町1-31-2
電話　03（3293）3371（編集代表）
　　　03（3293）3381（営業代表）
http://www.chuokeizai.co.jp/
印刷／三英印刷㈱
製本／誠製本㈱

© 2016
Printed in Japan

＊頁の「欠落」や「順序違い」などがありましたらお取り替えいたしますので発売元までご送付ください。（送料小社負担）
ISBN978-4-502-18741-4　C3034

JCOPY〈出版者著作権管理機構委託出版物〉本書を無断で複写複製（コピー）することは，著作権法上の例外を除き，禁じられています。本書をコピーされる場合は事前に出版者著作権管理機構（JCOPY）の許諾を受けてください。
JCOPY〈http://www.jcopy.or.jp　eメール：info@jcopy.or.jp　電話：03-3513-6969〉

一般社団法人 日本経営協会［監修］　特定非営利活動法人 経営能力開発センター［編］

経営学検定試験公式テキスト

経営学検定試験（呼称：マネジメント検定）とは，
経営に関する知識と能力を判定する唯一の全国レベルの検定試験です。

1
経営学の基本
（初級受験用）

2
マネジメント
（中級受験用）

3
人的資源管理／
経営法務
（中級受験用）

4
マーケティング／
IT経営
（中級受験用）

5
経営財務
（中級受験用）

キーワード集

過去問題・
解答・解説
初級編

過去問題・
解答・解説
中級編

中央経済社